國家社科基金重大項目"中國歷史上的災害與國家治理能力建設研究"階段性成果

全國高等院校古籍整理研究工作委員會直接資助項目資助成果

明代氣象史料編年

第一册

展龍 ◎ 編

社會科學文獻出版社
SOCIAL SCIENCES ACADEMIC PRESS (CHINA)

叙　言

　　天氣現象風雲變幻，奧秘無窮，時刻影響着人們的一切活動。中華先民在與大自然的長期抗爭中，日漸適應了四時交替、陰陽變化，辨明了雨雪晴靄、風雲雷電，見證了朝暉夕陰、氣象萬千，并逐漸探索出氣象變化的一般規律，形成觀天候氣、看雲識天、占風候雨的氣象學識，留下世界上記録最早、傳承最久、内涵最廣的氣象資料，成爲中華民族乃至世界文明的寶貴精神財富和獨特文化資源。

　　早在夏代，已有觀象授時之説，設有"天地四時之官"；《夏小正》以夏代十二月爲綱，記述了每月星象、氣象、物象及所應從事的農事和政事。至殷商，時人開始自覺觀察、認識并記載各種氣象，甲骨卜辭中風、雲、雨、雪、雹、霧、霰、霜、雷、電、虹等氣候現象，乃世界最早的氣象記録。周秦之際，在天人關係的艱難探尋中，人們已更加成熟地解釋氣象、預報氣象和記録氣象，《周易》《尚書》《詩經》《左傳》《孫子兵法》《莊子》《孟子》《管子》《吕氏春秋》《爾雅》《黄帝内經》《國語》等存世文獻，即載有大量物候知識和氣象信息。如《詩經》預報雨雪天氣："如彼雨雪，先集維霰"；"零雨其濛，鸛鳴于垤"。《爾雅》解釋霧霾、風雨、雪霜天氣："天氣下地不應曰雺，地氣發天不應曰霧"；"風而雨土爲霾"；"甘雨時降，萬物以嘉，謂之醴泉"；"暴雨謂之涷，小雨謂之霡霂，久雨謂之淫"；"雨霓爲霄雪"等。《黄帝内經》解釋雲雨天氣："地氣上爲雲，天氣下爲雨；雨出地氣，雲出天氣。"《吕氏春秋》解釋"八風"："東北曰炎風，東方曰

· i ·

滔風，東南曰熏風，南方曰巨風，西南曰淒風，西方曰飂風，西北曰厲風，北方曰寒風。"凡此，皆爲早期華夏先民洞察自然、辨識天象、預測氣象的智慧結晶和文化創舉。

逮及漢唐，隨着社會的發展進步和科技的日益革新，人們對氣象的認知趨於理性、科學和客觀。漢代闡明了二十四節氣及七十二物候，發明了濕度計、風速器等氣象儀器；提出了"梅雨""信風"等氣象名稱，并科學解釋了光象、雷電、降水等季節性氣候現象；駁斥了雷電是"天取龍""天懲""天怒"等陳腐謬論，批判了降雨歸於"天神"的迷信妄説；出現了《易飛候》《農家諺》《論衡·變動篇》《淮南子·本經訓》等氣象文獻。如《淮南子》："懸羽與炭，而知燥濕之氣"；"風雨之變，可以音律知也"。《論衡》："天且雨，螻蟻徙，蚯蚓出，琴弦緩。"《西京雜記》："氣上薄爲雨，下薄爲霧，風其噫也，雲其氣也，雷其相擊之聲也，電其相擊之光也。"《三輔黄圖》："長安靈臺上有相風銅鳥，千里風至，此鳥則動。"凡此，即將古代氣象學尤其是氣象預報學引入佳境，推向新高。而後，兩晋盛行"相風木鳥"等測風儀器；北魏賈思勰《齊民要術》載有"天雨新晴，北風寒切，是夜必霜"等氣象諺語，并提及熏烟防霜、積雪殺蟲等方法；《正光曆》將七十二氣候列入曆書；南朝宗懔《荆楚歲時記》提出冬季"九九"爲一年最冷時期；隋代杜臺卿《玉燭寶典》輯録隋以前節氣、政令、農事、風土、典故等文獻，保留了不少農業氣象佚文。至唐代，創造了相風旌、占風鐸、占雨石等氣象儀器，區分了十級風力和二十四方位風向，解釋了日暈、彩虹、光象等氣候現象，誕生了《觀象玩占》《乙巳占》《相雨書》等氣象經典，湧現出裴行儉、李淳風、黄子發、李愬等氣象學家，并將氣象知識更加廣泛地應用於生活、生産、軍事、政治等重要領域，充分彰顯了自然氣象的科學性、實用性和人文性特徵。

宋元乃中國古代科技的黄金時代，氣象學術隨之日益勃興，蔚爲大觀。較之以往，宋元氣象學的科學化趨勢更趨鮮明，不僅解釋了梅雨、龍捲風、季風、雷陣雨等特殊性、區域性氣候現象，革新了雨量、雪量等觀測技術，而且對大氣光象、雷電霜霧等氣候現象的認知更爲科學、合理，對天氣的預報方法也更加多樣、精準。如朱熹《朱子語類》論述雷電："陰氣凝聚，陽在内者不得出，則奮擊而爲雷霆，陽氣伏於陰氣之内不得出，故爆開而爲雷也。"沈括《夢溪筆談·异事篇》解釋彩虹："虹，雨中日影也，日照雨即有之。"陳長方《步里客談》記述梅雨："江淮春夏之交多雨，其俗謂之梅雨也，蓋夏至前後各半月。"葉夢得《避暑録話》論述江南"過雲雨"（雷陣雨）、"龍桂"（龍捲風）。蘇洵《辨奸論》預報風雨"月暈而風，礎潤而雨"。尤其是沈括《夢溪筆談·异事篇》對氣象、物候之創見，朱思本《廣輿圖·占驗篇》對天、雲、風、日、虹、霧、電、海等航海氣象之"占驗"，堪稱典範。宋元氣象之學，遠紹漢唐根脉，近啓明清端緒，嶷然爲我國古代氣象科學之巅峰。

至明清，氣象之學雖發明不足，但演繹有餘，尤其是深受"西學東漸"的浸染，氣象之學呈現由傳統向近代轉變的趨勢，初露近代科學氣象學的曙光。其中，明代雨量觀測、航海氣象預測、天氣預報等氣象技術日益精進，"南北寒暑""晝夜長短""蜃氣樓臺"等理論認知不斷深化，農業氣象諺語廣泛傳播，茅元儀《武備志·占度載》等氣象雲圖推廣使用。在官方，"月奏雨澤"成爲常制，清初顧炎武《日知録·雨澤》載："洪武中，令天下州縣長吏，月奏雨澤。蓋古者龍見而雩，《春秋》三書不雨之意也。……永樂二十二年十月，通政司請以四方雨澤奏章類送給事中收貯，上曰：祖宗所以令天下奏雨澤者，欲前知水旱，以施恤民之政，此良法美意。"在民間，"占候諺謡"成爲常語，如明初婁元禮《田家五行·天文類》載氣象諺謡，凡分論日、論月、論星、論風、論雲、論虹、論雷、論霜、論雪、論電、論氣候、論山、論地諸篇，皆反映了明初農業氣象知識和天氣預報經驗。明清之際，西方科技爲中國氣象科學帶來了新技術和新理論。技術方面，傳教士將温度計、濕度計引入中國，清人仿製了冷熱計、燥濕器；利用《三光圖》等雲圖預報天氣；出現了炮擊雹雲以消除冰雹的技術。理論方面，梁章鉅《農候雜占》凡四卷，從天文、地理、人事、時令、草木、蟲魚等方面，論述了預測天氣變化、解釋氣候現象、把握氣象規律之理論，是古代農業氣象諺語的大成之作；游藝《天經或問》凡圖序、天、地三卷，全面闡釋了天地變化之情勢，科學解答了氣象變化之規則，一定程度上突破了適應性、經驗性氣象知識之局限，是近世鮮有的氣象原理之名作，也是我國科學氣象學之肇始。

在古人觀念中，氣象既是"天"之自然表徵，也是"人"之觀念塑造，這種超自然的人本理解，爲原本自然的萬千氣象增添了濃郁的神秘色彩和持久的人文屬性。在遠古時期，面對變化莫測的氣候現象，人們深陷"天人相分"的思維邏輯中，本能、盲目、被動地適應着紛繁多變、循環往復的氣象世界。而後，古代先民在克服自然、改造自然、適應自然的長期實踐中，逐漸認識到"人"的能力和"人事"的價值，"人定勝天""天人合一"等近乎合理的天人關係日益深入人心，作爲"天"之自然表徵，氣象也由此逐漸被人們所認識、把握和利用，并持久影響着歷代政治、經濟、社會和文化。在社會層面，"順天文，授民時"，人們長期利用氣象變化的規律和特點發展社會經濟，從事農業、牧業、交通、祭祀、水利等活動。同時，面對此起彼伏、綿延不絕的氣象災害，歷代官民積極抗爭，全力應對，利用政治力量抗御氣象災害，并逐步建立了較爲務實高效的氣象預報制度和災荒賑濟體系。在政治層面，中國古人相信"天文變，世俗亂"，"天垂象，見吉凶"，"天事恒象，百代不易"，"變不虛生，由人所召"，認爲天道與人事、天變與政治有着神秘而微妙的關聯，凡君臣事天不誠、賞刑不當、忠良未用、奸邪盈朝、聽信讒佞、徵斂掊尅、靡費天下、刑獄冤濫等，都會上干天和，招致天變。《史記·天官書》載："凡天變，過度乃占。……太上修德，其次修政，其次修救，其次修禳，正下無之。"漢代董仲舒將其總結爲"天人感應"，認爲"國家將有失道之敗，而天乃先出災害以譴告之，不知自省，又出怪異以警懼之，尚不知變，而傷敗乃至"。此後，這種"天人感應""災異天譴"學說長期被奉爲神聖的國家意志，成爲制約皇權與重塑秩序的政治規範，并與歷代王朝的政治命運緊密相連。在文化方面，最突出的表現當爲參用陰陽五行解釋風、雷、霧、雨、露、霰等天氣現象，如《大戴禮記·天國篇》以陰陽解釋氣象："陰陽之氣各静其所，則静矣。……陽氣盛，則散爲雨露；陰氣盛，則凝爲霜雪。陽之專氣爲雹，陰之專氣爲霰。

霰雹者，一氣之化也。"鄭玄注《洪範篇》以五行解釋氣象："雨，木氣也，春始施生，故木氣爲雨。暘，金氣也，秋物成而堅，故金氣爲暘。燠，火氣也。寒，水氣也。風，土氣也。凡氣非風不行，猶金、木、水、火非土不處，故土氣爲風。"《素問·天元紀大論》亦言："天有五行，御五位，以生寒、暑、燥、淫、風……神，在天爲風，在地爲木；在天爲熱，在地爲火；在天爲淫，在地爲土；在天爲燥，在地爲金；在天爲寒，在地爲水。故在天爲氣，在地成形，形氣相感而化生萬物矣。"這些不斷積累的氣象知識，是古代先民認識自然、改造自然的産物，其對氣象規律、天人關係等複雜問題的自覺認知和客觀書寫，不僅反映了華夏祖先認識天文、應對氣象的理性取嚮和有限能力，且對今日之氣象事業也有一定的借鑒價值。

自古中國以農立國，農業生産仰賴天文地理，因而古代氣象記録注重實用，人們習慣將氣象信息載諸天文書籍及小説筆記、詩文游記、方志野史等，充分展示了華夏先民"求真"的氣象智慧和"務實"的書寫意識。借助這些珍貴史料，學界已從氣象科技史、經濟史、社會史、生態史、政治史等不同角度，對古代氣象做了長時段、多層面初步探究，舉其要者如：竺可楨《中國近五千年來氣候變遷的初步研究》（《考古學報》一九七二年第一期），文焕然、文熔生等《中國歷史時期冬半年氣候冷暖變遷》（科學出版社，一九九六年），張不遠主編《中國歷史氣候變化》（山東科學技術出版社，一九九六年），洪世年、陳文言編著《中國氣象史》（農業出版社，一九八三年），龔高法等編著《歷史時期氣候變化研究方法》（科學出版社，一九八三年），温克剛主編《中國氣象史》（氣象出版社，二〇〇四年），洪世年、劉昭民編著《中國氣象史——近代前》（中國科學技術出版社，二〇〇六年），楊煜達《清代雲南季風氣候與天氣灾害研究》（復旦大學出版社，二〇〇六年），滿志敏《中國歷史時期氣候變化研究》（山東教育出版社，二〇〇九年），程民生《北宋開封氣象編年史》（人民出版社，二〇一二年），王元林、孟昭鋒《自然灾害與歷代中國政府應對研究》（暨南大學出版社，二〇一二年），謝世俊《中國古代氣象史稿》（武漢大學出版社，二〇一六年），趙超編著《宋代氣象灾害史料（詩卷）》（科學出版社，二〇一六年）等。相對而言，迄今明代氣象歷史尚未引起學界充分關注，更未出現標志性成果，就此而言，編纂《明代氣象史料編年》就顯得極爲重要、必要和緊要。

一如前述，在浩瀚的中華典籍中，蘊含着源遠流長、内容豐富、連續完整的歷史氣象信息。氣象史志學家王鵬飛先生言："我國有悠久及豐富的氣象歷史遺産，我國氣象工作者有責任挖掘并開發這份歷史遺産，爲社會主義建設服務，以不負先人們在氣象領域中所花的辛勤勞動。"同樣，明代氣象與社會、政治、經濟、文化等有着密切關係，故明人極其重視氣象變化，并形成較爲完善的氣象登記制度。這些氣象記録或載於《明實録》《明史》及方志等官方文獻，或見諸《國権》《罪惟録》及文集筆記、稗官野史、日記游記等私家著述。本書即以上述史料爲依據，廣徵博引，鈎沉索隱，糾謬勘誤，裒輯載録於《明實録》及州縣方志等的氣象史料，繫以年月，勒爲編年，以期完整、全面、有序地再現有明一代風、雲、霧、雨、電、雪、霜、雷、雹、霾等氣象變化狀況，以及由乾旱、淫雨、大水、大雪、暴風等引發的氣象灾害，并從中探尋明代氣象的生成因素、區域分布、變化規律、社會影響和政府應對等重要歷史信息。全書輯録明代氣象史料二百餘萬字，史源可靠，史實可信，史法可尋，大體可見明代氣象的自然特徵、變化趨勢及社會應對，可爲有志於氣象史研究的學界同好提供重要的史實線索和史料參考，并引起學界對古代氣象史料深入挖掘和系統整理的興趣。

古籍整理是連接歷史與現實的橋樑，是"存亡繼絶""稽古振今"的工作，系統整理、深入研究中國古代氣象文獻，接續氣象歷史，傳承氣象文化，弘揚氣象科學，無疑具有重要的學術價值和現實意義。明代文獻浩如烟海，氣象史料散見各處，因卷帙浩繁，加之編者見聞不廣，學識不足，功力不深，書中難免存在諸多不足，尚祈不吝教正！

凡　例

　　本書徵引史料主要源自《明實録》及方志文獻。其中，《明實録》以編年載録氣象信息，其特點爲：一是時間明確，詳載氣象發生的年、月、日、時，可見一代氣象之大勢；二是史事翔實，較之談遷《國権》、張廷玉等《明史》、查繼佐《罪惟録》及方志等文獻，實録史源多爲起居注、日曆、邸報、時政記、章奏、詔敕、律令等，所載信息翔實可靠；三是史料豐富，《明實録》是記録明代氣象信息最集中、最系統的文獻，故本書所引實録氣象史料亦最多、最全。方志乃一方信史，記事以年代爲經，事件爲緯，講求“有褒無貶，善善從長，聞善必録”。其優點爲：一是空間明確，記載一方氣象之情勢，可見氣象變化之分布；二是史事可靠，且以記叙爲主，具有區域性、連續性和可靠性特徵，可“補史之缺，參史之錯，詳史之略，續史之無”。缺點則是時間不詳，所載氣象史實大多有月無日，甚至有年無月，此其失也。

　　本書屬編年體例，即以洪武、建文、永樂、洪熙、宣德、正統、景泰、天順、成化、弘治、正德、嘉靖、隆慶、萬曆、泰昌、天啓、崇禎等十七朝年號爲序，編制目録，編列史料。具體義例爲：

　　一、本書所引《明實録》版本爲臺灣中研院史語所一九六二年校印紅格鈔本，即“臺本”；方志多爲《中國方志叢書》《稀見中國地方志匯刊》《國家圖書館藏地方志珍本叢刊》《原國立北平圖書館甲庫善本叢書》《中國地方志集成》《天一閣藏明代方志選刊》《天一閣藏明代方志選刊續編》

《明代孤本方志選》《中國人民大學圖書館藏稀見方志叢刊》《文淵閣四庫全書》《續修四庫全書》《四庫存目叢書》《四庫禁毀書叢刊》等所錄明清以來刊本、刻本，以及"中國方志庫""中華古籍資源庫"等數據庫所收方志；《明史》《國榷》等文獻，亦謹擇善本予以徵引。文獻著者及具體版本信息，參見書末"徵引文獻"。

　　二、輯錄史料時，先錄實錄，其他史料則酌依氣象發生時序及類型穿插其間。所錄史料凡年、月、日皆缺者，附於每朝之末；缺月、日者，附於每年之末；缺日者，則附於每月之末。

　　三、兼錄天文史料。氣象科學上涉天文，下及地理，自古天文曆法、天時地理合而爲一，歸爲一體，所謂四時與天文同爲"七政"之一，"七政者，謂春、秋、冬、夏、天文、地理、人道"；"天地之道，仰以觀於天文，俯以察於地理"；氣候及星、辰、昏、旦"皆夏時也"。故將日、月、星、辰等天文史料亦予引錄，以遵古賢本意。

　　四、兼采地震、蝗灾等史料。地震、蝗灾雖非氣象，但與氣象變化關係密切。凡地震前後，多有暴風驟雨、雷電霹靂、酷熱極冷、星象变幻等异常氣象。蝗灾之際，則常有温熱、乾旱天氣，故有"旱蝗""蝗旱"之稱。如上情形，在明代亦較爲普遍，故詳加采錄，以見一代氣象之實况。

　　五、對《明實錄》所載史料，比照《明實錄》廣方言館本（廣本）、抱經樓本（抱本）、天一閣抄本（閣本）、嘉業堂本（嘉本）、梁鴻志影印江蘇省立國學圖書館本（梁本）、國立中央圖書館藏禮王府本（禮本）、國立中央圖書館藏舊鈔本（中本）、北平人文科學研究所舊藏鈔本（東本）、國立北平圖書館藏紅格鈔本（館本）、北平國立歷史博物館藏鈔本（歷本）、內閣大庫舊藏鈔本（庫本）、內閣大庫舊藏紅本（紅本）、北京大學圖書館藏本（北大本）、武漢大學藏本（武大本）諸本及《〈明實錄〉校勘記》，對其錯訛之文慎加校正，若諸版本存在异文，則據《〈明實錄〉校勘記》加（）予以注明。如正统十一年三月庚辰，雲南臨安衛奏："衛城先因地震（廣本、抱本'震'下有'壞'字）二百餘丈，其未壞者，亦皆搖動，請修理。"（《明英宗實錄》卷一三九）嘉靖二十二年四月丁巳，"陝西鄜、耀二州永（抱本、廣本、閣本無‘永’字）電，大如雞卵”（《明世宗實録》卷二七四）等。

六、凡《國榷》《明史》等所載氣象史料，若與《明實録》重復，不予引録；方志所載氣象史料，若有重復，則一一照録，以見氣象之分布，并列出多個出處。

七、引録史料遵循“原文照録”原則，對異體字、不同字形一律予以保留。尤其注意：（一）地名的寫法，通假和異體字不統一者，均保留原貌；（二）《明實録》爲鈔本，抄寫的人不同，同字不同處往往寫法各異，除明顯錯字外，亦保留原貌。史料原文有明顯脱、衍、訛、誤諸情形，皆據相關文獻予以校正。如“己”“已”“巳”，“戍”“戊”“戌”，“園”“困”，“母”“毋”等誤，一律照録原文，并用〔〕改正。如洪武四年閏三月庚申，“夜，有星自璧（各本作‘壁’）宿起，東比〔北〕曲行，至游氣中没”（《明太祖實録》卷六三）。又如衍字用＜＞。如“松江府華亭＜縣＞、上海二縣今歲水灾”（《明太宗實録》卷三三）。若爲補文，則以（）括起。若爲疑文，則不臆改，或以加（）按語説明。如洪武“五月（‘五月’疑作‘五年’）夏，旱蝗”（民國《增修膠志》卷五三《祥異》）。又如宣德三年閏四月癸卯“山山（疑當作‘山西’）平陽府襄陵縣典史李志奏：‘蒙布政司差運秋粮五千石，輸雲川衛倉已納三千四百石，餘一千六百石，歲旱民貧，無從徵納，乞賜除免。’”（《明宣宗實録》卷四二）字迹漫漶者，以？表示存疑。如一條史料述及多年之事，則置於第一年中。

八、全文版式行款按現行出版通例，將原文繁體竪排一律改爲繁體横排；凡原文注釋性、補充性文字，以（）録入正文，以示區別。如永樂十三年，（州之儒學舊在北城）圮於水（康熙《睢州志》卷二《學校》）。又如永樂十四年五月庚申，漢水漲溢，學（宫）遂頹圮，淹没州城，公私廬舍無存（乾隆《興安府志》卷二四《祥異》）。

九、全文按照現行標點符號使用規範予以斷句標點。其中，原文書名、篇名等略稱，爲便識别，概加《》；史料内容若與氣象無關，則據文意慎加删除，并用……予以標示；若史料原文爲引文，則以“”標示，如僅引述文意而非徵引原文，則不加""；史料原文若有缺字或模糊文字，則以□標出。

　　十、文獻出處的標注格式，依文獻體例略有不同。其中，《明實錄》《國榷》等編年史書，祇標卷次，而年、月、日等信息已見正文，故略去；《明史》《罪惟録》等省去卷次，祇標書名、篇名，如《明史·五行志》《罪惟録·帝紀一》等；方志則標明卷次、篇名及纂修朝代，如萬曆《四川總志》卷二七《祥异》、嘉慶《長山縣志》卷四《灾异》等，少數方志因不分卷次，故祇標篇名及編纂時間，如民國《萊陽縣志·大事記》、民國《里安縣志·宗教》等。

目　録

第一册

第二冊

第三册

第四册

第五册

第六册

太祖洪武年間

（一三六八至一三九八）

洪武元年（戊申，一三六八）

正月

乙亥，自壬戌以來，連日雨雪陰洉。至正月朔旦，雪霽。粵三日，省牲，雲陰悉斂，日光皎然，暨行禮，天宇廓清，星緯明朗，眾皆欣悅。（《明太祖實錄》卷二九，第479頁）

己亥，命道士周原德徃登（嘉本無"登"字）、萊州，諭祭海神。原德未至前數日，並海之民見海濤恬息，聞空中洋洋然，若有神語者，皆驚異。及原德至，臨祭，炬雲交合，異香郁然，靈風清肅，海潮響應。竣（舊校"竣"上補"及"字）事，父老皆欣喜相賀，爭至原德所曰："海濤不息者，十餘年矣。"（《明太祖實錄》卷二九，第499頁）

（黃梅縣）雨黑水，如墨汁，池水盡黑。（民國《湖北通志》卷七五《災異》）

安化大旱，自正月至九月不雨。（乾隆《長沙府志》卷三七《災祥》）

二月

乙卯，夜三更，有星大如盞，赤色，有光，自中台西北行至雲中没。

（《明太祖實録》卷三〇，第 527 頁）

大旱，自二月至九月不雨。（嘉靖《安化縣志》卷五《祥異》）

三月

辛卯，夜，彗星出。（《明太祖實録》卷三一，第 539～540 頁）

壬辰，是夜，有流星，青赤色，起自天皇，北行三丈餘，至近濁没。（《明太祖實録》卷三一，第 540 頁）

四月

己酉，夜，彗星没。先是，三月辛卯，彗出昴北、大陸〔陵〕、天船間，芒長約八尺餘；辛丑，指文昌，近五車。是夜，没于五車北。（《明太祖實録》卷三一，第 550～551 頁）

丙午，隕霜殺菽。（《元史·順帝紀》，第 984 頁）

河北路四月，隕霜殺菽。（康熙《安州志》卷八《祥異》）

五月

癸未，夜，有流星起，自天市西垣，東北行至天市東垣没。（《明太祖實録》卷三二，第 561 頁）

甲申，夜，太上犯填星。（《明太祖實録》卷三二，第 561 頁）

六月

壬戌，夜，有流星，大如雞卵，青赤色，起自紫微西蕃，北行至雲中没。（《明太祖實録》卷三二，第 567 頁）

戊辰，江西永新州大風雨。蛟出，江水暴溢入城，深八尺，民居蕩析，男女多溺死者。事聞，上遣使賑之。（《明太祖實録》卷三二，第 569 頁）

甲寅，雷雨中有火自天墜，焚大聖壽萬安寺。（《元史·順帝紀》，第 985 頁）

慶陽府雨雹，大如盂，小者如彈丸，平地厚尺餘，殺苗稼，斃禽獸。（《元史·五行志》，第 1098 頁）

天大旱，禾盡稿，禱而大雨。冬復旱，麥不苗，又禱而雨。（康熙《重修崇明縣志》卷一三《記》）

七月

己巳朔，太白犯井宿。（《明太祖實錄》卷三二，第 570 頁）

丁酉，楊〔揚〕州府自五月不雨，至于是月，旱傷苗稼。（《明太祖實錄》卷三二，第 575 頁）

夏，大旱，至於七月不雨。（道光《徽州府志》卷八《名宦》）

癸酉，京城紅氣滿空，如火照人，自旦至辰方息。（《元史·順帝紀》，第 985 頁）

乙亥，京師黑霧，昏暝不辨人物，自旦近午始消，如是者旬有五日。（《元史·五行志》，第 2100 頁）

閏七月

庚子，夜，有流星，大如盞，青白色，起自天津，東北行至雲中沒。（《明太祖實錄》卷三三，第 579 頁）

癸亥，詔免蘇州府吳江州水災田一千二百三十七頃有奇，糧四萬九千五百石，廣德、太平、寧國三府，和、滁等州旱災田九千六百餘頃，糧七萬六千七（廣本作"六"）百三十餘石。（《明太祖實錄》卷三三，第 596 頁）

乙丑，文水縣白虹貫日，自東北直遶西南，雲影中似日非日，如鏡者三，色青白，逾時方沒。（雍正《山西通志》卷一六二《祥異》）

免寧國府被災田租。按二年詔曰："應天、太平、鎮江、宣城、廣德供億浩穰，去歲蠲租，遇旱，惠不及下，其再免今年租稅，則知是年旱災也。"（嘉慶《寧國府志》卷一《祥異附》）

八月

壬申，上謂中書省臣曰："近（廣本'近'下有'因'字）京師火（嘉本'火'作'大災'），四方水旱相仍，朕夙夜不遑寧處，豈刑罰失中，武事未息，徭役屢興，賦歛不時，以致陰陽乖戾而然耶？朕與卿等同國休戚，宜輔朕修省，以消天譴。"糸政傅瓛等對曰："古人有言，天心仁（廣本作'垂'）愛人君，則必出災異，以譴告之，使知變自省。人君遇災而能警懼，則天變可弭。今陛下脩德省愆，憂形于色，居高聽卑，天寔鑒之，顧臣等待罪宰輔，有乖調燮，貽憂聖衷，咎在臣等。"上曰："君臣一體，苟知警懼，天心可回，卿等其盡心力，以匡朕不逮。"於是，詔中書省及臺部，集耆儒講議便民事宜可消天變者。（《明太祖實錄》卷三四，第 600～601 頁）

丁丑，時天旱，（李）善長等方議禱于神，而誅彬之報適至。善長曰："今欲禱雨，可殺人乎？"（劉）基怒曰："殺李彬，天必雨。"遂斬彬。（《明太祖實錄》卷三四，第 611 頁）

甲午，夜，熒惑犯太微西垣上將。（《明太祖實錄》卷三四，第 624 頁）

九月

戊申，是夜，熒惑犯右執法。（《明太祖實錄》卷三五，第 628～629 頁）

壬子，夜，大（舊校改"大"作"太"）陰犯畢宿。（《明太祖實錄》卷三五，第 629 頁）

十月

甲申，夜，有流星大如盞，赤黃色，起自天市東垣，行至張宿沒。（《明太祖實錄》卷三五，第 636 頁）

十二月

甲戌，是夜，有流星，大如盂，青白色，有光，起自九斿，東南行至游氣中沒。（《明太祖實錄》卷三七，第 743 頁）

是年

河溢響口，灌東明、曹州，溺死人畜，壞官民廬舍，不可勝計。（乾隆《東明縣志》卷七《灾祥》）

滑州大水。（康熙《滑縣志》卷四《祥異》）

西河出蛟，水暴溢。（同治《南康府志》卷二三《祥異》）

永新州大風雨，蛟出，江水入城，高八尺，人多溺死。事聞，使賑之。（光緒《吉安府志》卷五三《祥異》）

河溢。（順治《定陶縣志》卷七《祥異》）

渠江大水。（民國《渠縣志》卷一一《祥異》）

山東旱，免夏秋二租。（民國《萊陽縣志》卷首《大事記》）

夏，旱。（光緒《烏程縣志》卷二七《祥異》）

漳水溢。（同治《元城縣志》卷一《形勝》）

河決曹州雙河口，入魚臺。（《明史·河渠志》，第2013頁）

河決，溢乘氏，州治遂遷於西南安陵鎮。（光緒《菏澤縣志》卷一八《雜記》）

河溢乘氏，州治遷于南安陵鎮。（光緒《曹縣志》卷一八《災祥》）

水。（光緒《壽昌縣志》卷一一《祥異》）

大風雨，出蛟，山水暴溢，民多溺死。詔遣使賑恤。（道光《義寧州志》卷二三《祥異》）

大水暴溢。（乾隆《武寧縣志》卷一《祥異》）

西河出蛟，水暴溢，詔使賑之。（同治《建昌縣志》卷一二《祥異》）

河決，徙縣今治。（康熙《河陰縣志》卷一《災祥》）

蝗。（乾隆《原武縣志》卷一〇《祥異》）

大水。（康熙《清豐縣志》卷二《編年》；康熙《開州志》卷一〇《災祥》）

河漂長垣縣，乃遷縣治于古蒲城。（康熙《長垣縣志》卷二《災異》）

秀屏山紀異碑（在州署後山頂）上刻"洪武元年，水漲至此"八字。（光緒《廣安州新志》卷三九《金石》）

秋，大名府水。（咸豐《大名府志》卷四《年紀》）

秋，颶風壞城隍廟。（民國《里安縣志·宗教》）

洪武初、二年，陝西大旱，饑。（康熙《長安縣志》卷八《祥異》）

洪武二年（己酉，一三六九）

正月

乙巳，夜，太陰犯井宿。（《明太祖實錄》卷三八，第 761 頁）

庚戌，已將山東洪武元年稅糧免徵，不期天旱，民尚未甦，再免今年夏秋稅糧。（《明太祖實錄》卷三八，第 774 頁）

庚戌，去歲曾免稅糧，忽遇天旱，民無所收，惠不及下，朕有歉焉。其今年夏秋稅糧，並再免一年。其無為州今年稅糧，亦與蠲免。（《明太祖實錄》卷三八，第 774 ~ 775 頁）

乙卯，熒惑犯房宿。（《明太祖實錄》卷三八，第 775 頁）

詔以天旱，民未甦，再免稅糧。（嘉慶《長山縣志》卷四《災祥》）

黄河決。（咸豐《大名府志》卷四《年紀》）

二月

丁丑，是夜，大風。（《明太祖實錄》卷三九，第 791 頁）

戊寅，夜，大風。（《明太祖實錄》卷三九，第 791 頁）

壬辰，夜，有流星，大如杯，青白色，起自騎官，西南行至游氣中没。（《明太祖實錄》卷三九，第 800 頁）

三月

丙申，上以旱災相仍，因念微時艱苦，乃減膳省愆，祭告皇考仁祖淳皇帝、皇妣淳皇后曰：“惟祖宗積德，百靈佑助，戡定禍亂，上帝命為天下生民主，任以司牧，使厚民生，惟恐弗勝，日懷憂懼。伏見去年四方旱災

（廣本作'災旱'），民命顛危，今春風雨不時，豐荒未卜。因念微時皇考、皇妣凶年艱食，取草之可茹者，雜米以炊，艱難困苦，何敢忘之?"（《明太祖實錄》卷四〇，第801~802頁）

丁酉，上以春久不雨，告祭（廣本"祭"下有"于"字）風雲、雷雨、嶽鎮、海瀆、山川、城隍、旗纛諸神。（《明太祖實錄》卷四〇，第804頁）

壬寅，夜，太陰犯鬼宿。（《明太祖實錄》卷四〇，第810頁）

（南京）以久旱，祭告皇考妣，爲草具宮中者旬日。（《罪惟錄·帝紀一》）

（崇左縣）有白鼠渡江，自南而北，晝夜不絕。（雍正《太平府志》卷三六《機祥》）

四月

霪雨，四月至六月。（康熙《鉛山縣志》卷一《災異》）

滛雨，四月至六月，城中水深丈餘，冬始平。城多傾圮。（康熙《鄱陽縣志》卷一五《災祥》）

五月

甲午朔，日有食之。（《明太祖實錄》卷四二，第827頁）

不雨，至于七月。（康熙《金華縣志》卷三《祥異》）

六月

庚寅，慶陽大雨雹，山水泛溢。張良臣縱兵出城爭汲，龍驤衛兵擊之，戰至二鼓，敵大敗。（《明太祖實錄》卷四三，第849頁）

壬辰，熒惑犯東咸星。（《明太祖實錄》卷四三，第850頁）

庚寅，大雨雹，傷禾苗。（乾隆《環縣志》卷一〇《紀事》）

蝗。（光緒《保定府志》卷四〇《祥異》；民國《壽光縣志》卷一五《大事記》）

辛巳乃雨，丙戌、丁亥又雨，七月丙申又雨。（乾隆《歙縣志》卷一八《碑文》）

七月

丙午，是夜，有流星，大如雞子，色赤，尾跡約長三尺，起自羽林軍，流至雲中没。（《明太祖實録》卷四三，第852頁）

八月

丙寅，進至白楊門（嘉本"楊"作"陽"，廣本"門"下有"又檎黠虜四大王"七字），時天雨雪，（李）文忠疑有伏，乃身引數騎入山察視之。（《明太祖實録》卷四四，第860頁）

庚辰，天鳴。（《明太祖實録》卷四四，第868頁）

九月

癸巳，夜，有星，大如盃（嘉本作"盆"），青白色，尾跡有光，起自外屏，西南行至天倉没。（《明太祖實録》卷四五，第877~878頁）

戊戌，夜，太陰犯南斗。（《明太祖實録》卷四五，第879頁）

十月

甲戌，甘露降于鍾山，羣臣稱賀。（《明太祖實録》卷四六，第922頁）
壬〔甲〕戌朔，甘露降鍾山。（光緒《金陵通紀》卷一〇上）

十一月

戊申，夜，月在太微垣中。（《明太祖實録》卷四七，第933頁）

十二月

甲子，日中有黑子。（《明太祖實録》卷四七，第935頁）

是年

旱，免山東租。（民國《陽信縣志》卷二《祥異》）

山東旱，詔蠲免稅糧。（光緒《霑化縣志》卷一四《祥異》）

東平張秋河決。（民國《東平縣志》卷一六《災祲》）

山東旱饑，詔免今年租稅。（民國《萊陽縣志》卷首《大事記》）

黃河泛漲，人民四散，縣治遂廢。（乾隆《東明縣志》卷七《灾祥》）

河決，徙曹州治於磐石鎮。（道光《觀城縣志》卷一〇《祥異》）

張秋河決。（道光《東阿縣志》卷二三《祥異》）

以旱再免田租一年。（乾隆《平原縣志》卷九《災祥》）

山東旱，詔蠲免稅糧。（乾隆《樂陵縣志》卷三《祥異》）

大旱，民饑。（嘉靖《陝西通志》卷四〇《政事》；乾隆《直隸商州志》卷一四《災祥》；宣統《涇陽縣志》卷二《祥異》）

大旱，饑。（康熙《臨潼縣志》卷六《祥異》；嘉慶《中部縣志》卷二《祥異》；嘉慶《洛川縣志》卷一《祥異》）

大水。（同治《湖州府志》卷四四《祥異》；民國《修武縣志》卷一六《祥異》）

吳山三茅觀雷擊一白蜈蚣，長尺許。（乾隆《杭州府志》卷五六《祥異》）

湖州大水。（同治《長興縣志》卷九《災祥》）

春，旱且霜，夏復霖澇，居民啖藜藿木葉。（康熙《鹽山縣志》卷九《災祥》）

春，不雨。（光緒《黎城縣續志》卷四《藝文》）

大旱。（乾隆《陵川縣志》卷二六《藝文》）

大旱，民飢殍流離。（康熙《山陽縣初志》卷二《災祥》）

（天水）秦州諸邑大旱，饑。（乾隆《直隸秦州新志》卷六《災祥》）

徽州大旱，飢。（民國《徽縣新志》卷一《災歉》）

河決張秋。（光緒《東平州志》卷二五《五行》）

河決，没安陵，州治復徙于東南磐石鎮。（光緒《菏澤縣志》卷一八《雜記》）

河溢，決安陵，州治徙於東南盤石鎮。（光緒《曹縣志》卷一八《災祥》）

（松江縣）海溢，人多溺死。（乾隆《華亭縣志》卷三《海塘》）

（紹興）大旱。（嘉靖《山陰縣志》卷八《人物》）

霪雨三月，水深丈餘，城多傾圮。（道光《樂平縣志》卷一二《祥異》）

自夏徂秋，連月不雨，永州衛指揮同知丁玉率屬校薰沐露跣，齋宿禱焉。次日，風霆迅烈，拔木仆屋，甘澍三日，歲克有秋。（洪武《永州府志》卷五《祠廟》）

冬，大風潮，漂蕩廬舍，民被其災。（正德《崇明縣重修志》卷一〇《寇警》）

洪武二年、宣德二年俱大旱，民饑。（乾隆《雒南縣志》卷一〇《災祥》）

洪武三年（庚戌，一三七〇）

正月

丁酉，上諭中書省叅政陳亮、侯至善曰："司天臺言，朔日以來，日中有黑子，其占多端，朕觀《存心錄》以為祭天不順所致。今郊壇從祀，禮文太簡，宜命禮部、太常司詳擬圜丘、方丘，增以十二月將旗纛之神。"（《明太祖實錄》卷四八，第953～954頁）

二月

丁亥，長淮、泰州衛軍士運糧至淮安，遇風覆舟，漂没米二百七十餘石。（《明太祖實錄》卷四九，第972頁）

三月

天久炎旱。（乾隆《孝義縣志·藝文參攷》卷一）

四月

癸亥，夜，流星大如杯，青赤色，有光，起自下台，西北行至文昌没。（《明太祖實録》卷五一，第999頁）

丙寅，初昏，月在太微垣中。（《明太祖實録》卷五一，第1004頁）

戊辰，是夕，有流星大如杯，青白色，起天市垣，東北行，散為三，至虛宿没。（《明太祖實録》卷五一，第1005頁）

甲戌，夜，月食。（《明太祖實録》卷五一，第1008頁）

直隸永平、河間皆大旱。（光緒《東光縣志》卷一一《祥異》）

五月

辛亥，夜三鼓，有星大如盃（抱本作"盤"，中本作"盞"），赤黃色，尾跡有光，起文昌，東行至天船没。（《明太祖實録》卷五二，第1027頁）

丙辰，山西蔚州定安縣大風雨雹，傷田苗。（《明太祖實録》卷五二，第1029頁）

應天旱，帝齋戒，后妃親執爨，太子諸王饌於齋所。六月戊午朔，帝步禱山川壇，露宿凡三日，還齋於西廡。壬戌，大雨。（光緒《金陵通紀》卷一〇上）

六月

戊午朔，先是久不雨，上謂中書省臣曰："今仲夏不雨，實為農憂。"壬戌，旦，大雷雨，四郊霑足。（《明太祖實録》卷五三，第1033頁）

癸酉，福州府地震。（《明太祖實録》卷五三，第1042頁）

戊寅，應天府溧水縣奏（嘉本無"奏"字）："久雨，江水衝溢，漂民居。"上命戶部賑恤之。（《明太祖實録》卷五三，第1050頁）

乙酉，永平府灤州大水，陝西延安府雨雹傷稼，詔蠲其田租。（《明太祖實録》卷五三，第1056頁）

壬戌，大雨。（《國榷》卷四，第418頁）

戊寅，溧水大雨，水壞民舍，命賑之。（《國榷》卷四，第 420 頁）

丁丑，溧水湖溢，漂民居。（光緒《金陵通紀》卷一〇上）

旱。（道光《上元縣志》卷一《庶徵》；道光《宿松縣志》卷二八《祥異》；光緒《溧水縣志》卷一《庶徵》）

（黃岡縣）隕霜，殺禾。（民國《湖北通志》卷七五《災異》）

七月

丁亥，是日大風。（《明太祖實錄》卷五四，第 1059 頁）

己亥，夜五皷，有星大如盂，青白色，起自東北雲中，徐徐東北行，光明照地，約長四丈餘，散作碎星，没于雲中。（《明太祖實錄》卷五四，第 1065 頁）

辛亥，自癸巳至是日不雨（中本作"辛亥至癸丑大雨"）。（《明太祖實錄》卷五四，第 1067 頁）

丙辰，山東自五月至是月不雨。（《明太祖實錄》卷五四，第 1068 頁）

丙辰，青州蝗。（《明太祖實錄》卷五四，第 1068 頁）

壬寅，上海縣大風，有物蔽空，墮沙岡林彥英家，俱楮幣。（《國榷》卷四，第 422 頁）

十六日，大風從海上來，塵沙蔽空。（正德《松江府志》卷三二《祥異》）

十六日，大風，塵沙蔽空。（同治《上海縣志》卷三〇《祥異》）

蝗，自五月至是月不雨。（乾隆《諸城縣志》卷二《總紀上》）

八月

辛酉，彰德府臨漳、湯陰二縣雨雹。（《明太祖實錄》卷五五，第 1077 頁）

癸亥，京師雨，大水。（《明太祖實錄》卷五五，第 1077 頁）

甲戌，夜，有星大如盂，赤色，有光，起自天津，北行至天鈎没。（《明太祖實錄》卷五五，第 1078 頁）

九月

丙申，初昏，熒惑入太微垣。（《明太祖實錄》卷五六，第 1090 頁）

戊戌，日中有黑子。（《明太祖實錄》卷五六，第 1091 頁）

癸卯，潮州府程鄉縣地震，有聲從西北來。（《明太祖實錄》卷五六，第 1093 頁）

乙卯，熒惑在太微垣。（《明太祖實錄》卷五六，第 1099 頁）

十月

丁巳，日中有黑子。（《明太祖實錄》卷五七，第 1115 頁）

丁巳，是日朝退，雨。有二內使乾靴行雨中，上見召責之曰：“靴雖微，皆出民力，民之為此，非旦夕可成，汝何不愛惜，乃暴殄如此。”命左右杖之，因謂侍臣曰：“嘗聞元世祖初年，見侍臣有著花靴者，責之曰：‘汝將完好之皮為此，豈不廢物勞人。’此意誠佳，大抵為人嘗歷艱難，則自然節儉，若習見富貴，未有不侈靡者也。”因敕百官自今入朝，遇雨雪，皆許服雨衣。（《明太祖實錄》卷五七，第 1116 頁）

辛酉，福州地震。（《明太祖實錄》卷五七，第 1116 頁）

癸酉，夜三鼓，有星初出，如鸡子大，青赤色，起自西南云中，南行流丈余，发光如杯大，至游气中没。（《明太祖實錄》卷五七，第 1118 頁）

庚辰，夜一鼓，有星，大如雞子，赤色，起自天桴，東南行至壘壁陣，發光，如盃大，青白色，有尾，至羽林軍爆散有聲，後有三五小星隨之。至土司空傍，復發光芒燭地，忽大如椀，青白色，曳赤尾至天倉没。須臾，東南有聲。（《明太祖實錄》卷五七，第 1118~1119 頁）

十一月

丁未，夜，有星，初出，青白色，起天市東垣，北行，發光，大如盃，

至漸臺没。（《明太祖實録》卷五八，第1143頁）

甲寅，夜，太白犯壘壁陣。（《明太祖實録》卷五八，第1144頁）

十二月

壬午，上以正月至是月日中屢有黑子，詔廷臣言得失。（《明太祖實録》卷五九，第1164頁）

是年

旱。（康熙《建德縣志》卷九《災祥》；道光《建德縣志》卷二〇《祥異》；光緒《嚴州府志》卷二二《祥異》；民國《景縣志》卷一四《故實》）

大旱。（乾隆《白水縣志》卷一《祥異》；同治《麗水縣志》卷一四《災祥附》；民國《滄縣志》卷一六《事實》）

麗水大旱。（雍正《處州府志》卷一六《雜事》；光緒《處州府志》卷二五《祥異》）

晦夜，赤氣四起，照曜如日。邑令金師古曰此爲旱徵，諭民高田勿種禾，止蒔豆粟，增壩官早浚。已而果旱，至秋始雨，邑免於災。（光緒《分水縣志》卷一〇《祥祲》）

春，洪水衝毀（迎恩橋）。（弘治《撫州府志》卷六《水利》）

夏，旱。（同治《瀏陽縣志》卷一四《災異》）

夏，灤州大水。（光緒《永平府志》卷三〇《紀事》）

夏，久不雨。（順治《新修望江縣志》卷九《災異》）

已而果旱，至秋始雨。（光緒《分水縣志》卷一〇《祥祲》）

河水泛溢，安州、高陽爲甚。（康熙《安州志》卷八《祥異》）

高河決，城陷。（雍正《高陽縣志》卷六《禨祥》）

風潮大作，漂蕩廬舍，民饑。（康熙《重修崇明縣志》卷七《祲祥》）

溧水縣久雨，江溢。（乾隆《江南通志》卷一九七《禨祥》）

海溢，塘岸圮。（光緒《海鹽縣志》卷七《輿地》）

海溢，淪田一千九百餘頃。（康熙《嘉興府志》卷一七《人物》）

（黃河）自省西開決，經流洪波直抵潊水沙河，由沙河衝決，直抵我項虹河。其時城尚未立，名為珍寇鎮，鎮四圍數百里汪洋，東南直抵淮水。生靈死者曷止數百萬，此經流衝決之為害最甚者一也。（民國《項城縣志》卷一三《祥異》）

洪武四年（辛亥，一三七一）

正月

己丑，鞏昌、臨洮、慶陽屬縣地震。（《明太祖實錄》卷六〇，第1170頁）

丙申，詔免紹興府諸暨縣水災田租。（《明太祖實錄》卷六〇，第1175頁）

癸卯，上謂中書省臣曰："今日天寒，有甚於冬。京師尚爾，況北邊荒漠之地，冰厚雪深，吾守邊將士甚艱苦。爾中書其以府庫所儲布帛，製綿襖運赴蔚、朔、寧夏等處，以給將士。"（《明太祖實錄》卷六〇，第1178頁）

戊申，山西豐〔豐〕州、東勝州、太原府興縣，以去年旱災，詔免其田租。（《明太祖實錄》卷六〇，第1181頁）

戊申，雨，木冰。（《明太祖實錄》卷六〇，第1181頁；《國榷》卷四，第439頁）

雨，木冰。（民國《無棣縣志》卷一六《祥異》）

免山西旱災田租。（《明史·太祖紀》，第25頁）

二月

戊午，太白晝見。（《明太祖實錄》卷六一，第1186頁）

三月

戊戌，日中有黑子。（《明太祖實錄》卷六二，第1197頁）

壬寅，陝西延安府膚施縣以旱聞，詔免其田租二萬八千二百餘石。（《明太祖實錄》卷六二，第 1198 頁）

己亥，大風。（乾隆《諸城縣志》卷二《總紀上》）

閏三月

庚申，夜，有星自璧（各本作"壁"）宿起，東比〔北〕曲行，至游氣中没。（《明太祖實錄》卷六三，第 1204 頁）

四月

戊戌，太白晝見。（《明太祖實錄》卷六四，第 1218 頁）

辛丑，五色雲見。（《明太祖實錄》卷六四，第 1219 頁）

戊申，五色雲見。（《明太祖實錄》卷六四，第 1221 頁）

戊申，太白晝見。（《明太祖實錄》卷六四，第 1222 頁）

己酉，五色雲見。（《明太祖實錄》卷六四，第 1222 頁）

雨雹。（康熙《無錫縣志》卷二五《雜識》）

五月

丙辰，中山侯湯和兵發歸州，進攻瞿塘關，以江水暴漲，駐兵（各本作"師"）大溪口。（《明太祖實錄》卷六五，第 1227 頁）

己未，晝，有星如鷄子，赤色，起自中天午位，西行五尺許没。（《明太祖實錄》卷六五，第 1228 頁）

辛巳，日中有黑子，自壬子（嘉本"子"下有"日"字）至是日。（《明太祖實錄》卷六五，第 1233 頁）

六月

壬午朔，太白晝見。（《明太祖實錄》卷六六，第 1235 頁）

戊戌，北平地震。（《明太祖實錄》卷六六，第 1241 頁）

丁未，夜，紹興府諸暨縣大風雨，水漂民居，人多溺死。（《明太祖實

録》卷六六，第 1245 頁）

七月

辛亥，廣東番禺等縣颶風，發屋拔木，三日方止。（《明太祖實録》卷六七，第 1255 頁）

壬子，南寧府大雨，江水溢，壞城垣，漂民廬舍。（《明太祖實録》卷六七，第 1255 頁）

辛酉，夜，太陰入南斗魁中。（《明太祖實録》卷六七，第 1256 頁）

癸亥，山西蒲州地震。（《明太祖實録》卷六七，第 1257 頁）

甲子，衢州府龍游縣大雨，水溢，漂民廬舍，人有溺死者。（《明太祖實録》卷六七，第 1257 頁）

甲子，大雨，水溢，漂民廬。（民國《龍游縣志》卷一《通紀》）

賑永平旱災。（民國《盧龍縣志》卷二三《史事》）

八月

乙酉，夜，天鳴。（《明太祖實録》卷六七，第 1263 頁）

乙未，夜，有星，赤色，起自右旗，西南行至游氣中没。（《明太祖實録》卷六七，第 1265 頁）

己酉，河南、陝西、山西及北平、河間、永平、直隸常州、臨濠等府旱。（《明太祖實録》卷六七，第 1269 頁）

己酉，大名府水。（《明太祖實録》卷六七，第 1269 頁）

乙酉夜，天鳴。（《國榷》卷四，第 453 頁）

九月

庚戌朔，日有食之。（《明太祖實録》卷六八，第 1271 頁）

乙卯，夜，熒惑犯壘壁陣。（《明太祖實録》卷六八，第 1272 頁）

乙丑，夜，月食。（《明太祖實録》卷六八，第 1277 頁）

辛未，贛州府贛縣地震。（《明太祖實録》卷六八，第 1278 頁）

戊寅，日中有黑子。（《明太祖實錄》卷六八，第 1279 頁）

十月

癸未，夜，有星起自五車中，分為二，至四輔沒。（《明太祖實錄》卷六八，第 1280 頁）

大霧，雨雪，黑色，草木竹柏皆枯。（康熙《麻城縣志》卷三《災異》）

大霧，北風寒勁，雨黑雪，竹柏皆枯。（光緒《黃岡縣志》卷二四《祥異》）

十一月

丁巳，西安、鳳翔、慶陽三府以旱聞，詔免田租一十九萬三千三百餘石。（《明太祖實錄》卷六九，第 1287 頁）

壬戌，五色雲見。（《明太祖實錄》卷六九，第 1288 頁）

丁卯，開封府祥符等五縣并睢州以旱聞，詔免今年田租。（《明太祖實錄》卷六九，第 1289 頁）

十二月

辛丑，夜，太陰犯房第二星。（《明太祖實錄》卷七〇，第 1310 頁）

是年

陝西旱，饑，漢中尤甚。（光緒《寧羌州志》卷五《雜記》）

旱，大饑。（光緒《定遠廳志》卷二四《五行》）

秋，旱。（民國《盧龍縣志》卷二三《史事》）

秋，永平旱。（民國《盧龍縣志》卷二三《史事》）

臨濠旱。（乾隆《鳳陽縣志》卷一五《紀事》）

大水（朝陽洞石刻）。（民國《南充縣志》卷七《祥異》）

旱。（民國《獻縣志》卷一九《故實》）

古城建晉府宮殿，規模已備，一夕大風盡頹，遂移建府城。（雍正《重修太原縣志》卷一五《災異》）

旱，饑。（乾隆《南鄭縣志》卷一二《紀事》；嘉慶《洛川縣志》卷一《祥異》）

河決鉅野，流灌縣境，害及田疇。（康熙《魚臺縣志》卷四《災祥》）

洪武五年（壬子，一三七二）

正月

庚戌，日中有黑子。（《明太祖實錄》卷七一，第 1313 頁）

癸丑，是日辰時，日上有背氣，赤色，有淡暈。（《明太祖實錄》卷七一，第 1316 頁）

庚午，五色雲見。（《明太祖實錄》卷七一，第 1321 頁）

丙子，五色雲見。（《明太祖實錄》卷七一，第 1323 頁）

甲午，大風，晦，雨雪交作。（同治《上江兩縣志》卷二《大事》；光緒《金陵通紀》卷一〇上）

二月

庚子，大同府雲內州旱，詔悉免所負鹽糧。（《明太祖實錄》卷七二，第 1330 頁）

丁未，日中有黑子。（《明太祖實錄》卷七二，第 1332 頁）

三月

癸丑，夜，有星，青白色，起自太微垣中，西北行至西蕃外没。（《明太祖實錄》卷七三，第 1337 頁）

壬戌，夜，月食。（《明太祖實錄》卷七三，第 1338 頁）

戊辰，夜，福建興化府仙遊縣大水，民多溺死。（《明太祖實錄》卷七三，第 1338 頁）

癸酉，福建延平府南平縣大雨，山水横溢，漂流廬舍。（《明太祖實錄》

卷七三，第 1340 頁）

四月

己卯，山東行省奏：“濟南、萊州二府，連年旱澇傷禾麥，民食草實樹皮。”（《明太祖實錄》卷七三，第 1341 頁）

丁亥，夜，有星如杯，青赤色，光潤，自天市垣口起，後有三小星隨之，東北入天市垣，至游氣中沒。（《明太祖實錄》卷七三，第 1341 頁）

戊戌，廣西潯州府天鳴，梧州府蒼梧縣、賀州、恭城、立山等縣地震。（《明太祖實錄》卷七三，第 1343 頁）

戊戌，山西潞州黎城縣大雷、風、雹。（《明太祖實錄》卷七三，第 1343 頁）

賑濟南、萊州饑。山東旱。（民國《山東通志》卷一〇《通紀》）

五月

癸丑，夜，中都皇城萬歲山雨冰雹，大如彈丸。（《明太祖實錄》卷七三，第 1349 頁）

乙卯，青州即墨縣、萊州膠水縣大風、雨雹。（《明太祖實錄》卷七三，第 1349 頁）

甲子，日中有黑子。（《明太祖實錄》卷七三，第 1351 頁）

戊午，祭方丘，還宮憂旱，命宮中后妃以下蔬食，遂雨。（《國榷》卷五，第 467 頁）

大旱，知府章復詣廟祈禱，甘澍隨應。（嘉慶《廣西通志》卷一四一《建置》）

六月

辛巳，五色雲見。（《明太祖實錄》卷七四，第 1359 頁）

甲申，上諭中書省臣曰：“聞山東登、萊二州旱，遣人馳驛徃諭山東省臣勿徵今年夏麦，其遞年逋租及一切徭役悉蠲之。”（《明太祖實錄》卷七

四，第 1359 頁）

丁亥，濟南府歷城等縣蝗。（《明太祖實錄》卷七四，第 1360 頁）

丁亥，自甲申至是日，太白晝見。（《明太祖實錄》卷七四，第 1360 頁）

丁亥，南安府大庾、上猶、南康三縣大疫。（《明太祖實錄》卷七四，第 1360 頁）

丙申，詔河間府寧津等縣去年旱饑民流移者，免其徭役。（《明太祖實錄》卷七四，第 1363 頁）

己亥，夜，有星大如杯，青白色，光潤，起自天市西垣，西行至游氣中沒。（《明太祖實錄》卷七四，第 1369 頁）

庚子，青州、萊州二府蝗。（《明太祖實錄》卷七四，第 1369 頁）

癸卯，是日，太原府陽曲縣地震。（《明太祖實錄》卷七四，第 1372 頁）

蝗。（乾隆《汜水縣志》卷一二《祥異》；道光《尉氏縣志》卷一《祥異附》；光緒《臨朐縣志》卷一〇《大事表》）

開封府諸縣蝗。（嘉靖《河南通志》卷四《祥異》）

庚子，蝗。（乾隆《諸城縣志》卷二《總紀上》）

大雨暴溢，巨木蔽江而下，抵南岸止。（順治《漢中府志》卷三《災祥》）

濟南屬縣及青、萊二府蝗。賑山東饑，免被災郡縣田租。（民國《山東通志》卷一〇《通紀》）

蝗，大饑，草實樹皮為食。（乾隆《歷城縣志》卷二《總紀》）

七月

辛亥，太原府陽曲縣地震。（《明太祖實錄》卷七五，第 1383 頁）

壬子，五色雲見，自己酉至於是日。（《明太祖實錄》卷七五，第 1383 頁）

乙卯，夜，有星初出，青赤色，有尾，起自東北薄雲中壘壁陣旁，東北行一丈餘，發光，大如杯，至近濁沒。（《明太祖實錄》卷七五，第 1383 頁）

辛酉，蘇州府崇明縣、通州海門縣大雨潮湧，漂民廬舍。（《明太祖實錄》卷七五，第1385頁）

壬戌，夜，京師風雨，地震。（《明太祖實錄》卷七五，第1385頁）

辛未，日中有黑子。（《明太祖實錄》卷七五，第1388頁）

辛未，是月，開封府大水，徐州、大同府並蝗。（《明太祖實錄》卷七五，第1388頁）

辛未，鳳翔、平涼二府，自五月至是月，雨雹傷豆麥，詔免其稅。（《明太祖實錄》卷七五，第1388頁）

辛未，蘇州府崇明縣水，詔有司毋徵其稅。（《明太祖實錄》卷七五，第1388頁）

辛未，是月，開封大水；徐州、大同蝗；鳳翔、平涼久不雨，至是雨雹傷菽，免田租。（《國榷》卷五，第472頁）

蝗。（乾隆《大同府志》卷二五《祥異》；同治《徐州府志》卷五下《祥異》）

八月

庚辰，通州海門縣水災，詔免其租。（《明太祖實錄》卷七五，第1390頁）

乙酉，太原府徐溝縣西北空中有聲如雷。地震，自癸未至是日。（《明太祖實錄》卷七五，第1391頁）

乙酉，紹興府嵊縣、金華府義烏縣、杭州府餘杭縣大風，山谷水湧，漂流廬舍，人民、孳畜溺死者衆。（《明太祖實錄》卷七五，第1391頁）

戊戌，太原府陽曲縣地震。（《明太祖實錄》卷七五，第1393頁）

己亥，五色雲見。（《明太祖實錄》卷七五，第1393頁）

癸卯，太倉衛奏：“高麗使者洪師範、鄭夢周等度海洋，遭颶風，舟壞。師範等三十九人溺死，夢周等一百十三人漂至嘉興界，百戶丁明以舟救之，獲免。”上令夢周等還京師。（《明太祖實錄》卷七五，第1393～1394頁）

九月

丙辰，旦，有星，青白色，起自太微西垣，東南行至雲中没。（《明太祖實録》卷七六，第 1395 頁）

壬戌，太原府陽曲縣地震者再。（《明太祖實録》卷七六，第 1397 頁）

乙丑，廣州府地震，有聲如雷。（《明太祖實録》卷七六，第 1398 頁）

十月

戊寅，太原府陽曲縣地震。（《明太祖實録》卷七六，第 1398 頁）

庚辰，夜，有星自五車，流至參旗没。（《明太祖實録》卷七六，第 1399 頁）

辛卯，太原府陽曲縣地震。（《明太祖實録》卷七六，第 1400 頁）

十一月

丁未，辰時，日有暈，上有背氣及兩珥。（《明太祖實録》卷七六，第 1403 頁）

癸亥，中書省臣言：“河間府清、獻二州，真定府隆平縣旱，平凉府雨雹傷稼。”詔並免田租。（《明太祖實録》卷七六，第 1404 頁）

庚午，將旦，熒惑犯鈎鈐。（《明太祖實録》卷七六，第 1406 頁）

河間、真定旱，蠲田租。（乾隆《獻縣志》卷一八《祥異》）

十二月

甲戌，夜，有星，赤色，起自郎將旁，東北行至雲中没。（《明太祖實録》卷七七，第 1409 頁）

甲申，太白晝見。（《明太祖實録》卷七七，第 1412 頁）

是年

蝗。（康熙《扶溝縣志》卷七《災祥》；民國《中牟縣志·祥異》）

洪武五月（"五月"疑作"五年"）夏，旱蝗。（民國《增修膠志》卷五三《祥異》）

夏，蝗。（萬曆《杞乘》卷二《今總紀》）

金、復二州旱。（民國《奉天通志》卷一一《大事》）

旱。（乾隆《曲阜縣志》卷二八《通編》）

舊城在韓張店，明洪武五年圮于水，因徙于此縣。（康熙《朝城縣志》卷一《城池》）

河南黃河竭，行人可涉。（《明史·五行志》，第455頁）

洪武六年（癸丑，一三七三）

正月

癸丑，遼東金、復二州旱，詔免去年夏秋稅糧。（《明太祖實錄》卷七八，第1425頁）

甲子，夜，太陰犯心。（《明太祖實錄》卷七八，第1432頁）

二月

丁丑，大雨雹。（《明太祖實錄》卷七九，第1439頁）

丙戌，揚州府崇明縣田為海潮漳沒，民饑，詔有司賑之，計戶四千四百八十二，賑米五千九百二十石有奇。（《明太祖實錄》卷七九，第1441頁）

丁亥，夜，月食。（《明太祖實錄》卷七九，第1441頁）

壬寅，夜，有流星大如杯，青赤色，起自造父，西北行約流五尺餘，光燭地，經紫微東蕃，至勾陳沒。（《明太祖實錄》卷七九，第1445頁）

潮大溢，各沙俱沒。（乾隆《崇明縣志》卷五《祲祥》）

三月

癸卯朔，日有食之。（《明太祖實錄》卷八〇，第1447頁）

戊申，是夜，熒惑犯填星。（《明太祖實録》卷八〇，第 1451 頁）

戊辰，日交暈。（《明太祖實録》卷八〇，1456 頁）

四月

乙酉，詔免延安府甘泉、膚施二縣租税，以去年七月雨雹傷禾故也。（《明太祖實録》卷八一，第 1461 頁）

五月

乙巳，卿雲見。（《明太祖實録》卷八二，第 1477 頁）

丙午，太原府陽曲縣地震。（《明太祖實録》卷八二，第 1478 頁）

己酉，開封府封丘縣蝗。（《明太祖實録》卷八二，第 1478 頁）

己酉，夜，有流星大如杯，青色，起自天廟，西南行至游氣中没。（《明太祖實録》卷八二，第 1478 頁）

庚午，是月應天府江寧縣，鎮江府丹徒縣，常州府江陰、無錫二縣，淮安府沭陽縣，蘇州府長洲縣，嘉興府嘉興縣，紹興府諸暨縣，開封府蘭陽縣，青州府益都縣，武昌府江夏縣及揚州府屬邑並雨雹。（《明太祖實録》卷八二，第 1480 頁）

戊辰，江寧、丹徒、江陰、無錫、沭陽、長洲、嘉興、諸暨、蘭陽、益都、江夏並雨雹。（《國榷》卷五，第 486 頁）

六月

丁丑，五色雲見。（《明太祖實録》卷八三，第 1482 頁）

己丑，昏時，有流星，青白色，起自中台，西北行至遊氣中没。（《明太祖實録》卷八三，第 1484 頁）

壬辰，太白犯歲星。（《明太祖實録》卷八三，第 1484 頁）

戊戌，是月，北平河間、河南開封、陝西延安諸府州縣蝗，山西汾州旱，詔並免田租。（《明太祖實録》卷八三，第 1485 頁）

廣州天雨米，如早白穀，米身粗小長，黑色如火燒米，炊蒸之爲飯，甚

柔軟，人爭掃拾，有取至二三斗者。（光緒《廣州府志》卷七八《前事略》）

七月

辛丑，以衛輝府胙城縣旱，詔免其稅。（《明太祖實錄》卷八三，第 1485 頁）

癸卯，五色雲見。（《明太祖實錄》卷八三，第 1485 頁）

丙午，和州旱，免今年田租。（《明太祖實錄》卷八三，第 1486 頁）

戊申，日有裔氣。（《明太祖實錄》卷八三，第 1486 頁）

戊申，嘉定府龍游縣大雨，洋、雅二江漲，損城郭，漂民居。（《明太祖實錄》卷八三，第 1486 頁）

己酉，叙州南溪縣大雨，江水漲，漂公廨民居。（《明太祖實錄》卷八三，第 1487 頁）

癸卯（舊校改“卯”作“亥”），太原府陽曲縣地震。（《明太祖實錄》卷八三，第 1489 頁）

丙寅，真定府晉州饒陽縣自四月至是月不雨。（《明太祖實錄》卷八三，第 1490 頁）

己巳，是月，北平、河南、山西、山東蝗。（《明太祖實錄》卷八三，第 1492 頁）

己巳，延安府旱，隕霜，人民饑，命賑之。（《明太祖實錄》卷八三，第 1492 頁）

蝗。（乾隆《平原縣志》卷九《災祥》；民國《山東通志》卷一〇《通紀》；民國《增修膠志》卷五三《祥異》）

八月

甲申，夜，月食。（《明太祖實錄》卷八四，第 1500 頁）

丙戌，夜，有流星，青白色，自正北雲中，東北行至游氣中没。（《明太祖實錄》卷八四，第 1501 頁）

戊戌，是月華州，臨潼、咸陽、渭南、高陵四縣蝗，詔免其田租。

（《明太祖實録》卷八四，第 1505 頁）

濟南河水暴漲，自齊河潰，至商河、樂安州境南，巨浪七十餘里。（康熙《濟南府志》卷一〇《災異》）

九月

庚子，冀州棗强縣旱，民飢，命有司賑恤之。（《明太祖實録》卷八五，第 1507 頁）

壬子，真定府欒城縣、趙州寧晉縣歲旱民饑，上命賑之。（《明太祖實録》卷八五，第 1513 頁）

庚申，夜，歲星犯鬼宿。（《明太祖實録》卷八五，第 1515 頁）

十月

甲申，夜，太陰犯昴宿。（《明太祖實録》卷八五，第 1520 頁）

甲午，夜，太陰犯角宿。（《明太祖實録》卷八五，第 1521 頁）

十一月

戊戌，日中有黑子。（《明太祖實録》卷八六，第 1523 頁）

戊戌，夜，有流星，初如雞子，青赤色，起自内階，北行至文昌，發光照地，大如盞，就没。三鼓復如前，自紫微西蕃，東北行至北斗第三星没。（《明太祖實録》卷八六，第 1523 頁）

戊申，雷電交作。（《明太祖實録》卷八六，第 1524 頁；光緒《金陵通紀》卷一〇上）

壬子，夜，歲星退犯鬼宿。（《明太祖實録》卷八六，第 1526 頁）

甲寅，山西汾州官上言："今歲本處旱，朝廷已免民租……"（《明太祖實録》卷八六，第 1527 頁）

戊申，雷霆交作。（同治《上江兩縣志》卷二下《大事下》）

閏十一月

戊辰朔，太原府陽曲縣地震。（《明太祖實録》卷八六，第 1531 頁）

甲戌，夜，有流星，青白色，自八穀西北行，後有小星隨之，至五車中天潢沒。（《明太祖實錄》卷八六，第1532頁）

壬辰，夜，太陰犯心。（《明太祖實錄》卷八六，第1536頁）

十二月

丙午，夜，太陰犯昴宿。（《明太祖實錄》卷八六，第1538頁）

乙卯，夜，有星，赤色，自南河下，西南行至弧矢沒。（《明太祖實錄》卷八六，第1539頁）

乙丑，雨，木冰。（《明太祖實錄》卷八六，第1540頁）

是年

水，荒。（同治《湖州府志》卷四四《祥異》；光緒《烏程縣志》卷二七《祥異》）

水災。（光緒《歸安縣志》卷二七《祥異》）

大清河暴漲，溢縣境。（嘉慶《禹城縣志》卷一一《灾祥》）

大水。（民國《雙林鎮志》卷一九《災異》）

水壞（文昌橋）二墩。（弘治《撫州府志》卷六《津渡》）

颶風，平地水深數尺。（乾隆《番禺縣志》卷一二《名臣》）

北平、河南、山西、山東蝗。（《明史·五行志》，第437頁）

洪武七年（甲寅，一三七四）

正月

庚午，賑松江府水災民八千二百九十九戶，戶各賜錢五千。（《明太祖實錄》卷八七，第1544頁）

庚辰，夜三鼓，流星，大如雞子，赤色，起自天桴，東北行至游氣中沒。（《明太祖實錄》卷八七，第1547頁）

辛巳，月暈太微垣。（《明太祖實錄》卷八七，第1547頁）

壬午，暴風。（《明太祖實錄》卷八七，第1549頁）

甲午，夜三鼓，流星，初出如彈丸，青赤色，有尾，起自紫微西蕃，東北行三尺余，發光大如雞子，至陰德没。（《明太祖實錄》卷八七，第1550頁）

二月

丁酉朔，日有食之。（《明太祖實錄》卷八七，第1551頁）

乙巳，夜三鼓，流星，赤色，有尾，起自軒轅，西北行至北河没。四鼓，流星二：一赤色，有光，起自左旗，東行至近濁没；一青白色，有尾，起自紫微東蕃，北行至近濁没。（《明太祖實錄》卷八七，第1552頁）

辛亥，太陰犯角宿。（《明太祖實錄》卷八七，第1553頁）

甲寅，日中有黑子，自庚戌至于是日。（《明太祖實錄》卷八七，第1553頁）

甲寅，青州府昌邑縣海水漲，陷没廬舍。（《明太祖實錄》卷八七，第1553頁）

丁巳，濟南府歷城等縣蝗，詔免田租。（《明太祖實錄》卷八七，第1553頁）

丁巳，上以平陽、太原二府并汾州等州縣，去年遭罹旱災，恐民飢困，詔免今年田租。（《明太祖實錄》卷八七，第1553頁）

己未，上謂户部曰："比者，衛輝府汲縣久不雨，麦苗枯槁。今年夏税，并所給種麦，俱宜蠲免。"（《明太祖實錄》卷八七，第1554頁）

平陽、太原、汾州、歷城、汲縣旱蝗，並免租税。（《明史·太祖紀》，第29頁）

蝗。（乾隆《新修曲沃縣志》卷三七《祥異》）

三月

乙亥，夜四鼓，流星，青赤色，有尾，起自勾陳旁，經紫微東蕃，東北行，炸散發光，至閣道旁没。（《明太祖實錄》卷八八，第1559頁）

戊寅，成都府安縣地震。（《明太祖實錄》卷八八，第1559頁）

庚寅，蘇州府嘉定縣水，民饑，詔發廩濟之。（《明太祖實録》卷八八，第 1560 頁）

乙未，西安府咸寧、華陰二縣，濟南府長清縣，北平府武清縣並蝗。（《明太祖實録》卷八八，第 1566 頁）

四月

壬寅，太陰犯軒轅。（《明太祖實録》卷八八，第 1567 頁）

丙午，五色雲見。（《明太祖實録》卷八八，第 1569 頁）

己未，大同府大同縣雨雹。（《明太祖實録》卷八八，第 1570 頁）

甲子，是月，順德府平鄉縣、任縣，保定府雄縣，青州府壽光縣、膠州，河南府鞏縣，永平府樂亭縣，河間府莫州、清縣，東昌府聊城縣並蝗，命捕之。（《明太祖實録》卷八八，第 1571 頁）

蝗。（萬曆《樂亭志》卷一一《祥異》）

五月

戊寅，北平省臣奏，真定等四十二府州縣旱。詔賑恤，免其租賦。（《明太祖實録》卷八九，第 1575 ~ 1576 頁）

丙戌，五色雲見。（《明太祖實録》卷八九，第 1577 頁）

己丑，澧州及澧陽、慈利、石門三縣久雨，山水漲溢，漂没民舍，壞城垣。（《明太祖實録》卷八九，第 1577 頁）

癸巳，五色雲見。（《明太祖實録》卷八九，第 1577 頁）

癸巳，台州府言："黄巖、臨海、寧海三縣，今年夏税小麦三千餘石，因積雨多腐，不堪輸官。"上命以他物代輸。（《明太祖實録》卷八九，第 1578 頁）

甲午，五色雲見。（《明太祖實録》卷八九，第 1578 頁）

河間府任丘、寧津二縣，永平府昌黎縣，保定府安肅縣，真定府寧晋縣，濟南府海豐縣，北平府文安縣，順德府唐山縣並蝗。命捕之。（《明太祖實録》卷八九，第 1579 頁）

甲午，上以不雨，躬祀太歲、風雲、雷雨、嶽鎮、海瀆及鍾山之神，天下山川、京都各府城隍之神。文曰："朕受命上帝，即位七載，民遭兵亂，未獲蘇息，加以轉輸戍守之供，其苦為甚。方今仲夏，當農民渴雨之期，予心惶惶，莫知所措。故祈諸神特降雨澤，神不我棄，為達上帝，苟有罪責，宜降朕躬，毋為民災。"神其聽之，既而大雨。（《明太祖實錄》卷八九，第1579頁）

大水，城市幾没。（康熙《五河縣志》卷一《祥異》）

六月

乙未朔，五色雲見。（《明太祖實錄》卷九〇，第1581頁）

丁酉，開封府陳留、蘭陽二縣驟雨，河漲溢，傷禾。（《明太祖實錄》卷九〇，第1583頁）

辛丑，夜五皷，有星，青白色，尾跡有光，起自紫微垣右樞旁，東北行至少尉旁没。（《明太祖實錄》卷九〇，第1583頁）

壬子，戶部言："陝西平涼等府二十二州縣，去年旱霜，民逋租三萬八千五百餘石。"詔免徵。（《明太祖實錄》卷九〇，第1584頁）

癸丑，命按金吾衛指揮僉事陸齡罪。初，定遼衛都指揮使馬雲等運粮一萬二千四百石，出海值暴風，覆四十餘舟，漂米四千七百餘石，溺死官軍七百一十七人，馬四十餘疋。（《明太祖實錄》卷九〇，第1584頁）

乙卯，五色雲見。（《明太祖實錄》卷九〇，第1585頁）

癸亥，是月，陝西平涼、延安二府，鄜州、靖寧州雨雹，山西太原府平定州，山東濟南府德州、樂安州，河南懷慶府，北平、真定、保定、河間、順德並蝗，詔免徵其租。（《明太祖實錄》卷九〇，第1588頁）

蝗。（道光《河内縣志》卷一一《祥異》；民國《續修昔陽縣志》卷一《祥異》；民國《新城縣志》卷二二《災禍》）

旱。（光緒《杭州府志》卷八四《祥異》）

山東蝗。（民國《齊河縣志·大事記》）

蝗，蠲田租。（乾隆《曲阜縣志》卷二八《通編》）

七月

丙寅，太陰行太微垣中。（《明太祖實錄》卷九一，第 1593 頁）

己卯，五色雲見。（《明太祖實錄》卷九一，第 1594～1595 頁）

甲申，太白晝見，自庚辰至于是日。（《明太祖實錄》卷九一，第 1597 頁）

八月

甲午，平涼府華亭、開城二縣，延安府綏德州米脂縣雨雹。（《明太祖實錄》卷九二，第 1607 頁）

庚子，是夜，太陰犯箕。（《明太祖實錄》卷九二，第 1609 頁）

乙巳，夜，歲星犯軒轅大星。（《明太祖實錄》卷九二，第 1615 頁）

乙卯，青州府膠州高密縣自六月至是日滛雨，膠河溢，傷禾。（《明太祖實錄》卷九二，第 1616 頁）

己未，夜四鼓，有星，青白色，起自紫微西蕃右樞旁，西北行至雲中沒。（《明太祖實錄》卷九二，第 1617 頁）

辛酉，五色雲見。（《明太祖實錄》卷九二，第 1617 頁）

雨雹。（道光《清澗縣志》卷一《災祥》）

九月

甲子，鞏昌府安定縣雨雹。（《明太祖實錄》卷九三，第 1619 頁）

癸酉，初昏，有流星，赤色，起自太子星旁，西北行經紫微西蕃，抵北斗柄沒。（《明太祖實錄》卷九三，第 1621 頁）

癸酉，河間府河間縣蝗。（《明太祖實錄》卷九三，第 1621 頁）

甲子，鞏昌雨雹。（光緒《甘肅新通志》卷二《天文》）

十月

丙午，五色雲見。（《明太祖實錄》卷九三，第 1627 頁）

甲寅，太陰犯軒轅。（《明太祖實録》卷九三，第 1628 頁）

黑氣亙天，居民對面不相見者一日。（同治《番禺縣志》卷二一《前事》）

東南隅有黑氣互〔亙〕天。（道光《佛岡直隸軍民廳志》卷三《庶徵》）

黑氣亙天，對面不見竟日。（康熙《南海縣志》卷三《災祥》）

十一月

壬申，夜，有流星，青赤色，有尾，起自紫微東蕃，東行至天市東垣没。（《明太祖實録》卷九四，第 1637 頁）

壬午，太陰犯軒轅左角。上諭中書省臣曰："太陰犯軒轅，占云'大臣黜免'。爾中書宜告各省衛官知之，凡公務有乖政體者，宜速改之，以求自安。"（《明太祖實録》卷九四，第 1639 頁）

甘露降鍾山。（同治《上江兩縣志》卷二下《大事下》）

十二月

戊戌，開封府陳留等六縣水災，詔免其田租。（《明太祖實録》卷九五，第 1642 頁）

庚申，夜四鼓，有流星，青赤色，尾跡長五尺餘，起自紫微垣北斗魁上，約流五尺，發光照地，徐徐西南行，至軒轅左角旁，分作五小星以没。（《明太祖實録》卷九五，第 1646 頁）

庚申，是歲平陽府永和縣自春至秋不雨。（《明太祖實録》卷九五，第 1647 頁）

水。（同治《開封府志》卷三九《祥異》）

是年

夏，大水，城市幾没。（光緒《五河縣志》卷一九《祥異》）

大水。（道光《武康縣志》卷一《邑紀》；光緒《烏程縣志》卷二七《祥異》）

蜈。（雍正《處州府志》卷一六《雜事》）

夏，北平旱。（《明史·五行志》，第481頁）

滄州蝗。（民國《滄縣志》卷一六《事實》）

蝗，饑。（民國《青縣志》卷一三《祥異》）

河水溢流四丈餘，壞民田廬。（萬曆《鉅野縣志》卷八《災異》）

大水，民饑。（崇禎《吳縣志》卷一一《祥異》）

北平所屬州縣三十三饑。（《明史·五行志》，第507頁）

旱，（章復）再禱，又雨。（康熙《全州志》卷五《名宦》）

洪武八年（乙卯，一三七五）

正月

癸亥，夜，雅州榮經、名山、蘆山三縣地震。（《明太祖實錄》卷九六，第1649頁）

壬申，五色雲見。（《明太祖實錄》卷九六，第1651頁）

丙子，夜，月食。（《明太祖實錄》卷九六，第1653頁）

乙酉，太原府陽曲縣地震。（《明太祖實錄》卷九六，第1654頁）

丁亥，河決開封府大（一作"太"）黃寺堤百餘丈，詔河南糸政安然集民夫三萬餘人塞之。（《明太祖實錄》卷九六，第1655～1656頁）

丁亥，溫州颶風，雷雨大作，海水溢，漂廬舍，壞舟船，人死者眾。（《明太祖實錄》卷九六，第1656頁）

河決開封太（《明實錄》作"大"）黃寺堤。詔河南參政安然發民夫三萬人塞之。（《明史·河渠志》，第2013頁）

二月

壬辰，夜，太陰犯五諸侯。（《明太祖實錄》卷九七，第1657頁）

辛亥，日中有黑子。（《明太祖實錄》卷九七，第1665頁）

三月

辛酉，夜，有星，青赤色，自腾蛇東北行至奎宿没。（《明太祖實録》卷九八，第 1670 頁）

癸亥，夜，熒惑犯填星。（《明太祖實録》卷九八，第 1671 頁）

甲子，戶部言：“北平河間府獻州、交河縣洪武四年旱災，黍麥不收，人民飢窘，流移者一千七十三户，所荒田土三百三十餘頃，至今租税無從徵收。”詔免其租税。（《明太祖實録》卷九八，第 1671 頁）

四月

乙巳，山東歷城縣地震。（《明太祖實録》卷九九，第 1683 頁）

丁未，五色雲見。（《明太祖實録》卷九九，第 1684 頁）

甲寅，欽天監言：“日上有背氣。”（《明太祖實録》卷九九，第 1684 頁）

丁巳，河南彰德府安陽等縣、北平大名府内黄等縣蝗。（《明太祖實録》卷九九，第 1684～1685 頁）

丁巳，陕西臨洮、平凉、河州三府雨雹傷麥，詔免其租。（《明太祖實録》卷九九，第 1685 頁）

五月

庚午，五色雲見。（《明太祖實録》卷一〇〇，第 1695 頁）

癸未，五色雲見。（《明太祖實録》卷一〇〇，第 1695～1696 頁）

戊子，大同、太原二府，暨山陰諸縣雨雹。真定等府、平山等縣蝗。（《明太祖實録》卷一〇〇，第 1696 頁）

蝗。（乾隆《行唐縣新志》卷一六《事紀》）

六月

壬辰，五色雲見。（《明太祖實録》卷一〇〇，第 1696 頁）

己亥，五色雲見。（《明太祖實錄》卷一〇〇，第 1697 頁）

庚戌，夜，有星，青白色，自天船流至五車没。（《明太祖實錄》卷一〇〇，第 1697 頁）

戊午，高郵州奏言："大水没下田。"上諭中書省臣曰："民資食以養生，今高郵下田既没于水，民將缺食，租税將何所出？"即命免其租，凡六萬三百四十三石，仍勅有司賑恤之。（《明太祖實錄》卷一〇〇，第 1698 頁）

戊午，滄州、景州、河間旱，免租。（《明太祖實錄》卷一〇〇，第 1698 頁）

七月

己未朔，日有食之。（《明太祖實錄》卷一〇〇，第 1698 頁）

戊辰，京師地震。（《明太祖實錄》卷一〇〇，1700 頁）

丁丑，直隸應天、太平、寧國、鎮江及湖廣蕲、黄諸府州久旱傷稼，詔免今年田租。（《明太祖實錄》卷一〇〇，第 1701 頁）

丙戌，淮安、北平、河南、山東大水，傷禾稼。（《明太祖實錄》卷一〇〇，第 1702 頁）

山東大水。（民國《增修膠志》卷五三《祥異》）

大風雨，海溢，沿江居民多淹没。（光緒《永嘉縣志》卷三六《祥異》）

初二日，夜，颶風挾雨，海溢，潮高三丈。平陽縣十一都南監、十都黄家洞江口、九都施家衕等處，男女死者二千餘口，漂去房屋一空，鹹潮浸壞，禾稻盡腐。永嘉、瑞安、樂清沿江去處，亦皆淹没。（弘治《溫州府志》卷一七《祥異》）

大水。（乾隆《德州志》卷二《紀事》；乾隆《曲阜縣志》卷二八《通編》）

海大溢，颶風挾雨，浪高三丈，沿江皆被淹没。（乾隆《瑞安縣志》卷一〇《災變》）

（桐廬縣）郡屬皆旱，獨本邑有雨。七月，忽大雨九日，田禾悉没。

（光緒《分水縣志》卷一〇《祥祲》）

八月

乙卯，開封府陳州雨雹。（《明太祖實錄》卷一〇〇，第 1703 頁）

丁巳，涿州、房山、趙州、寧晉等縣蝗。（《明太祖實錄》卷一〇〇，第 1703 頁）

丁巳，太白晝見。（《明太祖實錄》卷一〇〇，第 1703 頁）

旱，免太平府田租。（康熙《太平府志》卷三《祥異》）

大旱。（萬曆《應天府志》卷三《郡紀下》；道光《上元縣志》卷一《庶徵》；光緒《溧水縣志》卷一《庶徵》；民國《高淳縣志》卷一二《祥異》）

泗州秋八月大旱。（萬曆《帝鄉紀略》卷六《災患》）

九月

癸未，日中有黑子。（《明太祖實錄》卷一〇一，第 1708 頁）

大水，饑。（光緒《川沙廳志》卷一四《祥異》）

九月（《明史》作“十二月”），大水，饑。（同治《上海縣志》卷三〇《祥異》）

大水，饑。（光緒《南匯縣志》卷二二《祥異》）

十月

丁未，中書省臣言：“開封府祥符、杞、陳留、封丘、睢州、商水、西華、蘭陽等八州縣以六月積雨，黃河水溢，傷麥禾。淮安府鹽城縣自四月至五月雨潦，浸没下田。”詔並免今年田租。（《明太祖實錄》卷一〇一，第 1710 頁）

庚戌，五色雲見。（《明太祖實錄》卷一〇一，第 1710 頁）

甲寅，雷電。（《明太祖實錄》卷一〇一，第 1712～1713 頁；《國榷》卷六，第 528 頁）

十一月

壬戌，夜，有星自天厨流至奚仲没。（《明太祖實録》卷一○二，第1717頁）

甲戌，甘露降於南郊，羣臣咸稱賀，獻歌詩以頌德。（《明太祖實録》卷一○二，第1721頁）

十二月

戊子，京師地震。（《明太祖實録》卷一○二，第1724頁）

丙午，詔以北平府宛平縣今歲蝗，免其田租。（《明太祖實録》卷一○二，第1725頁）

癸丑，日中有黑子。（《明太祖實録》卷一○二，第1726頁）

甲寅，直隸蘇州、湖州、嘉興、松江、常州、太平、寧國，浙江杭州諸府水患，遣使賑給之。（《明太祖實録》卷一○二，第1726頁）

大旱。（乾隆《震澤縣志》卷二七《災祥》）

水。（光緒《蘇州府志》卷一四三《祥異》）

是年

旱。（康熙《建德縣志》卷九《佚事》；光緒《嚴州府志》卷二二《祥異》；民國《青縣志》卷一三《祥異》）

河潦没邑城，奏遷於穀城故址。（道光《東阿縣志》卷二三《祥異》）

大水。（乾隆《平原縣志》卷九《災祥》）

大旱，民饑。（乾隆《商南縣志》卷一一《祥異》；民國《商南縣志》卷一一《祥異》）

大旱。（乾隆《盱眙縣志》卷一四《畜祥》；同治《湖州府志》卷四四《祥異》）

水。（光緒《嘉善縣志》卷三四《祥眚》）

夏，蝗。（同治《武邑縣志》卷一○《雜事》）

大河南決，挾潁入淮。（光緒《盱眙縣志稿》卷一四《祥祲》）

揖仙橋在偃陽，洪武八年壞于水。（萬曆《浦城縣志》卷一二《津梁》）

洪武九年（丙辰，一三七六）

正月

辛酉，雷。（《明太祖實錄》卷一〇三，第1732頁）

癸酉，夜，有流星二：一大如杯，赤色，有光，起自星宿，西南行至近濁沒；一微小，流丈餘，光始發，亦大如杯，色青白，曳尾，起自軫宿，西南行至游氣中沒。（《明太祖實錄》卷一〇三，第1736頁）

丁丑，太陰犯房宿。（《明太祖實錄》卷一〇三，第1737頁）

癸未，詔免保定、河間二府，滄州、靜海、肅寧等縣今年租税，以去年旱也。（《明太祖實錄》卷一〇三，第1739頁）

春，南京大旱。二月，詔免應天今年二税。（光緒《金陵通紀》卷一〇上）

二月

己丑，歲星逆行入太微，犯左執法。（《明太祖實錄》卷一〇四，第1743頁）

己酉，太白晝見，自乙巳至于是日。（《明太祖實錄》卷一〇四，第1748頁）

三月

辛酉，熒惑犯井宿。（《明太祖實錄》卷一〇五，第1749頁）

壬申，太白晝見。（《明太祖實錄》卷一〇五，第1749頁）

己卯，夜，有流星，初大如雞子，青赤色，起自天槍〔倉〕，西南行丈餘，忽大如杯，光明燭地，至角宿沒。（《明太祖實錄》卷一〇五，第1753～1754頁）

四月

庚寅，初昏，有流星大如雞子，赤色，有光，起自太子星下，西行至勾陳而沒。（《明太祖實錄》卷一○五，第 1757 頁）

戊申，熒惑犯鬼宿。（《明太祖實錄》卷一○五，第 1760 頁）

庚戌，京師自去歲八月不雨，至是日始雨。（《明太祖實錄》卷一○五，第 1762 頁）

連雨二十日，水溢。（光緒《金陵通紀》卷一○上）

五月

癸酉，自四月庚戌雨，至是凡二十四日始霽。（《明太祖實錄》卷一○六，第 1766 頁）

丁丑，夜二鼓，有流星，初出如雞子，赤色，起自狗國，西南行丈餘，光息，忽大如杯，分而爲二，至近濁沒。（《明太祖實錄》卷一○六，第 1766 ~ 1767 頁）

水溢山崩，湖鼠食稼，遣都御史吳廷舉賑恤。（同治《江夏縣志》卷八《祥異》）

水溢。（萬曆《應天府志》卷三《郡紀下》；道光《上元縣志》卷一《庶徵》）

大水，田被浸者九十五頃；遣國子生田齡驗灾傷。（萬曆《錢塘縣志·灾祥》）

錢塘、仁和、餘杭三縣大水，下田被浸者九十五頃。（光緒《杭州府志》卷八四《祥異》）

大水傷稼。（崇禎《吳縣志》卷一一《祥異》）

錢塘、仁和、餘杭三縣大水，下田浸者九十五頃。詔遣國子生田齡等來驗災傷。（康熙《仁和縣志》卷二五《祥異》）

六月

丁亥，太白犯畢宿。（《明太祖實錄》卷一○六，第 1769 頁）

丁酉，白虹見。（《明太祖實錄》卷一〇六，第 1773 頁）

乙巳，有流星大如杯，青白色，起自太微垣五諸侯，南行至角宿没。（《明太祖實錄》卷一〇六，第 1775 頁）

庚戌，太白犯井宿。（《明太祖實錄》卷一〇六，第 1777 頁）

大水。（同治《漢川縣志》卷一四《祥祲》）

壬辰，錢塘、仁和、餘杭三縣水，下田被浸者九十五頃。（嘉慶《餘杭縣志》卷三七《祥異》）

七月

癸丑朔，日有食之。（《明太祖實錄》卷一〇七，第 1779 頁）

乙亥，客星没。先是，六月戊子，客星大如彈丸，白色，止天倉。至癸巳，益有光。甲午，經外屏。壬寅，經捲舌，入紫微垣。庚戌，掃文昌，指内廚。壬子，掃文昌。是月癸亥，入于張，至是夕，始滅。（《明太祖實錄》卷一〇七，第 1794 頁）

丁丑，詔蘇、松、嘉、湖四府下田之被水者，免今年租凡二十九萬九千四百九十餘石。（《明太祖實錄》卷一〇七，第 1794 頁）

丁丑，灤州、昌黎、盧龍、遷安、撫寧等縣以旱聞，詔免田租，仍以布賑之。（《明太祖實錄》卷一〇七，第 1795 頁）

丁丑，湖廣、山東大水。（《明太祖實錄》卷一〇七，第 1795 頁）

湖廣大水。（道光《永州府志》卷一七《事紀畧》；光緒《湖南通志》卷二四三《祥異》）

大水。（乾隆《諸城縣志》卷二《總紀上》）

初二日，颶風暴雨，沿江禾盡没，居民以海岸低塌，洪潮易入，籲請大吏增築海塘。（民國《平陽縣志》卷五八《祥異》）

蠲湖州水災田租。（同治《長興縣志》卷九《災祥》）

蠲蘇、松、嘉、湖水災田租，振永平旱災。十二月甲寅，振畿内、浙江、湖北水災。（《明史·太祖紀》，第 31 ~ 32 頁）

九年，江南、湖北大水。七月，湖廣、山東大水。（《明史·五行志》，

第 445 頁）

大水。（同治《湖州府志》卷四四《祥異》）

八月

癸巳，五色雲見。（《明太祖實錄》卷一〇八，第 1797 頁）

辛丑，有大星赤而芒，起自正東，入天津沒。（《明太祖實錄》卷一〇八，第 1799 ~ 1800 頁）

九月

癸丑，上遣指揮僉事吳英徃北平，諭大將軍徐達曰："七月火星犯上將，八月金星又犯之，占云當有姦人刺客陰謀事……"（《明太祖實錄》卷一〇八，第 1802 頁）

己未，太白犯右執法。（《明太祖實錄》卷一〇八，第 1803 頁）

丁卯，北平府宛平、大興二縣地震。（《明太祖實錄》卷一〇八，第 1805 頁）

庚午，有流星大如杯，起自五車，西行，經天船，至閣道沒。（《明太祖實錄》卷一〇八，第 1806 頁）

甲戌，夜，有流星大如雞子，赤而芒，起自羽林軍，西經壘壁陣，至十二諸侯沒。（《明太祖實錄》卷一〇八，第 1806 頁）

洪水衝去（舞陽侯）廟五間兩進左右小樓後文昌閣。（乾隆《武康縣志》卷四《祀典》）

閏九月

壬午朔，有星自天船，東北行約流丈餘，光芒煥發，入紫微，至四輔沒。（《明太祖實錄》卷一〇九，第 1809 頁）

冬十月

辛亥，夜，有星，赤色，自霹靂西行，發光如杯大，有數小星隨之，至

天津没。(《明太祖實録》卷一一○，第 1819 頁)

戊寅，太陰犯心宿。(《明太祖實録》卷一一○，第 1823 頁)

十一月

壬午，夜，有星，赤色，起自明堂，後有一小星隨之，犯房、心二宿，至近濁没。(《明太祖實録》卷一一○，第 1826 頁)

乙未，月食而暈。(《明太祖實録》卷一一○，第 1828 頁)

丙申，辰時，日上有背氣。夜五鼓，太陰犯鬼宿。(《明太祖實録》卷一一○，第 1828 頁)

戊申，是月，上以江西饒州府及北平保定府易州、祁州、清宛等縣旱災，詔免今年田租。(《明太祖實録》卷一一○，第 1829 頁)

十二月

甲寅，直隸蘇州、湖州、嘉興、松江、常州、太平、寧國，浙江杭州，湖廣荆州、黄州諸府水災，遣户部主事趙乾等賑給之。(《明太祖實録》卷一一○，第 1830 頁)

甲寅，振畿内水災。(光緒《金陵通紀》卷一○上)

是年

春，大旱。(同治《上江兩縣志》卷二下《大事下》)

夏，睢寧大旱，民多疫癘。(同治《徐州府志》卷五下《祥異》)

夏，大旱，民多疫癘。(康熙《睢寧縣舊志》卷九《災祥》)

夏，本縣大水。(嘉慶《餘杭縣志》卷三七《祥異》)

蠲蘇松水災田租。(光緒《常昭合志稿》卷一二《蠲賑》)

水。(光緒《嘉興府志》卷三五《祥異》；光緒《嘉善縣志》卷三四《祥眚》)

大水。(乾隆《震澤縣志》卷二七《災祥》；同治《湖州府志》卷四四《祥異》；光緒《烏程縣志》卷二七《祥異》；民國《醴陵縣志》卷一《大

事記》）

水災。（光緒《歸安縣志》卷二七《祥異》）

旱。（光緒《松陽縣志》卷一二《祥異》）

松陽旱。（光緒《處州府志》卷二五《祥異》）

水災，發粟賑之。（康熙《海寧縣志》卷一二上《祥異》）

大水，蕩没民居無數。（乾隆《晉江縣志》卷一五《祥異》）

去秋及今春不雨。（雍正《孝義縣志》卷一六《文部》）

夏，湖北大水。（民國《湖北通志》卷七五《災異》）

大水，壞城垣。（乾隆《大名縣志》卷二七《機祥》）

河水爲患，田皆荒蕪。（萬曆《鉅野縣志》卷六《宦蹟》）

蘇松大水，免其田租。（光緒《重修華亭縣志》卷七《田賦》）

開浚常熟、崑山二縣港汊。今夏霪雨，又山水奔注，江湖增漲。（道光《崑新兩縣志》卷五《水利》）

大水，民舍田禾漂没殆盡。五月，江夏水溢山崩，決害禾稼，城傾百餘丈。湖鼠、青蟲生，食稼。八月，饑。冬，江漢冰合。（康熙《江夏縣志》卷一《災祥》）

處州螟。（康熙《浙江通志》卷二《祥異附》）

螟。（康熙《遂昌縣志》卷一〇《災眚》）

風雨大作，傷稼。（民國《長樂縣志》卷三《大事》）

大雨。（嘉慶《惠安縣志》卷三五《祥異》）

洪武十年（丁巳，一三七七）

正月

癸巳，西安府地震。（《明太祖實録》卷一一一，第1841頁）

丁未，詔賜蘇、松、嘉、湖等府居民舊歲被水患者户鈔一錠，計四萬五千九百九十七户。（《明太祖實録》卷一一一，第1843頁）

賜嘉、湖等府舊歲被水者户鈔一錠，計四萬五千九百九十七户。二月，賑濟户米一石，凡一十三萬一千二百五十五户。九月，詔免浙西民嘗被水者今年田租。（康熙《嘉興府志》卷四《恤政》）

夜，雨水黑如墨汁。（民國《麻城縣志前編》卷一五《災異》）

丁酉，雨墨水如墨汁，池水皆黑。（光緒《蘭谿縣志》卷八《祥異》）

丁酉，金華、處州雨黑水如墨汁，池水皆黑。正月十八日丁酉夜，龍泉雨黑，水如墨汁。（光緒《處州府志》卷二五《祥異》）

丁酉，夜，雨黑水，色如墨汁。（光緒《龍泉縣志》卷一一《祥異》）

十八日，雨黑水如墨，池水盡黑。（康熙《黃州府志》卷一《祥異附》）

十八日，夜，雨黑水如墨汁。五月大水。（光緒《黃梅縣志》卷三七《祥異》）

雨水如墨汁。（萬曆《應天府志》卷三《郡紀下》；光緒《金陵通紀》卷一〇上）

雨黑水，色如墨汁。（萬曆《括蒼彙紀》卷九《災眚》）

二月

戊午，夜，太陰犯輿鬼。（《明太祖實録》卷一一一，第 1846 頁）

甲子，賑濟蘇、松、嘉、湖等府民去歲被水災者，户米一石，凡一十三萬一千二百五十五户。先是，以蘇湖等府被水，常（各本作“嘗”）以鈔賑濟之。繼聞其米價翔踊，民業未振，復命通以米贍之。（《明太祖實録》卷一一一，第 1847 頁）

己巳，白虹貫日。（《明太祖實録》卷一一一，第 1847 頁）

三月

甲申，夜，太陰犯天罇星。（《明太祖實録》卷一一一，第 1848 頁）

乙未，夜，太陰犯心宿。（《明太祖實録》卷一一一，第 1849 頁）

錢塘、仁和、餘杭三縣水災，給賑。（光緒《杭州府志》卷八四《祥異》）

賑錢塘、仁和、餘杭民被水者户米一石。（民國《杭州府志》卷七〇《卹政》）

四月

庚戌，長沙府善化、長沙二縣大水。（《明太祖實録》卷一一一，第1851頁）

庚申，賑濟宜興、錢塘、仁和、餘杭四縣民被水者二千餘户，户給米一石。（《明太祖實録》卷一一一，第1851頁）

戊辰，賑濟太平、寧國二府民被水者四千四百八十五户，户給米一石。（《明太祖實録》卷一一一，第1851頁）

己巳，濟寧府蝗。（《明太祖實録》卷一一一，第1852頁）

五月

壬辰，太原府陽曲縣地震。（《明太祖實録》卷一一二，第1857頁）

壬辰，平涼府華亭縣雨雹。（《明太祖實録》卷一一二，第1857頁）

癸卯，復命户部賑濟黄州、常德、武昌三府，并岳州、沔陽二州去歲被水災户六千二百五十，户給鈔一錠。（《明太祖實録》卷一一二，第1858頁）

丙午，誅户部主事趙乾。勅中書省臣曰："嚮荆、蘄等處水災，朕寢食不安，亟命趙乾往賑之，豈意乾不念民艱，坐視遷延，自去年十二月至今年五、六月之交，方施賑濟，民飢死者多矣。"（《明太祖實録》卷一一二，第1859頁）

丙午，河間府旱。（《明太祖實録》卷一一二，第1860頁）

丙午，永州大水。（《明太祖實録》卷一一二，第1860頁）

荆、蘄大水。（乾隆《黄州府志》卷五《蠲賑》）

賑湖廣水災。（嘉慶《湖南通志》卷四〇《蠲卹》）

六月

辛亥，夜，有大星赤而芒，自天紀流至天市西垣没。（《明太祖實録》卷一一三，第1863頁）

丙寅，永平府灤、漆二水暴發，没民廬舍。（《明太祖實録》卷一一三，第1866頁）

七月

戊寅，夜，歲星犯亢宿。（《明太祖實録》卷一一三，第1868頁）

辛巳，夜，有星赤色，起自漸臺，流至天市垣没。（《明太祖實録》卷一一三，第1868頁）

戊戌，初昏，歲星犯亢宿。（《明太祖實録》卷一一三，第1871頁）

乙巳，北平等八府大水，壞城垣。（《明太祖實録》卷一一三，第1871頁）

北平八府大水。（光緒《永年縣志》卷一九《祥異》）

大水壞城。（咸豐《大名府志》卷四《年紀》）

海潮嚙江岸。（民國《杭州府志》卷五六《祥異》）

八月

壬子，夜，太陰犯心宿。（《明太祖實録》卷一一四，第1874頁）

丙寅，熒惑犯天罇。（《明太祖實録》卷一一四，第1879頁）

丁卯，夜，有星，赤白，曳尾而芒，自閣道經大流軍，至游氣没。（《明太祖實録》卷一一四，第1879頁）

甲戌，是月，平涼府隕霜，殺禾稼。（《明太祖實録》卷一一四，第1880頁）

九月

丙子，免浙西民嘗被水者今年田租。勑曰："去年，浙西嘗被水災，民人缺食，朕嘗遣官驗户賑濟。今雖時和歲豐，念去歲小民貸息必重，既償之後，窮乏猶多，今賴上天之眷，田畝頗收，若不全免舊嘗被水之民今年田租，不足以蘇其困苦。爾中書其奉行之。"（《明太祖實錄》卷一一五，第1881頁）

己酉，成都府地震。（《明太祖實錄》卷一一五，第1883頁）

辛卯，夜，太陰犯昴宿。（《明太祖實錄》卷一一五，第1884頁）

丙申，以紹興、金華、衢州水災，民乏食，命賑給之。（《明太祖實錄》卷一一五，第1884頁）

浙西大水。（民國《杭州府志》卷五六《祥異》）

大水。（光緒《烏程縣志》卷二七《祥異》）

十月

壬子，夜，太白犯進賢星。（《明太祖實錄》卷一一五，第1885頁）

乙卯，熒惑犯輿鬼。（《明太祖實錄》卷一一五，第1885頁）

白虹貫日，其後疊見。（乾隆《銅陵縣志》卷一三《祥異》）

十一月

己丑，夜，月食。（《明太祖實錄》卷一一六，第1897頁）

甲辰，夜，歲星犯房宿。（《明太祖實錄》卷一一六，第1897~1898頁）

十二月

丙辰，太原府陽曲縣地震。（《明太祖實錄》卷一一六，第1902頁）

甲子，夜，白虹貫月。（《明太祖實錄》卷一一六，第1902頁）

是年

春，賑蘇松水災。（光緒《常昭合志稿》卷一二《蠲賑》）

春，振湖州水災。（同治《長興縣志》卷九《災祥》）

夏，大水，免田租。（康熙《太平府志》卷三《祥異》）

大水，衝塌城樓，民田陷沒無算。（同治《公安縣志》卷四《祥異》）

永平大水，壞民居數百家。（光緒《永昌府志》卷三《祥異》）

餘杭、錢塘、仁和三縣水。（嘉慶《餘杭縣志》卷三七《祥異》）

大水，免其田租。（民國《龍游縣志》卷一《通紀》）

西湖學宮圮於水。（道光《阜陽縣志》卷三《建置》）

洪武十一年（戊午，一三七八）

正月

丁亥，雨，木冰。（《明太祖實錄》卷一一七，第1908頁）

二月

辛亥，太陰犯井宿。（《明太祖實錄》卷一一七，第1912頁）

壬戌，熒惑犯五諸侯。（《明太祖實錄》卷一一七，第1913頁）

三月

己卯，夜，有大星自天津流五丈餘沒。（《明太祖實錄》卷一一七，第1916頁）

甲午，熒惑犯積尸氣。（《明太祖實錄》卷一一七，第1920頁）

四月

乙巳，寧夏衛地震，東北城垣崩三丈五尺，女墙崩一十九丈。（《明太祖實錄》卷一一八，第1923頁）

戊申，歲星犯鍵閉。（《明太祖實錄》卷一一八，第1923頁）

雨雹。（乾隆《無錫縣志》卷四一《雜識》）

五月

庚辰，遼東地震，有聲自東北之西南。（《明太祖實錄》卷一一八，第

1930 頁）

丙戌，月食。（《明太祖實録》卷一一八，第 1930 頁）

丁酉，上以蘇、松、嘉、湖之民嘗被水災，已嘗遣使賑濟，至是復慮其困乏，再遣使存問。（《明太祖實録》卷一一八，第 1931 頁）

戊戌，廣平府永年等七縣旱，詔免今年夏税。（《明太祖實録》卷一一八，第 1931 頁）

庚子，平陽府聞喜、萬泉二縣旱，民饑，詔賑濟之。（《明太祖實録》卷一一八，第 1931 頁）

存問蘇松被水災民户，賜米一石，蠲逋賦。（光緒《常昭合志稿》卷一二《蠲賑》）

旱，詔夏税秋糧盡行蠲免。（民國《成安縣志》卷一五《故事》）

水。（光緒《江東志》卷一一《祥異》）

水災，蠲歷年逋租，户賑米一石。（光緒《嘉定縣志》卷五《蠲賑》）

以嘉、湖水災，遣使行賑，饑民各賜米一石，免其逋租若干石。（康熙《桐鄉縣志》卷三《邮典》）

閏五月

旱，诏夏税秋粮盡行蠲免。（民國《成安縣志》卷一五《故事》）

六月

壬戌，夜，熒惑犯右執法。（《明太祖實録》卷一一九，第 1937 頁）

丁卯，夜，寧夏衛風雨，旄、鋈、旗、檠有火光。（《明太祖實録》卷一一九，第 1937 頁）

七月

丁丑，平陽府猗氏等縣旱，饑，命户部户賑米一石，仍蠲其夏税。（《明太祖實録》卷一一九，第 1938 頁）

己卯，寧夏大雨、地震。（《明太祖實録》卷一一九，第 1938 頁）

己卯，蒲州萬泉縣旱，饑，詔發廩賑之，戶九千三百三十七，給粟麥一萬二千七百三十九石。（《明太祖實錄》卷一一九，第1938頁）

甲申，歲星犯牛宿。（《明太祖實錄》卷一一九，第1938頁）

己亥，是月，蘇州、松江、揚州、台州四府海溢，漂民居，人多溺死者，詔遣官存恤之。（《明太祖實錄》卷一一九，第1941頁）

四日，颶風海溢，人廬漂没。（光緒《嘉定縣志》卷五《機祥》）

四日，風潮大作。（康熙《重修崇明縣志》卷七《祲祥》）

四日，海風自東北來，拔木揚沙，排山倒海，堆阜、高陵皆為漂没，三洲一千七百家盡葬魚腹。（民國《璜涇志稿》卷七《災祥》）

四日，颶風海溢，人廬漂没。（光緒《江東志》卷一《祥異》）

初四，立秋日，大風海溢。（光緒《崑新兩縣續修合志》卷五一《祥異》）

海溢，人多溺死。（同治《上海縣志》卷三〇《祥異》；光緒《蘇州府志》卷一四三《祥異》；民國《吳縣志》卷五五《祥異考》）

海溢，民多溺死。（光緒《南匯縣志》卷二二《祥異》）

蘇松海溢，遣官存恤。（光緒《常昭合志稿》卷一二《蠲賑》）

八月

丙午，歲星犯房宿。（《明太祖實錄》卷一一九，第1941頁）

乙卯，平涼府華亭縣雨雹傷稼，詔免其稅。（《明太祖實錄》卷一一九，第1941頁）

丁卯，詔蘇州諸府瀕海居民被風潮者，官為賑濟之。（《明太祖實錄》卷一一九，第1942頁）

蝗。（嘉靖《馬湖府志》卷七《雜志》）

播州蝗大行。（道光《遵義府志》卷二一《祥異》）

九月

丁丑，太白犯氐宿。（《明太祖實錄》卷一一九，第1944頁）

戊寅，成都、華陽二縣地震。（《明太祖實錄》卷一一九，第 1944 頁）

丁亥，夜，太陰犯天街。（《明太祖實錄》卷一一九，第 1945 頁）

己丑，客星掃天弁（嘉本作"井"），西南行入尾。先是，甲戌，見於五車東北。丁丑，入紫微。戊寅，發芒長丈餘，掃內階。庚辰，入紫微宮，掃北極五星。壬午，犯東垣少宰。甲申，入天市垣。丁亥，入天市。自是至十月己未，雲陰不見。（《明太祖實錄》卷一一九，第 1945 頁）

壬辰，太原地震。（《明太祖實錄》卷一一九，第 1946 頁）

十月

丙辰，開封府蘭陽縣言河決傷稼，詔免其租。（《明太祖實錄》卷一二〇，第 1956 頁）

戊午，夜，太陰犯南斗。（《明太祖實錄》卷一二〇，第 1956 頁）

開封府蘭陽縣河決傷稼，詔免其租。（雍正《河南通志》卷一四《河防》）

十一月

戊寅，開封府封丘縣言河溢傷稼，命免今年田租。（《明太祖實錄》卷一二一，第 1961 頁）

癸未，夜，月食。（《明太祖實錄》卷一二一，第 1961 頁）

乙酉，平涼府華亭縣言霜、蝗害稼，詔免今年田租。（《明太祖實錄》卷一二一，第 1961 頁）

封丘縣河溢，詔免其租。（雍正《河南通志》卷一四《河防》）

十二月

辛丑，太白犯壘壁陣。（《明太祖實錄》卷一二一，第 1964 頁）

辛丑，上以蘇、松、嘉、杭、湖五府之民，屢被水災，艱於衣食，命悉罷五府河泊所，免其稅課，以其利與民，今歲魚課未入徵者，亦免之。（《明太祖實錄》卷一二一，第 1964 頁）

庚戌，辰星犯南斗。（《明太祖實錄》卷一二一，第 1964 頁）

是年

大水，蠲田租。（民國《順義縣志》卷一六《雜事》）

海溢堤決，居民漂没無算，奉朝旨修海塘。（民國《餘姚六倉志》卷一九《災異》）

岳州大水。（隆慶《岳州府志》卷八《禨祥》）

（通都橋）復壞於水。（嘉靖《建寧府志》卷九《津梁》）

大水。（乾隆《平江縣志》卷二四《事紀》；同治《臨湘縣志》卷二《祥異》）

大旱。饑，賑。（嘉慶《澧志舉要》卷一）

蜀大旱。（咸豐《資陽縣志》卷一四《祥異》）

大旱。（乾隆《遂寧縣志》卷一二《雜記》；嘉慶《内江縣志》卷五二《祥異》；道光《龍安府志》卷一〇《祥異》；光緒《資州直隸州志》卷三〇《祥異》；民國《潼南縣志》卷六《祥異》）

榮昌大旱，饑莩盈路。（萬曆《四川總志》卷二七《祥異》）

播州蝗。（道光《仁懷直隸廳志》卷一六《祥異》）

洪武十二年（己未，一三七九）

正月

乙亥，初昏，有星大如鷄子，西北行，二小星隨之，三丈餘而没。（《明太祖實錄》卷一二二，第 1969 頁）

己卯，太陰犯井宿。（《明太祖實錄》卷一二二，第 1972 頁）

辛卯，溫州府永嘉縣地震。（《明太祖實錄》卷一二二，第 1973 頁）

己酉，詔以雨雪經旬，命有司給貧民鈔。（光緒《金陵通紀》卷一〇上）

二月

乙巳，勅諭中書省臣曰："今春雨雪，經旬不止，嚴寧（疑當作'凝'）之氣切骨。朕思昔在寒微，當此之際，衣單食薄，艱苦特甚。今居九重，擁裘衣帛，尚且覺寒若是。其天下孤老，衣不蔽體，食不充腹者有之。爾中書令天下有司，俱以鈔給之，助其薪炭之用。"又勅曰："連日陰雨，京民中亦有孤貧者，爾中書審其戶，凡孤幼，戶給鹽十五斤，孤寡者，戶十斤。"（《明太祖實錄》卷一二二，第 1974～1975 頁）

乙巳，初昏，有星大如雞子，赤色，起自天市東垣，東行至游氣中没。五鼓，一星起自紫微上輔，西北行入文昌没。（《明太祖實錄》卷一二二，第 1975 頁）

甲子，夜，有星起自上台，青赤色而芒，五小星隨之，西行至井宿没。（《明太祖實錄》卷一二二，第 1978 頁）

三月

戊辰，初昏，太陰犯辰星。（《明太祖實錄》卷一二三，第 1981 頁）

辛未，暴風。（《明太祖實錄》卷一二三，第 1982 頁）

戊寅，暴風。（《明太祖實錄》卷一二三，第 1984 頁）

己卯，暴風。（《明太祖實錄》卷一二三，第 1984 頁）

壬午，初昏，太白犯昴宿。（《明太祖實錄》卷一二三，第 1984 頁）

四月

庚戌，是夜，滁州雨雹。（《明太祖實錄》卷一二四，第 1990 頁）

庚申，日交暈。（《明太祖實錄》卷一二四，第 1991 頁）

丙寅，太原府臨汾縣地震。（《明太祖實錄》卷一二四，第 1993 頁）

雨雹。（乾隆《洛陽縣志》卷一〇《祥異》）

五月

丁卯朔，太原府陽曲縣地震。（《明太祖實錄》卷一二四，第1993 頁）

丙子，初昏，有星赤而曳尾，自柳宿西行至游氣中没。（《明太祖實録》卷一二四，第 1993 頁）

己卯，鳳陽府定遠縣雨雹傷麥。（《明太祖實録》卷一二四，第 1994 頁）

癸未，免北平稅粮。詔曰："民之休息長養，惟君主之，至於水旱災傷，雖出於天，而亦作民父母者之責也。近者，廣平所屬郡邑天久不雨，致民艱於樹藝，衣食不給。朕為天下主，凡吾民有不得其所者，皆朕之責。其北平今年夏秋稅粮，悉行蠲免，以蘇民力。"（《明太祖實録》卷一二四，第 1994 頁）

戊子，處州府青田縣滛雨，山水大發，没縣治，壞民居。（《明太祖實録》卷一二四，第 1994 頁）

戊子，初昏，有星大如雞子，赤色，自天厨東北行至騰蛇没。五鼓，有星青赤色，自建星，東行至女宿没。（《明太祖實録》卷一二四，第 1994 頁）

壬辰，嚴州府大雨三日，溪水暴漲，壞官民廨舍，人有溺死者。（《明太祖實録》卷一二四，第 1995 頁）

閏五月

戊戌，太白晝見。（《明太祖實録》卷一二五，第 1997 頁）

丙辰，夜，有星，大如雞子，色青白，起自螣蛇，至雲中没。（《明太祖實録》卷一二五，第 1997 頁）

辛酉，初昏，有星赤而芒，起自六甲，西北行至文昌没。（《明太祖實録》卷一二五，第 1998 頁）

六月

戊辰，嚴州府大水。（《明太祖實録》卷一二五，第 1999 頁）

壬申，岳州府華容縣大水，壞民居。（《明太祖實録》卷一二五，第 2000 頁）

甲戌，夜，太陰犯房宿。（《明太祖實錄》卷一二五，第 2001 頁）

戊寅，夜，有星赤色，起自壁宿，西南行至羽林没。（《明太祖實錄》卷一二五，第 2001 頁）

丁亥，遣使敕曹國公李文忠、西平侯沐英曰："六月二十三日曉，金星犯井東第三星，占主秦分有兵，故特遣人諭及之……"（《明太祖實錄》卷一二五，第 2003 頁）

己丑，武昌府江夏縣、陳州商水縣大水。（《明太祖實錄》卷一二五，第 2003 頁）

甲午，夜，有（廣本"有"下有"流"字）星青白色，起自外屏，東北行至近濁没。（《明太祖實錄》卷一二五，第 2004 頁）

陳州大水。（民國《淮陽縣志》卷八《災異》）

七月

丙申，夜，有星如雞子，赤色，曳尾，起自王良，西北行入紫微東上宰没。（《明太祖實錄》卷一二五，第 2004 頁）

乙巳，夜，太陰犯建星。五鼓，太白犯鬼宿。（《明太祖實錄》卷一二五，第 2004 頁）

丙午，黎明有星，赤色曳尾，起自土司空，東南行至鐵鑽（中本作"領"）没。（《明太祖實錄》卷一二五，第 2004 頁）

乙卯，夜，有星赤色，起自危（嘉本作"婁"）宿中星，西行至近濁没。（《明太祖實錄》卷一二五，第 2005 頁）

八月

乙亥，夜，熒惑犯鬼宿。（《明太祖實錄》卷一二六，第 2009 頁）

戊寅，夜，熒惑犯積屍氣。（《明太祖實錄》卷一二六，第 2011 頁）

己卯，黎明有星，大而赤，起自奎，西北行至游氣中没。（《明太祖實錄》卷一二六，第 2011 頁）

九月

癸卯，興化府地震。(《明太祖實録》卷一二六，第 2014 頁)

癸丑，夜，有星青白色，起自四輔，西行至華盖没。(《明太祖實録》卷一二六，第 2015 頁)

十月

辛未，初昏，有星赤黄色，起自女宿，西行至建星没。(《明太祖實録》卷一二六，第 2018 頁)

戊寅，夜，月食。(《明太祖實録》卷一二六，第 2018 頁)

辛巳，夜，有星青赤色，起自軒轅，東南行至軫宿没。(《明太祖實録》卷一二六，第 2018 頁)

丙戌，興化府地震。(《明太祖實録》卷一二六，第 2019 頁)

十一月

乙未，夜，有星大而赤色，起自天苑，西北行至外屏没。(《明太祖實録》卷一二七，第 2022 頁)

庚子，雷。(《明太祖實録》卷一二七，第 2024 頁)

十二月

甲戌 (嘉本作"壬申")，太陰犯井宿。(《明太祖實録》卷一二八，第 2032 頁)

庚寅，初昏，有星青白色，起自螣蛇，西南行至室宿没。(《明太祖實録》卷一二八，第 2034~2035 頁)

庚寅，是夜，熒惑犯軒轅大星。(《明太祖實録》卷一二八，第 2035 頁)

(河) 决金龍口，至二十二年方塞。(順治《定陶縣志》卷首《條議》)

大旱。(民國《江陰縣續志》卷一《大事表》)

江溢。(光緒《泰興縣志》卷末《述異》)

洪武十三年（庚申，一三八〇）

二月

丁卯，有風自西北來，大有聲。（《明太祖實録》卷一三〇，第2060頁）

己巳，夜，有流星，赤色，有光，起自張宿，西南行至雲中没。（《明太祖實録》卷一三〇，第2060頁）

壬申，暴風。（《明太祖實録》卷一三〇，第2060頁）

乙亥，暴風自東北來。（《明太祖實録》卷一三〇，第2061頁）

乙亥，夜，有流星赤色，起自東南游氣中，行至近濁没。（《明太祖實録》卷一三〇，第2061頁）

五月

甲午，雷震謹身殿。（《明太祖實録》卷一三一，第2083頁）

己未，松州雨雹傷麥。（《明太祖實録》卷一三一，第2091頁）

大水。（崇禎《瑞州府志》卷二四《祥異》；康熙《新昌縣志》卷六《災祥》）

六月

乙丑，大風。（《明太祖實録》卷一三二，第2094頁）

丙寅，雷震奉天門。（《明太祖實録》卷一三二，第2094頁）

甲戌，日有冠氣。（《明太祖實録》卷一三二，第2095頁）

甲戌，平涼府雨雹。（《明太祖實録》卷一三二，第2095頁）

壬午，福州府閩縣烈風暴雨，發民屋，人有壓死者。（《明太祖實録》卷一三二，第2096頁）

癸未，有風，自東北来，大有聲。（《明太祖實録》卷一三二，第2096頁）

七月

癸巳，有風自東南來，大有聲。（《明太祖實錄》卷一三二，第2101頁）

甲午，太白晝見。（《明太祖實錄》卷一三二，第2101頁）

乙未，雷州府海康縣大風雨，壞縣治。（《明太祖實錄》卷一三二，第2103頁）

壬子，夜，有大星青白色，有光，起自河鼓，西北行至雲中沒。（《明太祖實錄》卷一三二，第2106頁）

八月

丙子，太原府陽曲縣地震。（《明太祖實錄》卷一三三，第2108頁）

丙戌，太白犯心宿。（《明太祖實錄》卷一三三，第2109頁）

九月

乙未，夜，有流星青白色，尾跡有光，自壁宿西北行，後有三小星隨之，至離宮沒。（《明太祖實錄》卷一三三，第2112頁）

癸卯，夜，月食。（《明太祖實錄》卷一三三，第2114頁）

己酉，夜，河州地震。（《明太祖實錄》卷一三三，第2116頁）

癸丑，漳州府南靖縣颶風大雨，折木發屋，民有死傷者。（《明太祖實錄》卷一三三，第2118頁）

十月

壬戌，高郵州大水，詔免民田租。（《明太祖實錄》卷一三四，第2122頁）

甲戌，雷電。（《明太祖實錄》卷一三四，第2123頁）

甲戌，雷。（光緒《金陵通紀》卷一〇上）

十一月

甲辰，崇明縣大風，海潮決沙岸，人畜多溺死。（《明太祖實錄》卷一

三四，第 2128 頁）

戊申，河州、涼州地震。（《明太祖實録》卷一三四，第 2130 頁）

己酉，莊浪地震。（《明太祖實録》卷一三四，第 2130 頁）

潮決隄，人畜多溺死。（民國《崇明縣志》卷一七《災異》）

十二月

丁卯，日冠氣。（《明太祖實録》卷一三四，第 2133 頁）

己巳，夜，廣州府大風、雷、雨、電。（《明太祖實録》卷一三四，第 2133 頁）

甲戌，福州府地震。（《明太祖實録》卷一三四，第 2133 頁）

甲戌，廣州府地震。（《明太祖實録》卷一三四，第 2133 頁）

丁丑，夜，河州地震。（《明太祖實録》卷一三四，第 2133 頁）

是年

夏，大水。（同治《南安府志》卷二九《祥異》）

詔以高郵等處連年水旱，兵疲，免夏税秋糧一年。（嘉慶《高郵州志》卷一二《雜類》）

河決楊静口，縣治遂壞，知縣張厹（民國志作“充”）徙今治。（嘉靖《范縣志》卷一《城池》）

夏，水。（嘉靖《南康縣志》卷九《祥異》）

時龍虎將軍周立出鎮雲中，因盛夏不雨，黍麥不收。入秋，霪雨洊至，禾黧黑。三冬不雪，乃備牲醴，捐貲修葺（祠廟）。（順治《渾源州志》附《恒岳志》卷上）

縣大旱，饑。（萬曆《寧遠縣志》卷四《災異》）

河南水決，季家、楊家等口淤塞焉。（順治《單縣志》卷四《災祥》）

京師自夏涉秋不雨。（萬曆《續吴郡志》卷上）

（横浦橋）圮於水，改濟以舟。（乾隆《南安府大庾縣志》卷六《津梁》）

黃、沁河溢。（乾隆《獲嘉縣志》卷八《河渠》）

荆州大水。（光緒《荆州府志》卷七六《災異》）

荆州大水。石首饑。（乾隆《石首縣志》卷一《災祥》）

大水，時縣治萬城，水嚙城，西北盡陷，乃徙復舊治。（同治《當陽縣志》卷二《祥異》）

縣治舊踞神龜山，明洪武十年知縣錘公鉉遷於北街。十三年，因水冲激，主簿丁翁歸請復舊治。（康熙《四川敘州府志》卷一《宮室》）

洪武十四年（辛酉，一三八一）

正月

己丑，涼州地震。（《明太祖實錄》卷一三五，第2138頁）

甲辰，夜，太陰犯角宿。（《明太祖實錄》卷一三五，第2139頁）

丙午，夜，暴風自東（中本無“東”字）北來。（《明太祖實錄》卷一三五，第2140頁）

壬子，日有珥，白虹貫之。（《明太祖實錄》卷一三五，第2141頁）

黑氣亘天。（《明史·五行志》，第455頁）

二月

乙丑，夜，太陰犯井宿。（《明太祖實錄》卷一三五，第2145頁）

乙酉，日中有黑子，自壬午至于是日。（《明太祖實錄》卷一三五，第2148頁）

三月

癸巳，夜，太陰暈太微垣。（《明太祖實錄》卷一三六，第2151頁）

己亥，福州府閩縣、興化府莆田縣、溫州府平陽縣並地震。（《明太祖實錄》卷一三六，第2154頁）

己亥，夜，月食。（《明太祖實録》卷一三六，第 2154 頁）

壬子，凉州地震。（《明太祖實録》卷一三六，第 2156 頁）

四月

壬戌，夜，歲星犯壘壁（廣本、抱本作"壁"）陣。（《明太祖實録》卷一三七，第 2162 頁）

癸亥，初昏，大（舊校改"大"作"太"）陰暈五帝座（中本"座"作"星"）。（《明太祖實録》卷一三七，第 2162 頁）

庚午，夜，有大星青白色，自北斗魁中西北行至游氣中没。（《明太祖實録》卷一三七，第 2163 頁）

五月

乙巳，夜，太陰暈歲星。（《明太祖實録》卷一三七，第 2166 頁）

己酉，夜，有星黄白色，自羽林軍西南委曲行，復還至羽林軍没。（《明太祖實録》卷一三七，第 2166 頁）

庚戌，夜，有大星青白色，自勾陳西北行至文昌没。（《明太祖實録》卷一三七，第 2166～2167 頁）

丁未，建德雪。（《明史・五行志》，第 427 頁）

六月

壬申，夜，有星青白色，自招摇西北行至雲中没。（《明太祖實録》卷一三七，第 2169 頁）

癸未，夜，辰星、熒惑、太白三星聚于東（嘉本作"奎"）井。（《明太祖實録》卷一三七，第 2169 頁）

己卯，杭州晴日飛雪。（民國《杭州府志》卷八四《祥異》）

亢陽為旱，知縣曹恭即齋戒移文于神，連日大雨。（洪武《永州府志》卷五《祠廟》）

七月

己酉，臨洮大雹傷稼。（《明太祖實錄》卷一三八，第 2179 頁）

壬子，夜，有大星，青白色，自天津北行，流三丈餘，後有數小星隨之，至紫微西蕃（嘉本作"垣"）右樞旁没。（《明太祖實錄》卷一三八，第 2179 頁）

己酉，臨洮大雨雹，傷稼。（乾隆《狄道州志》卷一一《祥異》）

河決。（民國《中牟縣志·祥異》）

螟蝗害稼。（洪武《永州府志》卷五《祠廟》）

八月

癸亥，夜，白虹見。（《明太祖實錄》卷一三八，第 2180 頁）

庚辰，河南原武、祥符、中牟諸縣河決為患，有司以為言。（《明太祖實錄》卷一三八，第 2182 頁）

九月

壬午，太原府陽曲縣地震。（《明太祖實錄》卷一三九，第 2186 頁）

甲申，五色雲見。（《明太祖實錄》卷一三九，第 2188 頁）

甲辰，白氣貫日。（《明太祖實錄》卷一三九，第 2192 頁）

乙巳，夜，有大星，起自八穀（又作"穀"），西北行，光有尾，至四輔没。又有星赤色，自婁宿西北行至璧〔壁〕宿没。（《明太祖實錄》卷一三九，第 2192 頁）

十月

壬子朔，日有食之。（《明太祖實錄》卷一三九，第 2194 頁）

癸亥，太原府陽曲縣地震。（《明太祖實錄》卷一三九，第 2196 頁）

己巳，開封府祥符等八縣及陳州被水，災民六千七百八十九戶，田没于水（廣本、嘉本"水"下有"者"字）二千四百四十二頃九十七畝。詔免

其糧，凡二萬六千一百三十四石，綿花一百八十四斤。（《明太祖實錄》卷一三九，第 2197 頁）

壬申，曉，辰星見東方。（《明太祖實錄》卷一三九，第 2197 頁）

丙子，夜，熒惑犯太微垣。（《明太祖實錄》卷一三九，第 2200 頁）

十一月

甲申，黑氣亘天。（《明太祖實錄》卷一四〇，第 2201 頁）

甲午，夜，太陰犯填星。（《明太祖實錄》卷一四〇，第 2202 頁）

乙未，夜，有大星青白色，自上台東南行至軒轅没。（《明太祖實錄》卷一四〇，第 2202 頁）

壬午，黑氣亘天者再。（《明史·五行志》，第 455～456 頁）

十二月

庚辰，是月，甘露降于锺山，百官進表賀。（《明太祖實錄》卷一四〇，第 2215 頁）

是年

旱，解京御鹽船至灣頭淺擱，開塘放水，船始得行。（光緒《增修甘泉縣志》卷三《陂塘》）

夏，大雨，河水衝壞城垣，城外東北新建聖母廟，木架已具漂入城内。（光緒《交城縣志》卷一《祥異》）

河溢原武、祥符、中牟。（嘉靖《河南通志》卷一四《河防》）

洪武十五年（壬戌，一三八二）

正月

甲申，五色雲見。（《明太祖實錄》卷一四一，第 2222 頁）

庚寅，免開封府去年稅粮，以河決故也。（《明太祖實錄》卷一四一，第 2224 頁）

丁未，白虹貫日。（《明太祖實錄》卷一四一，第 2226~2227 頁）

二月

壬子，上以河南水災民饑，命駙馬都尉李祺往賑之。（《明太祖實錄》卷一四二，第 2231 頁）

甲戌，天鼓鳴。（《明太祖實錄》卷一四二，第 2239 頁）

甲戌，開封府祥符等八縣及陳州水災，詔免其田租。（《明太祖實錄》卷一四二，第 2239 頁）

甲戌，夜，有流星大如丸，赤色，起自七公，東北行丈餘，發光，大如雞子，至天市東垣没。（《明太祖實錄》卷一四二，第 2239 頁）

河南水災。（雍正《河南通志》卷一四《河防》）

閏二月

丙戌，日中有黑子。（《明太祖實錄》卷一四三，第 2244 頁）

丙戌，夜，有流星，初出大如雞子，赤色，起自亢宿，南行五尺許，發光大如盆（各本作"盃"），至游氣中没。（《明太祖實錄》卷一四三，第 2244 頁）

三月

庚午，河決朝邑縣，募民塞之。（《明太祖實錄》卷一四三，第 2257 頁）

辛未，北平府密雲、昌平、懷柔三縣蝗。（《明太祖實錄》卷一四三，第 2257 頁）

乙亥，初昏，熒惑犯右執法。（《明太祖實錄》卷一四三，第 2258 頁）

四月

丁亥，太白晝見。（《明太祖實錄》卷一四四，第 2264 頁）

丁亥，初昏，辰星犯井宿。（《明太祖實錄》卷一四四，第 2264 ～ 2265 頁）

癸巳，夜，熒惑出太微端門。（《明太祖實錄》卷一四四，第 2266 頁）

五月

庚午（禮本作"申"），五色雲見。（《明太祖實錄》卷一四五，第 2275 頁）

六月

丁亥，夜，填星犯畢宿。（《明太祖實錄》卷一四六，第 2286 頁）

辛丑，初昏，有大星青赤色，有光，起自閣道旁，東北行至天（中本無"天"字）大將軍没。（《明太祖實錄》卷一四六，第 2289 頁）

辛丑，太陰犯畢宿。（《明太祖實錄》卷一四六，第 2289 頁）

天大旱。知縣禱于神，俄而雷電交作，風雨驟至，三日乃止。（洪武《永州府志》卷五《祠廟》）

七月

戊申，太白晝見。（《明太祖實錄》卷一四六，第 2289 頁）

乙卯，河溢滎澤、陽武二縣。（《明太祖實錄》卷一四六，第 2291 頁）

辛酉，太白晝見。（《明太祖實錄》卷一四六，第 2291 頁）

八月

辛巳，夜，有大星，赤色有尾，起自天苑，東南行五尺餘，光乃散，有二小星隨之，至天園〔囷〕没。（《明太祖實錄》卷一四七，第 2302 頁）

九月

丁未，太白晝見。（《明太祖實錄》卷一四八，第 2329 頁）

乙卯，五色雲見。（《明太祖實錄》卷一四八，第 2330 頁）

己未，夜，填星犯畢宿。（《明太祖實錄》卷一四八，第 2331 頁）

乙丑，夜，熒惑犯南斗。（《明太祖實錄》卷一四八，第 2338 頁）

丙寅，五色雲見。（《明太祖實錄》卷一四八，第 2338 頁）

己巳，夜，有大星，赤色有光，起自井宿天罇，東行一丈餘没。（《明太祖實錄》卷一四八，第 2342 頁）

十月

辛巳，夜，有星青白色，尾跡有光，起自井宿，東南行至星宿没。（《明太祖實錄》卷一四九，第 2348 頁）

丙申，夜，太陰犯軒轅右角。（《明太祖實錄》卷一四九，第 2352 頁）

十一月

辛酉，五色雲見。（《明太祖實錄》卷一五〇，第 2359 頁）

己巳，夜，太陰入氐宿。有流星，初出大如雞子，青赤色，有尾，起自天苑，西南行丈餘，發光大如椀，光燭地，至游氣中没。（《明太祖實錄》卷一五〇，第 2364 頁）

十二月

辛巳，日中有黑子。（《明太祖實錄》卷一五〇，第 2367 頁）

辛卯，上諭都督府臣曰："北平大水傷稼，屯田士卒不能自養，宜即命都指揮使司月給米賑之，勿令士卒有饑色也。"（《明太祖實錄》卷一五〇，第 2369 頁）

己亥，夜，有大星，赤色，光燭地，起自天船，西行至天大將軍，分作五星，至奎宿没。（《明太祖實錄》卷一五〇，第 2370 頁）

是年

瀏陽大水，後旱，大饑。（乾隆《長沙府志》卷三七《災祥》）

春夏之交久不雨，赤壤連境。（萬曆《寧都縣志》卷八《雜志》）

河決滎陽、陽武。（嘉靖《河南通志》卷一四《河防》）

五色雲見於永昌太保山，經宿不散。（康熙《雲南通志》卷二八《災祥》）

北平大水。（《明史・五行志》，第 445 頁）

洪武十六年（癸亥，一三八三）

正月

戊申，白虹貫日。（《明太祖實錄》卷一五一，第 2377 頁）

辛未，夜，有星赤色，起自天勾，東北行至近濁沒。又一星青白色，有光，起自天市東垣內，東行至近濁沒。（《明太祖實錄》卷一五一，第 2380 頁）

二月

庚辰，夜，太陰犯畢宿。（《明太祖實錄》卷一五二，第 2384 頁）

己丑，夜，有星青白色，起自正東雲中，東北行至近濁沒。（《明太祖實錄》卷一五二，第 2387 頁）

丁酉，詔免鳳陽府及和州田租，以去年旱災故也。（《明太祖實錄》卷一五二，第 2388 頁）

三月

癸丑，夜，太陰犯軒轅右角星。（《明太祖實錄》卷一五三，第 2392 頁）

己未，夜，有星赤色，起自建星，東南行二丈餘，有二小星隨之，至雲中沒。（《明太祖實錄》卷一五三，第 2393 頁）

四月

丁丑，夜，有星青白色，起自狗國，西行至天江沒。（《明太祖實錄》卷一五三，第 2395 頁）

甲申，大同府言：“所屬蔚州、朔州，去年隕霜，傷禾稼，民飢。”上命永平侯謝成徃發粟賑之。（《明太祖實錄》卷一五三，第 2396 頁）

五月

久雨不止，江水暴漲入城，民皆惶惶無措，知縣曹恭禱于神而水隨落。又六月，浹旬不雨，復禱於神，而雨隨至。（洪武《永州府志》卷五《祠廟》）

六月

壬午，夜，太陰犯建星。（《明太祖實錄》卷一五五，第 2412 頁）

丙申，夜，太陰犯畢宿。（《明太祖實錄》卷一五五，第 2414 頁）

七月

己酉夜，太陰犯右執法。（《明太祖實錄》卷一五五，第 2416 頁）

八月

己卯，夜，填星犯天關（舊校改“関”作“闕”）。（《明太祖實錄》卷一五六，第 2423～2424 頁）

辛卯，夜，太陰犯畢宿、熒惑，行軒轅中。（《明太祖實錄》卷一五六，第 2426 頁）

戊辰，河決開封東月堤，自陳橋至陳留潰流十餘里。是月，復決杞縣，入巴河。上用惻然，仍命户部遣官督所司塞之。（萬曆《開封府志》卷三二《河防》）

九月

丁未，夜，太陰犯建星。（《明太祖實錄》卷一五六，第 2428 頁）

戊午，夜，太陰犯畢宿。（《明太祖實錄》卷一五六，第 2429 頁）

辛酉，夜，熒惑犯太微西垣上將星。（《明太祖實錄》卷一五六，第 2429 頁）

十月

辛卯，夜，熒惑出太微垣左掖門。（《明太祖實錄》卷一五七，第 2436 頁）

乙未，太白晝見，自壬辰至于是日。（《明太祖實錄》卷一五七，第 2436 頁）

十一月

甲寅，詔免鳳陽府壽州今年田租，以旱故也。（《明太祖實錄》卷一五八，第 2444 頁）

乙卯，夜，太白犯壘壁陣。（《明太祖實錄》卷一五八，第 2445 頁）

丙辰，夜，太陰犯井宿。（《明太祖實錄》卷一五八，第 2445 頁）

辛酉，夜，太陰犯右執法。（《明太祖實錄》卷一五八，第 2445 頁）

十二月

庚辰，夜，太陰犯畢宿。（《明太祖實錄》卷一五八，第 2446 頁）

是年

旱。（光緒《慈谿縣志》卷五五《祥異》）

河溢。（乾隆《滎澤縣志》卷一二《祥異》）

洪武十七年（甲子，一三八四）

正月

辛丑，夜，有大星，自勾陳東北行至游氣中没。（《明太祖實錄》卷一五九，第 2453 頁）

乙巳，彰德府奏：「臨漳縣漳河決，宜於磁川築隄以障之。」詔從其請。（《明太祖實錄》卷一五九，第 2454～2455 頁）

甲寅，夜，月食。（《明太祖實錄》卷一五九，第 2459 頁）

乙卯，夜，熒惑入氐宿。（《明太祖實錄》卷一五九，第 2459 頁）

彰德府臨漳縣河決。（雍正《河南通志》卷一四《河防》）

二月

乙亥，夜，太陰犯畢宿。（《明太祖實錄》卷一五九，第 2463 頁）

丁亥，夜，太陰犯氐。（《明太祖實錄》卷一五九，第 2464 頁）

三月

壬寅，雨霰。（《明太祖實錄》卷一六〇，第 2484 頁）

癸丑，常德府龍陽、武陵二縣水，詔免去年逋賦。（《明太祖實錄》卷一六〇，第 2486 頁）

癸丑，夜，太陰犯亢宿。（《明太祖實錄》卷一六〇，第 2486 頁）

戊午，曉，熒惑犯氐宿。夜，太陰犯建星。（《明太祖實錄》卷一六〇，第 2486 頁）

四月

丙子，夜，太陰犯軒轅御女。（《明太祖實錄》卷一六一，第 2490 頁）

六月

丙戌，曉，歲星、填星、太白聚於參宿。（《明太祖實錄》卷一六二，第 2519 頁）

乙未，睢州巴河決。（《明太祖實錄》卷一六二，第 2521 頁）

辛巳，夜，長樂縣大風雨，潮溢。（《國榷》卷八，第 642 頁）

復霪雨連日，固安堤決。水又大溢，境上新堤不没者僅尺許。（嘉靖《霸州志》卷八《藝文》）

十五夜，雨大作，海水漲，溢隄防。（民國《長樂縣志》卷三《大事》）

睢州巴河決。（康熙《河南通志》卷四《祥異》）

七月

癸卯，曉，太白犯天罇。（《明太祖實錄》卷一六三，第 2524 頁）

甲辰，夜，太陰犯氐宿。（《明太祖實錄》卷一六三，第 2524 頁）

庚戌，夜，有大星起自外屏，西北行至霹靂没。（《明太祖實錄》卷一六三，第 2526 頁）

八月

丙寅，開封府河決東月隄，自陳橋至陳留横流數十里。（《明太祖實錄》卷一六四，第 2533 頁）

壬申，河決杞縣，入巴河，命户部遣官督所司塞之。（《明太祖實錄》卷一六四，第 2534 頁）

甲午，太原衛言：“山水暴漲，衝決城濠隄岸，請以軍民協力修治，其侵及民田者，乞除其租。”許之。仍命給鈔，償所侵民田。（《明太祖實錄》卷一六四，第 2538 頁）

大風雨，山谷暴漲，天台沿溪居民多被衝蕩。（民國《台州府志》卷一三四《大事略》）

九月

乙卯，西安府旱，傷稼。（《明太祖實錄》卷一六五，第 2543 頁）

庚申，夜，太陰犯軒轅左角。（《明太祖實錄》卷一六五，第 2546 頁）

辛酉，曉，太陰犯太微西垣上將。（《明太祖實錄》卷一六五，第 2546 頁）

十月

庚辰，夜，太陰犯畢宿。（《明太祖實錄》卷一六六，第 2552 頁）

丁亥，詔免大名府水災田租一千六十八石。（《明太祖實錄》卷一六六，第 2554 頁）

閏十月

戊戌，初昏，太陰犯畢宿。（《明太祖實錄》卷一六七，第 2557 頁）

癸卯，夜，歲星犯井宿。（《明太祖實錄》卷一六七，第 2558 頁）

丙辰，夜，填星犯井宿。（《明太祖實錄》卷一六七，第 2562 頁）

壬戌，蘇州府言："崑山縣民八十餘户，有田六頃九十餘畝，為水所没。"詔除其租，仍給鈔賑之。（《明太祖實錄》卷一六七，第 2563 頁）

十一月

癸未，夜，太陰犯太微西垣上將。（《明太祖實錄》卷一六八，第 2571 頁）

十二月

丙申，初昏，太白犯壘壁陣。（《明太祖實錄》卷一六九，第 2574 頁）

壬子，户部言："雲南布政使司自十四年至十六年，多被霜災，田租一十一萬九百五十石無從徵納。"詔皆免之。（《明太祖實錄》卷一六九，第 2577 頁）

乙未，夜，太陰犯牛（中本作"井"）宿。（《明太祖實錄》卷一六九，第 2579 頁）

是年

夏，大水。（同治《祁門縣志》卷三六《祥異》）

夏，祁門大水。（道光《徽州府志》卷一六《祥異》）

水，蠲田租。（民國《順義縣志》卷一六《雜事記》）

大水。十八年、二十年、二十二年、二十七年如之。（同治《湖州府志》卷四四《祥異》）

大水。十八年、二十年、二十二年、二十七年如之。三十一年、三十五年如之。（乾隆《吴江縣志》卷四〇《災變》）

水壞民居。（光緒《松陽縣志》卷一二《祥異》）

龍泉水壞民居。（光緒《處州府志》卷二五《祥異》）

大雪，滿山凝結，不減北方。（光緒《鬱林州志》卷四《機祥》）

冬，大雪。（嘉慶《永安州志》卷四《祥異》；光緒《平樂縣志》卷九《祥瑞》）

北平水。（光緒《順天府志》卷六九《祥異》）

旱災，勅駙馬李祺壽賑之。（康熙《大城縣志》卷八《災祥》）

楊村河決，分司廨宇、三皇廟圮。（雍正《高陽縣志》卷六《機祥》）

漳河決。（光緒《臨漳縣志》卷一《紀事沿革》）

靈州城舊在黃河南，明洪武十七年河水衝圮，移築河北七里。（乾隆《甘肅通志》卷七《城池》）

大水。（嘉靖《河南通志》卷四《祥異》；道光《尉氏縣志》卷一《祥異附》；光緒《烏程縣志》卷二七《祥異》）

潮大作，隄竟潰。（天啟《海鹽縣圖經》卷八《隄海》）

處州大水。（康熙《浙江通志》卷二《祥異附》）

大水，壞民居田地。（康熙《遂昌縣志》卷一〇《災眚》）

大水無禾。（民國《鞏縣志》卷五《大事紀》）

河決臨漳，勅守臣防護。（《明史·河渠志》，第2130頁）

雨殺稼。（同治《瀏陽縣志》卷一四《祥異》）

大雪，漫山凝結，不殊北方。（乾隆《梧州府志》卷二四《機祥》；光緒《藤縣志》卷二一《雜記》）

秋，颶風駕潮，沒溺崇明。（正德《崇明縣重修志》卷一〇《災祥》）

洪武十八年（乙丑，一三八五）

正月

戊辰，夜，熒惑犯外屏。（《明太祖實錄》卷一七〇，第2582頁）

二月

甲午，雷電雨雪。（《明太祖實錄》卷一七一，第2593頁）

甲辰，上以當春久雨，陰晦不解，間雪雹而雷。雖時氣不和，亦人事有以致之，乃諭中外百司："凡軍民利病，政事得失，條陳以進，下至編民卒伍，苟有所見，皆得盡言無諱。"（《明太祖實錄》卷一七一，第2594頁）

乙巳，初昏，五星俱見。（《明太祖實錄》卷一七一，第2596～2597頁）

久陰雨，雷雹。（同治《上江兩縣志》卷二下《大事下》）

三月

戊寅，夜，歲星與填星會，填星入井宿，歲星入亢宿。（《明太祖實錄》卷一七二，第2628頁）

戊子，填星、歲星、太白聚于東井。（《明太祖實錄》卷一七二，第2630頁）

四月

癸巳，五色雲見。（《明太祖實錄》卷一七二，第2631頁）

乙未，五色雲再見。（《明太祖實錄》卷一七二，第2631頁）

辛丑，太白晝見，自己亥至于是日。（《明太祖實錄》卷一七二，第2632頁）

大水。（民國《成安縣志》卷一五《故事》）

五色雲再見。（萬曆《應天府志》卷三《郡紀下》）

五月

庚午，夜，太陰犯平道。（《明太祖實錄》卷一七三，第2636頁）

辛未，五色雲見。（《明太祖實錄》卷一七三，第2636頁）

丙子，泰州久雨，水溢，潬官民田三千餘頃，詔免其租。（《明太祖實錄》卷一七三，第2636頁）

甲申，五色雲見。（《明太祖實錄》卷一七三，第2637頁）

己丑，是月應天府及黃州、荊州、常德三府皆大水。（《明太祖實錄》

卷一七三，第 2639 頁）

五色雲見。（光緒《溧水縣志》卷一《庶徵》）

六月

辛丑，太白晝見，自丙申至于是日。（《明太祖實錄》卷一七三，第 2640 頁）

乙巳，夜，流星入太陰。（《明太祖實錄》卷一七三，第 2640 頁）

丙午，是夜，月食。（《明太祖實錄》卷一七三，第 2640 頁）

辛亥，太白晝見。（《明太祖實錄》卷一七三，第 2641 頁）

癸丑，五色雲見。（《明太祖實錄》卷一七三，第 2642 頁）

十九日，大水，淹至老川主廟門坎下，人畜廬舍漂没無算。（光緒《銅梁縣志》卷一六《雜記》）

七月

己巳，夜，填星犯天籥。（《明太祖實錄》卷一七四，第 2648 頁）

旱。（道光《濟南府志》卷二〇《災祥》）

旱，蠲稅糧。（嘉慶《長山縣志》卷四《災祥》）

旱，詔免秋糧。（民國《陽信縣志》卷二《祥異》）

山東旱，詔免秋糧。（光緒《霑化縣志》卷一四《祥異》）

八月

丁酉，夜，太陰犯南斗辰星，入太微垣。（《明太祖實錄》卷一七四，第 2652 頁）

戊午，夜五鼓，有大星赤色，有光，起自東南雲中，東北行至雲中没。（《明太祖實錄》卷一七四，第 2654 頁）

己未，是月，河南水，出内帑鈔一十二萬三千五百八十五錠，遣使徃賑其民。（《明太祖實錄》卷一七四，第 2654 頁）

水，翌年春賑之。（民國《大名縣志》卷二六《祥異》）

九月

戊寅，大〔太〕白經天，與熒惑同度。（《明太祖實錄》卷一七五，第2660頁）

戊寅，客星入太微垣。（《明太祖實錄》卷一七五，第2660頁）

辛巳，夜，客星犯右執法，出端門。（《明太祖實錄》卷一七五，第2660頁）

乙酉，太白晝見，夜客星入翼彗，長丈餘。（《明太祖實錄》卷一七五，第2661頁）

丁亥，太白晝見，犯熒惑。（《明太祖實錄》卷一七五，第2661~2662頁）

丁亥，夜，客星在軫宿西南，彗掃翼宿。（《明太祖實錄》卷一七五，第2662頁）

十月

庚寅，夜，客星犯軍門，彗星掃天廟。（《明太祖實錄》卷一七六，第2666頁）

丙申，太白晝見，自癸巳至于是日。（《明太祖實錄》卷一七六，第2666頁）

丁酉，夜，熒惑犯進賢。（《明太祖實錄》卷一七六，第2666~2667頁）

庚子，夜，太陰犯天囷。（《明太祖實錄》卷一七六，第2667頁）

辛丑，太白晝見，自戊戌至于是日。（《明太祖實錄》卷一七六，第2667頁）

壬子，夜，太白犯亢宿。（《明太祖實錄》卷一七六，第2668頁）

十一月

乙亥，湖廣常德府奏言：“今歲大水，澇傷塘田一千三百五十頃，為租一十萬一百十五石。"詔並免徵。先是，河南水患及山東、北平大雨，澇傷民田。上曰："中原諸州，元季戰爭，受禍最慘，積骸成丘，居民鮮少。朕極意安撫，數年始蘇，不幸加以水澇，朕甚憫之。"至是，詔凡被水之處，免今年田租。河南二十三萬七千五百餘石，山東、北平二百五十五萬五千九百餘石。詔並免徵。（《明太祖實錄》卷一七六，第 2670 頁）

十二月

辛亥，太陰犯西咸。（《明太祖實錄》卷一七六，第 2673 頁）

是年

大水。（乾隆《雞澤縣志》卷一八《災祥》；乾隆《蒲臺縣志》卷四《灾異》；乾隆《吳江縣志》卷四〇《災變》；光緒《烏程縣志》卷二七《祥異》；光緒《直隸和州志》卷三七《祥異》；《明史·五行志》，第 445 頁）

山東旱。（民國《無棣縣志》卷一六《祥異》）

山東旱，免租稅。（民國《萊陽縣志》卷首《大事記》）

旱，蠲秋糧。（乾隆《平原縣志》卷九《災祥》）

旱，免秋糧。（光緒《臨朐縣志》卷一〇《大事表》）

旱。（光緒《大城縣志》卷一〇《五行》）

旱。詔免今年租賦。（康熙《文安縣志》卷一《災祥》）

水。（乾隆《大名縣志》卷二七《磯祥》）

臨漳舊城在舊縣村，洪武十八年漳水衝没。（光緒《臨漳縣志》卷二《城池》）

垣曲山水圮城。（萬曆《平陽府志》卷一〇《災祥》）

大水，傾圮文廟。（乾隆《阜陽縣志》卷三《建置》）

李家埠潰决，壞民廬舍田禾甚衆。（嘉靖《荆州府志》卷二〇《災異》）

比年霜旱，疾疫，民饑窘，歲輸之糧無從徵納，詔悉免之。（民國《昭通志稿》卷二《蠲卹》）

十八年至二十年，禾麥無收，飢民至煮子女為食。（光緒《川沙廳志》

卷一四《祥異》）

洪武乙丑、丙寅、丁卯，江南水旱，三（歲）無收，松尤甚。饑民無計，將子煮食，官府不知民瘼，徵粮不已。（崇禎《松江府志》卷五八《志餘》）

洪武十九年（丙寅，一三八六）

正月

辛酉，北平大名府水，遣使運鈔三千錠徃賑其民。（《明太祖實録》卷一七七，第 2675 頁）

辛酉，應天府江浦縣水，詔出京倉米六千余石賑其民。（《明太祖實録》卷一七七，第 2675 頁）

壬戌，夜，熒惑犯罰星。（《明太祖實録》卷一七七，第 2675 頁）

庚午，夜，太白犯牛宿。（《明太祖實録》卷一七七，第 2676 頁）

辛酉，振江浦水災。（光緒《金陵通紀》卷一〇上）

二月

己丑，夜，太白犯壘壁陣。（《明太祖實録》卷一七七，第 2678 頁）

丁未，夜，熒惑犯箕宿。（《明太祖實録》卷一七七，第 2680 頁）

三月

己巳，夜，白虹貫月。（《明太祖實録》卷一七七，第 2682 頁）

甲戌，夜，填星犯天罇。（《明太祖實録》卷一七七，第 2683 頁）

丙子，夜，太陰犯建星。（《明太祖實録》卷一七七，第 2683 頁）

壬午，蘇州府吳江縣水，詔免今年田租。（《明太祖實録》卷一七七，第 2683 頁）

四月

丁亥，揚州府興化縣水，詔免今年魚課。（《明太祖實録》卷一七七，第 2685 頁）

丙申，夜，歲星入鬼宿。（《明太祖實録》卷一七七，第 2685 頁）

己亥，夜，熒惑留斗宿。（《明太祖實録》卷一七七，第 2687 頁）

大水。（萬曆《帝鄉紀略》卷六《災患》；光緒《盱眙縣志稿》卷一四《祥祲》）

五月

戊午，夜，熒惑犯斗宿。（《明太祖實録》卷一七八，第 2692 頁）

己未，夜，太陰犯歲星。（《明太祖實録》卷一七八，第 2692 頁）

丁丑，監察御史蔡新等檢覈河南開封等府民被水患，而賑濟不及者三千一百户，補給鈔三千八百四十五錠。（《明太祖實録》卷一七八，第 2693 頁）

六月

辛丑，雲南地震。（《明太祖實録》卷一七八，第 2694～2695 頁）

丁未，山東青州府旱，民饑，遣廷臣往賑之，凡二萬七百五十餘户。（《明太祖實録》卷一七八，第 2697 頁）

丁未，河南開封府鄭州旱，蝗，命户部遣官賑濟饑民。上諭户部臣曰："河南諸府州縣軍馬數多，民間供給頻年不休，地毗徵輸重於他處。自今，河南民户止令納原額税糧，其荒閒田地，聽其開墾自種，有司不得復加科擾，違命者罷其職。"（《明太祖實録》卷一七八，第 2697 頁）

旱，遣廷臣振饑。（乾隆《諸城縣志》卷二《總紀上》）

北征沙漠，時六月六日，過陰山，遇大雪，人馬多凍死。（嘉慶《休寧碎事》卷八）

七月

癸亥，三辰晝見。（《明太祖實録》卷一七八，第 2699 頁）

己卯，夜，太白入太微垣。（《明太祖實録》卷一七八，第 2700 頁）

辛巳，夜，熒惑犯斗宿。（《明太祖實録》卷一七八，第 2700 頁）

八月

丁亥，夜，熒惑犯斗宿。（《明太祖實録》卷一七九，第 2704 頁）

壬辰，夜，歲星犯軒轅。（《明太祖實録》卷一七九，第 2704 頁）

九月

甲寅，夜，填星入鬼宿。（《明太祖實録》卷一七九，第 2709 頁）

丙子，天雨絮。（《明太祖實録》卷一七九，第 2710 頁）

壬午，五色雲見。（《明太祖實録》卷一七九，第 2710～2711 頁）

十月

庚寅，太白晝見，自甲申朔至于是日。（《明太祖實録》卷一七九，第 2711 頁）

甲午，夜，填星留鬼宿。（《明太祖實録》卷一七九，第 2711 頁）

戊戌，暴風。（《明太祖實録》卷一七九，第 2711 頁）

辛丑，夜，太陰犯積屍氣。（《明太祖實録》卷一七九，第 2711 頁）

乙巳，夜，太陰犯内屏。（《明太祖實録》卷一七九，第 2712 頁）

辛亥，夜，熒惑犯壘壁陣。（《明太祖實録》卷一七九，第 2712 頁）

十一月

己巳，夜，熒惑犯壘壁陣。（《明太祖實録》卷一七九，第 2713 頁）

己卯，雲南地震，有聲者再。（《明太祖實録》卷一七九，第 2714 頁）

十二月

癸未朔，日有食之。（《明太祖實録》卷一七九，第 2714 頁）

丙申，夜，太陰入鬼宿，犯積屍氣。（《明太祖實録》卷一七九，第

2715 頁）

是年

大水，人民淹没大半，田園邱墟，邑十數年荒落。（光緒《福安縣志》卷三七《祥異》）

大水，人民淹没大半，田園邱墟。（民國《霞浦縣志》卷三《大事》）

自春徂夏不雨。（康熙《新喻縣志》卷一二《方外》）

夏，旱，有司請禱於寶勝寺。登樓，有頃雷電交至，大雨如注，三日乃止。（隆慶《平陽縣志·儒釋》）

洪水為災，巨濤漲天，房屋盡流海中，人民淹没，死者大半，田園或壅沙為丘，或決流為川，縣治十數年間荒涼寥落，民不安生。（嘉靖《福寧州志》卷一二《祥異》）

江南水旱，松尤甚。（崇禎《松江府志》卷五八《志餘》）

秋，酷暑，鄉人遍謁龍湫，祈禱莫應。惟宗語人曰：「旱久不雨，田苗盡瘁，人將奚告，某生無益於世，願焚身禱天，以濟兆民。」即日齋戒，聚薪於野，遂火其身，大雨如澍。（嘉靖《山陰縣志》卷一〇《方技》）

洪武二十年（丁卯，一三八七）

二月

壬午，是夕，五星皆見。（《明太祖實錄》卷一八〇，第 2725 頁）

河溢。（乾隆《西華縣志》卷一〇《五行》）

三月

戊午，夜，太陰犯亢宿。（《明太祖實錄》卷一八一，第 2731 頁）

四月

乙未，夜，太陰犯氐宿。（《明太祖實錄》卷一八一，第 2735 頁）

五月

丁丑，三辰畫見。（《明太祖實錄》卷一八二，第 2743 頁）

六月

戊戌，太白經天。（《明太祖實錄》卷一八二，第 2747 頁）

丁未、戊申，大雨，水漲溢，傷稼。（康熙《常州府志》卷三《祥異》；光緒《無錫金匱縣志》卷三一《祥異》）

大雨。（嘉慶《溧陽縣志》卷一六《雜類》）

海溢，塘圮。（嘉靖《海鹽縣志》卷一《輿地》）

閏六月

癸丑，大風，震雷，雨。（《明太祖實錄》卷一八二，第 2751 頁）

七月

壬寅，太白三辰畫見。（《明太祖實錄》卷一八三，第 2760 頁）

八月

丙寅，太陰犯諸王星。（《明太祖實錄》卷一八四，第 2768 頁）

己巳，太白入太衛（廣本、抱本、中本作"微"）垣。（《明太祖實錄》卷一八四，第 2768 頁）

九月

丁酉，夜，太陰犯鬼宿。（《明太祖實錄》卷一八五，第 2782 頁）

乙巳，曉，太陰入氐宿。（《明太祖實錄》卷一八五，第 2783 頁）

十月

辛酉，月食。（《明太祖實錄》卷一八六，第 2788 頁）

己巳，夜，太陰犯謁者。（《明太祖實錄》卷一八六，第 2794 頁）

十一月

丁亥，卿雲見。（《明太祖實錄》卷一八七，第2798頁；萬曆《應天府志》卷三《郡紀下》）

壬辰，太陰犯鬼宿。（《明太祖實錄》卷一八七，第2799頁）

乙未，曉刻，太陰入太微垣。（《明太祖實錄》卷一八七，第2800頁）

十二月

丙辰，夜，太陰犯諸王星。（《明太祖實錄》卷一八七，第2805頁）

戊午，夜，太陰犯井宿。（《明太祖實錄》卷一八七，第2805頁）

是年

大旱。（萬曆《福州府志》卷三四《時事》；嘉慶《溧陽縣志》卷一六《雜類》）

旱，河竭。（康熙《常州府志》卷三《祥異》；光緒《無錫金匱縣志》卷三一《祥異》）

常州旱。（成化《重修毗陵志》卷三二《祥異》）

旱。（乾隆《遂寧縣志》卷一二《雜記》；光緒《靖江縣志》卷八《禨祥》；民國《潼南縣志》卷六《祥異》）

會稽王家堰夜大風雨，水瀑至，死者十四五。（萬曆《紹興府志》卷一三《災祥》）

夏，大旱，民饑。（民國《長樂縣志》卷三《大事》）

江南水旱，松尤甚。（崇禎《松江府志》卷五八《志餘》）

大水。（康熙《新修東陽縣志》卷四《災祥》；康熙《扶溝縣志》卷七《災祥》；乾隆《吳江縣志》卷四〇《災變》；同治《湖州府志》卷四四《祥異》）

風雨大作，屋多壞，惟正廳後堂中道成石亭儀門幕廳為完屋。（嘉靖《奉化縣圖志》卷二《縣治》）

霪雨經旬，倭入寇，沿海罹難者不少。（民國《餘姚六倉志》卷一九《災異》）

又旱。（乾隆《新喻縣志》卷一九《方外》）

洧溢，決開封城，由封丘門入，淹没官民廨宇。（成化《河南總志》卷三《開封府》）

河溢，被患。（嘉靖《太康縣志》卷四《五行》）

洪武二十一年（戊辰，一三八八）

正月

庚辰，夜，太陰犯天囷。（《明太祖實錄》卷一八八，第 2812 頁）

甲午，遣使賑青州民饑。先是，青州府所隸州縣旱、蝗。（《明太祖實錄》卷一八八，第 2814 頁）

丙申，夜，太陰犯房宿，熒惑入斗宿。（《明太祖實錄》卷一八八，第 2815 頁）

二月

丁未，夜，太陰犯外屏。（《明太祖實錄》卷一八八，第 2817 頁）

甲寅，夜，太陰犯鬼宿。（《明太祖實錄》卷一八八，第 2821 頁）

乙卯，黑氣。（《明太祖實錄》卷一八八，第 2821 頁）

丙寅，夜，有星出東壁，赤黃色，東北行至近濁没。（《明太祖實錄》卷一八八，第 2827 頁）

三月

壬午，夜，白雲貫暈，及太陰有星，大如雞子，赤色，尾跡有光，起自天津，行至太微西垣没。（《明太祖實錄》卷一八九，第 2835～2836 頁）

四月

丁未，歲星留太微垣，熒惑犯壘壁陣。（《明太祖實錄》卷一九〇，第2863頁）

癸丑，太陰入太微垣。（《明太祖實錄》卷一九〇，第2865頁）

己未，夜，月食。（《明太祖實錄》卷一九〇，第2867頁）

己巳，太白晝見。（《明太祖實錄》卷一九〇，第2869頁）

五月

甲戌朔，日有食之。（《明太祖實錄》卷一九〇，第2870頁）

丁丑，夜，有星大如杯，青白色，起自紫微西蕃內，北行至近濁沒。（《明太祖實錄》卷一九〇，第2870~2871頁）

乙酉，五色雲見。（《明太祖實錄》卷一九〇，第2871~2872頁）

辛丑晡，雷震玄武門獸吻。（《明太祖實錄》卷一九〇，第2875頁）

六月

癸卯晡，暴風，雷震洪武門獸吻。（《明太祖實錄》卷一九一，第2877頁）

庚申，夜，太陰入羽林軍。（《明太祖實錄》卷一九一，第2880頁）

壬戌，大（舊校改"大"作"太"）白犯右執法。有星大如雞子，其色赤，尾跡有光，起自壘壁陣，西南行至游氣中沒。（《明太祖實錄》卷一九一，第2881頁）

丙寅，有星大如雞子，青白色，有光，起自北斗魁，至第三星旁沒，後有一小星隨之。（《明太祖實錄》卷一九一，第2882頁）

七月

庚辰，夜，太陰犯房宿，熒惑退犯壘壁陣。有星大如雞子，青白色，有光，尾跡長丈餘，自東南雲中，西南行至（抱本作"行至西南"）雲中沒。

（《明太祖實錄》卷一九二，第 2886 頁）

丙戌，黑雲亙天。夜，太陰犯壘壁陣。（《明太祖實錄》卷一九二，第 2889 頁）

丙申，太白晝見。（《明太祖實錄》卷一九二，第 2889 頁）

戊戌，太陰、熒惑犯壘壁陣。（《明太祖實錄》卷一九二，第 2891 頁）

淫雨五晝夜，水漲異常，傷稼。（民國《長樂縣志》卷三《大事》）

天雨米於荆門孝子李子春家，形如小麥，色淡黃，作飯香甘。（乾隆《荆門州志》卷三四《祥異》）

八月

乙巳，夜，太陰犯亢宿。有星大如杯，赤色，起自北斗杓，徐徐東南行（抱本"行"下有"行"字）三丈餘，分為二星，又五丈餘，分為三星，經昴宿，復為二星，又經天廩，復為一星，至天苑中没。（《明太祖實錄》卷一九三，第 2893 頁）

丁巳，天鳴，有星大如杯，青白色，有光，起自西北，行至雲中没。（《明太祖實錄》卷一九三，第 2897 頁）

庚申，夜，有星大如杯，赤色，有光，起自天津，西北行至游氣中没，後有二小星隨之。（《明太祖實錄》卷一九三，第 2897 頁）

癸亥，天鼓鳴。（《明太祖實錄》卷一九三，第 2897 頁）

甲子，天鳴，自壬戌至是日，晝夜不止。（《明太祖實錄》卷一九三，第 2898 頁）

九月

庚寅，夜，有星二。其一起自室宿，西行至天市垣內宗星没，一小星隨之；其一起自壁宿，東南行至土司（抱本"司"下有"宮"字）空傍没，後有一小星隨之。（《明太祖實錄》卷一九三，第 2905 頁）

癸巳，地震，日上有真黃氣。（《明太祖實錄》卷一九三，第 2906 頁）

丙申，夜，太陰行微太垣。（《明太祖實錄》卷一九三，第 2907 頁）

己亥，太陰犯亢宿。（《明太祖實録》卷一九三，第 2907 頁）

十月

癸卯，電。（《明太祖實録》卷一九四，第 2909 頁）

丙午，適遇丞相咬住、太尉馬兒哈咱領三千人来迎，又以瀾瀾帖木兒人馬眾多，歆徃依之，會天大雪，三日不得發。（《明太祖實録》卷一九四，第 2910 頁）

壬子，辰星入氐宿。（《明太祖實録》卷一九四，第 2911 頁）

癸丑，夜，太陰犯外屏。（《明太祖實録》卷一九四，第 2911 頁）

丙辰，夜，月食。（《明太祖實録》卷一九四，第 2911 頁）

戊午，夜，太陰犯井宿。有星大如雞子，赤色，尾跡有光，起自紫微垣内太子旁，北行至紫微東蕃没。（《明太祖實録》卷一九四，第 2911 頁）

戊辰，夜，有星二。其一初出如彈丸，赤色，起自霹靂，南行二丈餘，發光如雞子大，至游氣中没。其一大如杯，赤色，尾跡有光，起自厠星，西南行至游氣中没。（《明太祖實録》卷一九四，第 2914 頁）

十一月

甲戌，歲星入亢宿。（《明太祖實録》卷一九四，第 2915 頁）

癸巳，熒惑犯外屏。（《明太祖實録》卷一九四，第 2916 頁）

甲午，太陰與歲星同度。（《明太祖實録》卷一九四，第 2916 頁）

十二月

辛酉，夜，太陰犯亢宿。（《明太祖實録》卷一九四，第 2918 頁）

壬戌，夜，太陰入氐宿中。（《明太祖實録》卷一九四，第 2920 頁）

丁卯，三辰晝見。（《明太祖實録》卷一九四，第 2920 頁）

是年

五色雲現。（光緒《五河縣志》卷一九《祥異》）

长樂大水。（萬曆《福州府志》卷三四《時事》）

萧山大風，捍海塘壞。（萬曆《紹興府志》卷一三《災祥》）

旱，大饑。（光緒《永嘉縣志》卷三六《祥異》）

洪武二十二年（己巳，一三八九）

正月

甲戌，雨，木冰。（《明太祖實録》卷一九五，第 2923 頁）

己卯，夜，太白犯建星。（《明太祖實録》卷一九五，第 2924 頁）

丙戌，夜，熒惑犯太陰，太陰在太微垣。（《明太祖實録》卷一九五，第 2925 頁）

二月

癸卯，夜，填星逆行，軒轅、熒惑行昴宿。（《明太祖實録》卷一九五，第 2930 頁）

己巳，夜，有星起自西北游氣，流至近濁没。（《明太祖實録》卷一九五，第 2934 頁）

三月

戊寅，夜，太陰犯軒轅。（《明太祖實録》卷一九五，第 2936 頁）

庚寅，夜，有星，起自天津，行至北斗魁没。（《明太祖實録》卷一九五，第 2937 頁）

辛卯，夜，歲星退行亢宿。（《明太祖實録》卷一九五，第 2937 頁）

四月

庚戌，山東萊州、兗州二府久雨害稼，民飢乏食，遣使賑之，凡鈔二十六萬九千二百一十錠。（《明太祖實録》卷一九六，第 2942 頁）

辛亥，夜，有大星，起自翼宿，流至游氣中没。（《明太祖實録》卷一九六，第 2942 頁）

丁卯，是月，遣監察御史按郯城、沂水諸（抱本作"知"）縣官罪。初，山東郯城等縣殞霜傷稼，縣官不以聞，至是，遣御史按之。（《明太祖實録》卷一九六，第 2944 頁）

五月

乙亥，夜，太陰在太微中。（《明太祖實録》卷一九六，第 2945 頁）

癸巳，夜，太白犯諸王星。（《明太祖實録》卷一九六，第 2947 頁）

六月

甲寅，夜，太陰犯壘壁陣。（《明太祖實録》卷一九六，第 2948 頁）

乙卯，夜，太陰入羽林軍。（《明太祖實録》卷一九六，第 2949 頁）

丙辰，夜，辰星犯太白。（《明太祖實録》卷一九六，第 2949 頁）

戊午，監察御史許珪巡按河南，上言："自開封、永城至彰德，春夏旱暵，麥苗疎薄，農民所收無幾，今年夏税宜減半徵收。"（《明太祖實録》卷一九六，第 2949 頁）

颶風。（康熙《南海縣志》卷三《災祥》）

大旱。（同治《開封府志》卷三九《祥異》）

七月

己巳，夜，太陰入太微垣。（《明太祖實録》卷一九六，第 2951 頁）

甲午，夜，有星自外屏，西南流三丈餘，化為白雲。（《明太祖實録》卷一九六，第 2952 頁）

海潮溢，壞堤堰，竈丁溺死無算。（嘉慶《如皋縣志》卷二三《祥祲》）

海溢捍海堤，溺死鹽丁無算。（光緒《通州直隸州志》卷末《祥異》）

海潮漲溢，壞捍海堰。（雍正《揚州府志》卷三《祥異》）

海潮漲溢，壞海堰。（乾隆《江都縣志》卷二《祥異》）

八月

戊戌，夜，有星起自織女，北行至女牀沒。（《明太祖實錄》卷一九七，第 2953 頁）

戊午，夜，太陰犯司怪。（《明太祖實錄》卷一九七，第 2955 頁）

丙申朔，漢水溢五日。（乾隆《鍾祥縣志》卷一《星野》）

九月

丙寅朔，日有食之。（《明太祖實錄》卷一九七，第 2957 頁）

丁卯，夜，歲星犯氐宿。（《明太祖實錄》卷一九七，第 2958 頁）

甲午，夜，大星起自天津，北行至近濁沒。（《明太祖實錄》卷一九七，第 2962 頁）

十月

癸卯，夜，辰星犯亢宿。（《明太祖實錄》卷一九七，第 2963 頁）

戊午，夜，太陰在太微垣。（《明太祖實錄》卷一九七，第 2964 頁）

庚申，夜，熒惑入氐宿。（《明太祖實錄》卷一九七，第 2964 頁）

十一月

辛未，夜，太白入南斗。（《明太祖實錄》卷一九八，第 2968 頁）

壬申，夜，太陰入羽林軍。（《明太祖實錄》卷一九八，第 2968 頁）

丙戌，夜，電。（《明太祖實錄》卷一九八，第 2971 頁）

甲午，曉刻，歲星入房宿，熒惑犯東咸。（《明太祖實錄》卷一九八，第 2971～2972 頁）

十二月

癸丑，夜，熒惑犯天江，太陰犯內屏。（《明太祖實錄》卷一九八，第

2975 頁）

丁巳，夜，太白犯壘壁陣，太陰入氐宿。（《明太祖實錄》卷一九八，第 2975 頁）

戊午，白虹貫日，良久乃散。（《明太祖實錄》卷一九八，第 2976 頁）

壬戌，曉刻，歲星犯東咸。（《明太祖實錄》卷一九八，第 2977 頁）

是年

大水。（康熙《應山縣志》卷二《兵荒》；康熙《德安安陸郡縣志》卷八《災異》；乾隆《吳江縣志》卷四〇《災變》；道光《安陸縣志》卷一四《祥異》；同治《湖州府志》卷四四《祥異》；光緒《續輯咸寧縣志》卷八《災祥》）

旱。（正德《瑞州府志》卷一一《祥異》；康熙《萬載縣志》卷一二《災祥》；同治《宜春縣志》卷一〇《祥異》）

旱，無禾。（光緒《德平縣志》卷一〇《祥異》）

夏，久旱。（道光《新喻縣志》卷一四《方外》）

大旱。（道光《尉氏縣志》卷一《祥異附》）

水決城壞。（康熙《景陵縣志》卷二《災祥》）

河没儀封，徙其治于白樓村。（《明史·河渠志》，第 2014 頁）

洪武二十三年（庚午，一三九〇）

正月

甲戌，曉刻，熒惑入斗宿。（《明太祖實錄》卷一九九，第 2983 頁）

庚辰，山東地震。（《明太祖實錄》卷一九九，第 2984 頁）

戊子，夜，填星犯靈臺。（《明太祖實錄》卷一九九，第 2989 頁）

壬辰，日暈，白虹貫珥。（《明太祖實錄》卷一九九，第 2991 頁）

地震。是歲，大水。（民國《增修膠志》卷五三《祥異》）

河決歸德。（乾隆《歸德府志》卷三四《災祥略》）

二月

丙午，夜，有星起自騎官，東行至近濁没。（《明太祖實録》卷二〇〇，第 2996 頁）

己酉，夜，太陰犯太微東垣。（《明太祖實録》卷二〇〇，第 2997 頁）

戊午，夜，太陰入斗宿。（《明太祖實録》卷二〇〇，第 2999 頁）

黃河決鳳池，漂没夏邑、永城諸縣，不以聞。歸德民李從義詣闕言："乞令軍民合力築防，以遏水患。"（康熙《晉州志》卷一〇《事紀》）

三月

乙丑，夜，有大星，起自内屏（抱本"屏"下有"中"字），流至雲中没。（《明太祖實録》卷二〇〇，第 3001 頁）

癸未，夜，雨霰。（《明太祖實録》卷二〇〇，第 3004 頁）

丁亥，太白晝見。（《明太祖實録》卷二〇〇，第 3004 頁）

辛卯，熒惑犯壘壁陣。（《明太祖實録》卷二〇〇，第 3004 頁）

四月

丁酉，夜，太陰掩太白。（《明太祖實録》卷二〇一，第 3007 頁）

丁丑，夜，有大星，起自雲中，西北行至近蜀〔濁〕没。（《明太祖實録》卷二〇一，第 3009 頁）

壬戌，夜，太（廣本、抱本、中本"太"下有"白"字）犯五諸侯。（《明太祖實録》卷二〇一，第 3010 頁）

不雨，至七月。（同治《南安府志》卷二九《祥異》）

閏四月

癸酉，太陰犯亢宿。（《明太祖實録》卷二〇一，第 3013 頁）

丙子，夜，有星起自壁宿，行至奎没。（《明太祖實録》卷二〇一，第

3015 頁）

戊子，淫雨，自戊寅至是日不止。（《明太祖實錄》卷二〇一，第
3017 頁）

水。（光緒《光化縣志》卷八《祥異》）

五月

甲午，夜，有大星赤色，起自室宿，南行至霹靂，有三小星隨之。
（《明太祖實錄》卷二〇二，第3022 頁）

戊戌，夜，熒惑犯外屏。（《明太祖實錄》卷二〇二，第3023 頁）

壬子，夜，填星犯靈臺。（《明太祖實錄》卷二〇二，第3026 頁）

己未，歲星守房宿。（《明太祖實錄》卷二〇二，第3027 頁）

六月

丁卯，揚州府海門縣言："是月三日夜，颶風大作，潮汐騰湧，壞廬
舍，溺死居民孳畜無筭。"詔工部遣官行視，修築堤岸，仍賑被災之民。
（《明太祖實錄》卷二〇二，第3028 頁）

辛未，夜，太陰入斗宿。（《明太祖實錄》卷二〇二，第3030 頁）

丁丑，曉刻，太白留井宿。（《明太祖實錄》卷二〇二，第3030 頁）

戊子，山東自閏四月至是月雨。（《明太祖實錄》卷二〇二，第
3032 頁）

戊子，雨，自閏四月至是始雨。（乾隆《諸城縣志》卷二《總紀
上》）

七月

壬辰，河南河決，漂没民居。命賑郵被災之家一萬五千七百一十三，凡
鈔二萬五千二十錠。（《明太祖實錄》卷二〇三，第3035 頁）

癸巳，蘇州府崇明縣大風雨三日，海潮泛溢，壞圩岸，偃禾稼。詔以在
京倉糧賑之。通州海門縣風潮，壞官民廬舍，漂溺者眾。遣監察御史周志清

賑之，仍命工部主事鄭興發淮安、揚州、蘇州、常州四府民丁二十五萬二千八百餘人修築堤岸，以漳潮汐，計二萬三千九百三十三丈。（《明太祖實錄》卷二〇三，第 3035 ~ 3036 頁）

丁酉，夜，太陰犯房宿。（《明太祖實錄》卷二〇三，第 3038 頁）

戊午，開封府西華等縣雨，河水暴漲，没民田廬，民多饑困，上命賑之。（《明太祖實錄》卷二〇三，第 3041 頁）

大風，拔木揚沙，土阜邱園皆坍没。（民國《吳縣志》卷五五《祥異考》）

海風自東北來，拔木揚沙，峻阜、高陵皆爲漂没，三洲一千七百餘家盡葬魚腹。（光緒《崑新兩縣續修合志》卷五一《祥異》）

海溢松江、海鹽，溺死竈丁各二萬餘人。（光緒《嘉興府志》卷三五《祥異》）

朔，颶風，漂溺人廬無算。（光緒《嘉定縣志》卷五《機祥》）

海溢，各沙壞屋傷人，十存二三。西沙人趙以禮詣闕請糧，擢工部主事。明初洪潮屢溢，父老詣憲告災，憲詰云：潮勢約高幾何？父老對曰：一丈二尺。憲又詰云：民畏不遠避，尚能測其數耶？對曰：八尺海岸，岸上三尺藜蒿，藜蒿頭上水滔滔，故知丈二洪潮。憲側〔惻〕然，特爲請蠲請賑。（康熙《重修崇明縣志》卷七《祲祥》）

崇明、海門風雨海溢。遣官賑之，發民二十五萬築堤。（嘉慶《直隸太倉州志》卷一《恩旨》）

海溢，壞捍海隄，溺死吕四等場鹽丁三萬餘口。（萬曆《通州志》卷二《機祥》）

河南河水漂没民居，命賑恤。（雍正《河南通志》卷一四《河防》）

八月

乙丑，夜，歲星犯東咸，太陰犯心宿。（《明太祖實錄》卷二〇三，第 3043 頁）

丙寅，上以河南、北平、陳州、真定、保定諸處水災，詔免徵今年所貸

預備糧儲，仍賑給之。（《明太祖實錄》卷二○三，第 3043 頁）

乙亥，賑給河南、山東、北平三布政司所屬州縣水災貧民鈔七十萬錠。（《明太祖實錄》卷二○三，第 3047 頁）

丙戌，北平霸州、保定等州縣水災，詔通政使司參議趙居仁往賑之，凡被災民六百二十七户，給鈔二千六百一十四錠。（《明太祖實錄》卷二○三，第 3028 頁）

丙寅，賑給北平、真定二府及深州、衡水縣被水災貧民二千六百户鈔一萬三千錠有奇。（《明太祖實錄》卷二○三，第 3048～3049 頁）

水，免田租，賑。（乾隆《德州志》卷二《紀事》）

振河南、北平、山東水災。（《明史・太祖紀》，第 47 頁）

霪雨，漢水大溢。（同治《漢川縣志》卷一四《祥祲》）

淫雨，漢水暴溢，由郢以西廬舍、人畜漂没無算，城幾陷，五日乃止。（光緒《江陵縣志》卷六一《祥異》）

九月

庚寅朔，日有食之。（《明太祖實錄》卷二○四，第 3051 頁）

丙申，夜，太陰入南斗魁。（《明太祖實錄》卷二○四，第 3053 頁）

庚子，夜，太陰入羽林軍。（《明太祖實錄》卷二○四，第 3055 頁）

己酉，霰。（《明太祖實錄》卷二○四，第 3057 頁）

庚戌，夜，熒惑行昴宿南。（《明太祖實錄》卷二○四，第 3057 頁）

甲寅，夜，太陰在太微垣，與填星同度。（《明太祖實錄》卷二○四，第 3058 頁）

十月

庚午，太白入亢宿。（《明太祖實錄》卷二○五，第 3062 頁）

丁丑，夜，太陰犯五諸侯南第二星。（《明太祖實錄》卷二○五，第 3064 頁）

壬午，夜，填星行太微垣端門中，太陰在太微垣内。（《明太祖實錄》

卷二〇五，第 3065 頁）

乙酉，夜，太陰犯房宿。（《明太祖實録》卷二〇五，第 3067 頁）

十一月

庚寅，夜，有星起自五車，北行至紫微西蕃没，有三小星隨之。（《明太祖實録》卷二〇六，第 3069 頁）

癸卯，熒惑犯大〔太〕陰。（《明太祖實録》卷二〇六，第 3071 頁）

癸丑，山東青、兖、登、萊、濟南五府二十九州縣久雨，傷麥及稼，詔免其租。（《明太祖實録》卷二〇六，第 3071 頁）

丙辰，以西華、商水、蘭陽、封丘、杞五縣河水暴溢，及陳州没禾稼，遣官賑之。（《明太祖實録》卷二〇六，第 3072 頁）

久雨傷麥，詔免田租。（乾隆《諸城縣志》卷二《總紀上》）

大雨。（乾隆《曲阜縣志》卷二八《通編》）

十二月

癸亥，夜，有星起大陵，西南行至胃宿没，有小四星（舊校改为“四小星”）隨之。（《明太祖實録》卷二〇六，第 3073 ~ 3074 頁）

戊子，是月，山東登州府寧海、萊陽，兖州府東平、泗水、曲阜、汶上、鄒，青州府諸城、安丘、蒙陰，北平通州、武清、霸州、文安諸州縣水，遣官賑之，為鈔十三萬九千六百五十五錠。（《明太祖實録》卷二〇六，第 3077 ~ 3078 頁）

水，遣官振邮。（乾隆《諸城縣志》卷二《總紀上》）

是年

夏，大旱。（康熙《天台縣志》卷一五《災祥》；同治《祁門縣志》卷三六《祥異》；民國《台州府志》卷一三四《大事略》）

夏，祁門大旱。（弘治《徽州府志》卷一〇《祥異》；道光《徽州府志》卷一六《祥異》）

旱，大饑。（光緒《德慶州志》卷一五《紀事》）

振被水災民。（民國《順義縣志》卷一六《雜事記》）

襄陽水。（同治《宜城縣志》卷一〇《祥異》）

南康縣四月不雨，至七月。（同治《南安府志》卷二九《祥異》）

山東大水。（道光《重修膠州志》卷三五《祥異》）

海決，衝没石墩巡檢司。（康熙《海寧縣志》卷一二上《祥異》；民國《杭州府志》卷八四《祥異》）

旱。（崇禎《寧海縣志》卷一二《災祲》；道光《新喻縣志》卷一四《方外》）

夏，旱。（乾隆《曲阜縣志》卷二八《通編》）

夏，大水。秋，大旱。（康熙《南海縣志》卷三《災祥》；乾隆《番禺縣志》卷一八《事紀》）

秋，西華大雨，河溢，漂没民舍，遣使振萬五千七百餘户。（民國《西華縣續志》卷一《大事記》）

江潮大作，蕩民室廬。（嘉靖《通州志》卷五《人物》）

蕭山大風，海塘壞，潮抵于市。（康熙《浙江通志》卷二《祥異附》）

旱虐之年，人民困苦，苗稼焦枯，祈求不雨，賠納税粮，凍餒妻子。（民國《甘棠堡瑣志》卷上）

河決開封，漂没西華民舍。（民國《西華縣續志》卷三《河渠》）

遭河患。（民國《考城縣志》卷四《建置》）

湖廣三府二州饑，襄陽、沔陽水。（民國《湖北通志》卷七五《災異》）

漢水溢。（乾隆《漢陽縣志》卷四《祥異》）

旱，大饑，知州孫彬勸有積者貸之，民乃安。（嘉靖《德慶州志》卷二《事紀》）

山東二十九州縣久雨，傷麥禾。（《明史·五行志》，第 472 頁）

洪武二十四年（辛未，一三九一）

正月

丙午，山東平度、博興、福山、寧陽、長山五州縣水，賑其民戶五千一百四十三。（《明太祖實錄》卷二〇七，第3083頁）

壬子，刑部言："兗州曲阜世襲知縣孔希文境內水患不報，請逮問之。"上曰："闕里世職，先聖之後，非他有司比，勿問。被水人民（廣本作'戶'），令戶部賑之。"（《明太祖實錄》卷二〇七，第3086頁）

丁巳，夜，有大星青白色，光燭地，自梗河東，西至近濁沒。（《明太祖實錄》卷二〇七，第3087頁）

丁巳，免山東登、萊、青、兗、濟南五府民糧，上諭戶部臣曰："聞山東之民舊咸被水災，粟麥不收，衣食窘乏，其登、萊等府秋糧，宜悉免之。"（《明太祖實錄》卷二〇七，第3087頁）

免登、萊、青、兗、濟南水災田租。（民國《山東通志》卷一〇《通紀》）

二月

壬戌，賑山東高密、棲霞、莒州被水患民萬五千九百餘戶，男女年十五以上者鈔一錠，十歲以上者三貫，五歲以上者二貫，仍命他處被患者，視例賑之。（《明太祖實錄》卷二〇七，第3088~3089頁）

丙子，夜，太陰犯星宿。（《明太祖實錄》卷二〇七，第3091頁）

三月

戊子朔，日有食之。（《明太祖實錄》卷二〇八，第3093頁）

己亥，太陰入太微垣，犯左執法。（《明太祖實錄》卷二〇八，第3095頁）

開封府陳留、睢州、歸德、夏邑、寧陵河水暴溢，被患者千三百七十四戶。遣官往賑之。未幾，陳州、項城亦奏河溢民饑，仍遣官賑之。（雍正

《河南通志》卷一四《河防》)

四月

乙丑，河南河水暴溢。時開封府陳留、睢州，歸德夏邑、寧陵被水患民千三百七十四户，詔遣官循例賑之。未幾，陳州、項城縣亦奏河溢，民被水患，仍遣官徃賑之。（《明太祖實録》卷二〇八，第3099～3100頁）

丙子，夜，慧星二，一入紫微垣閶闔門，犯天宋；一犯六甲，掃五帝座。（《明太祖實録》卷二〇八，第3102頁）

河水暴溢，決原武黑洋山，東經開封城北五里，又東南由陳州、項城、太和、潁州、潁上，東至壽州正陽鎮，全入於淮。而賈魯河故道遂淤。又由舊曹州、鄆城兩河口漫東平之安山，元會通河亦淤。（《明史・河渠志》，第2014頁）

五月

甲寅，北平通州、武清等縣霖雨，河水溢，漂民田稼，命户部遣官覈實，以賑給之。（《明太祖實録》卷二〇八，第3106頁）

乙卯，自三月至是月不雨。（《明太祖實録》卷二〇八，第3107頁）

六月

丙辰，夜，有大星自天市垣，流至騎官没。（《明太祖實録》卷二〇九，第3109頁）

庚申，夜，太陰入太微垣。（《明太祖實録》卷二〇九，第3119頁）

甲子，上以天久不雨，恐刑獄有冤濫者，命刑部官及監察御史清理天下獄訟。（《明太祖實録》卷二〇九，第3119頁）

戊寅，夜，太陰犯畢宿。（《明太祖實録》卷二〇九，第3122頁）

河決原武，迳縣南，由項城、潁（當作"潁"）州入淮。（萬曆《杞乘》卷二《今總紀》）

河決原武，迳縣南，由項城、潁州入淮。（乾隆《杞縣志》卷二《祥異》）

京師旱。（光緒《金陵通紀》卷一〇上）

旱。（同治《上江兩縣志》卷二下《大事下》）

七月

戊子，夜，太白、歲星、熒惑、填星聚于翼宿。（《明太祖實錄》卷二一〇，第3127頁）

庚寅，夜，太白入太微垣右掖門。（《明太祖實錄》卷二一〇，第3127頁）

辛卯，夜，太白犯右執法。（《明太祖實錄》卷二一〇，第3127頁）

乙巳，大風雨，雷火，江寧衛草塲災。（《明太祖實錄》卷二一〇，第3130頁）

八月

庚申，夜，太陰犯心星。（《明太祖實錄》卷二一一，第3134頁）

乙丑，是日，雷。（《明太祖實錄》卷二一一，第3135頁）

辛巳，太白晝見。（《明太祖實錄》卷二一一，第3139頁）

壬午，夜，太陰犯紫（廣本、抱本、中本作"太"）微垣。（《明太祖實錄》卷二一一，第3140頁）

乙亥，天久陰，馳勑皇太子曰："爾自幼至長，未嘗遠出，今命爾行陝，渡江之際，雷起東南，爾征西北。夫雷，天威也，爾前行，雷後從，其兆威震。然厥陰不雨，業已旬日，占法主有陰謀者，爾宜慎舉動，節飲食，嚴宿衛，親君子，遠小人。威震佳兆，未可恃也。"（《國榷》卷九，第722～723頁）

九月

甲午，太原府代州五臺縣民饑，流移者衆，田土荒棄，復霜灾。上詔户部免其民今年對給振武衛軍粮，其軍士別以粮給之。（《明太祖實錄》卷二一二，第3143頁）

丙申，夜，太陰犯壘壁陣。（《明太祖實録》卷二一二，第3143頁）

庚戌，夜，太陰犯左執法。（《明太祖實録》卷二一二，第3146頁）

十月

丙辰，昏刻，太白入南斗。（《明太祖實録》卷二一三，第3148頁）

丁巳，北平、河間二府水，詔免今年田租。（《明太祖實録》卷二一三，第3148頁）

己未，夜，填星犯太微東垣上相。（《明太祖實録》卷二一三，第3148頁）

十一月

乙未，夜，辰星、歲星同度在南斗。（《明太祖實録》卷二一四，第3158頁）

甲辰，夜，太陰犯太微。（《明太祖實録》卷二一四，第3160頁）

十二月

甲子，夜，熒惑、辰星（廣本、抱本作"宿"）在箕宿。（《明太祖實録》卷二一四，第3163頁）

辛巳，越州土酋阿資復叛……官兵進攻連捷，俘獲甚衆。會連月淫雨不止，山水汎（廣本作"泛"）溢，阿資援絶，與其衆降。（《明太祖實録》卷二一四，第3164～3165頁）

是年

黄河決陽武，沙河水溢。（民國《太和縣志》卷一二《災祥》）

大水，免田租。（民國《順義縣志》卷一六《雜事記》）

水。（民國《青縣志》卷一三《祥異》）

黄河決原武縣黑洋山，下東南至縣境合穎，下入於淮。（民國《項城縣志》卷三一《祥異》）

徐、沛大饑，民食草實。（民國《沛縣志》卷二《沿革紀事表》）

河決，漫安山湖。（光緒《東平州志》卷二五《五行》；民國《東平縣志》卷一六《災祲》）

山東蝗，大饑，免竈課田租。（民國《萊陽縣志》卷首《大事記》）

蝗，大饑。（萬曆《即墨志》卷九《祥異》；同治《即墨縣志》卷一一《災祥》）

北平、河間二府水。（光緒《東光縣志》卷一一《祥異》）

滄州大水。（民國《滄縣志》卷一六《事實》）

漳、衛並溢，圮大名府城。（民國《大名縣志》卷二六《祥異》）

大河決而南徙。（乾隆《德州志》卷三《河渠》）

河決，侵本縣簡河，害民禾稼。（康熙《慶雲縣志》卷一一《災祥》）

河決原武，漫安山湖而東，會道河淤。（民國《增修清平縣志》卷三《輿地篇》）

河決孫家渡，由中牟、項城、鳳陽界，過潁州、潁上，至壽州合淮水，歷懷遠，以達於泗，是從全河灌鳳陽，背城而下。（康熙《鳳陽府志》卷一九《藝文》）

旱。（乾隆《新喻縣志》卷一九《方外》；同治《宜春縣志》卷一〇《祥異》）

河決。（乾隆《通許縣舊志》卷八《碑記》）

洪武二十五年（壬申，一三九二）

正月

庚寅，河決河南開封府之陽武縣，浸湓及於陳州、中牟、原武、封丘、祥符、蘭陽、陳留、通許、太康、扶溝、杞十一州縣，有司具圖以聞，乞發軍民修築隄岸，以防水患。從之。（《明太祖實錄》卷二一五，第3170頁）

辛卯，夜，大星有尾，光燭地，起自太微西垣內，東行至翼宿沒。（《明太祖實錄》卷二一五，第3170頁）

戊戌，夜，太陰犯靈臺。（《明太祖實録》卷二一五，第 3172 頁）

辛丑，夜，熒惑與歲星同度在牛宿。（《明太祖實録》卷二一五，第 3173 頁）

丙午，以開封府祥符等縣河決，詔免今年田租。（《明太祖實録》卷二一五，第 3173 頁）

明年復決陽武，氾陳州、中牟、原武、封丘、祥符、蘭陽、陳留、通許、太康、扶溝、杞十一州縣，有司具圖以聞。發民丁及安吉等十七衛軍士修築。其冬，大寒，役遂罷。（《明史·河渠志》，第 2014 頁）

二月

戊午，初昏，太陰掩昴〔昴〕宿。（《明太祖實録》卷二一六，第 3179 頁）

辛酉，太白晝見。夜，填星退犯太微東垣上相。（《明太祖實録》卷二一六，第 3180 頁）

丙寅，雲南府昆明縣、澂江府河陽縣地震。（《明太祖實録》卷二一六，第 3181 頁）

丙寅，夜，月食。（《明太祖實録》卷二一六，第 3181 頁）

己卯，夜，填星行入太微左掖，熒惑犯壘壁陣。（《明太祖實録》卷二一六，第 3184 頁）

庚辰，户部奏："蘇州府崇明縣濱海之田為海潮湮没，民無田耕種者凡二千七百户。"（《明太祖實録》卷二一六，第 3184 頁）

三月

甲申，北平府東安、文安等縣被水災貧民二千五百餘人，流移乏食。上命有司悉免其租徭，賑濟之。（《明太祖實録》卷二一七，第 3188 頁）

戊子，夜，有星如盃大，青白色，有光，起自尾宿，南行至近濁没。（《明太祖實録》卷二一七，第 3189 頁）

癸巳，夜，太陰星犯靈臺。（《明太祖實録》卷二一七，第 3190 頁）

壬寅，夜，有大星青白色，起自五諸侯，流丈餘，發光如椀大，（疑脱

"光"字）明燭地，西北行至五車没。（《明太祖實録》卷二一七，第3191頁）

四月

癸亥，夜，太陰犯角宿。（《明太祖實録》卷二一七，第3193頁）

戊辰，辰星不見，自三月丙午至是，凡二十三日。（《明太祖實録》卷二一七，第3193頁）

壬申，江西吉安府龍泉縣耆民王均德言："去歲旱蝗，嚴霜傷稼，田無所收，人民飢餒，無力耕種，請以預儲粮儲貸給。"詔許之。（《明太祖實録》卷二一七，第3194頁）

五月

己丑，詔賑濟陳州、原武等縣被水災貧民七萬四千六百餘口，米凡四萬二千九百餘石。（《明太祖實録》卷二一七，第3197頁）

癸卯，夜，太陰犯外屏。（《明太祖實録》卷二一七，第3200頁）

旱。（康熙《南海縣志》卷三《災祥》）

六月

丁卯，夜，有大星，青白色，有光，起自正西雲中，西北行丈餘，至近濁没。（《明太祖實録》卷二一八，第3209頁）

戊寅，太陰犯五諸侯。（《明太祖實録》卷二一八，第3212頁）

颶風。（乾隆《廉州府志》卷五《世紀》）

七月

乙酉，夜，有大星，青白色，有尾，光照地，起自紫微西蕃内，北行至文昌没。（《明太祖實録》卷二一九，第3215頁）

丙申，夜，月生左耳，良久散。（《明太祖實録》卷二一九，第3217頁）

（懷聖寺）金雞為颶風所墮。（嘉慶《羊城古鈔》卷三《寺觀》）

八月

乙卯，夜，太陰犯房宿。（《明太祖實録》卷二二〇，第3222頁）

戊午，杭州府大風雷雨，倉廠災者八十餘間。（《明太祖實録》卷二二〇，第3222頁）

庚午，夜，辰星犯上將。（《明太祖實録》卷二二〇，第3226頁）

乙亥，夜，有星青白色，起自天垣東南，行至近濁没。（《明太祖實録》卷二二〇，第3227頁）

九月

己卯朔，夜，熒惑入井宿。（《明太祖實録》卷二二一，第3231頁）

乙酉，夜，天鳴。（《明太祖實録》卷二二一，第3232頁）

戊子，夜，太陰犯壘壁陣。（《明太祖實録》卷二二一，第3233頁）

甲辰，夜，太陰犯靈臺。（《明太祖實録》卷二二一，第3235頁）

十月

乙丑，夜，太陰犯五車。（《明太祖實録》卷二二二，第3242頁）

十一月

戊寅朔，夜，有大星，青白色，有光，起自天船，西南行至卷舌没。（《明太祖實録》卷二二二，第3244頁）

癸巳，夜，太陰犯司恠。（《明太祖實録》卷二二二，第3246頁）

十二月

壬子，夜，雷。（《明太祖實録》卷二二三，第3260頁）

丁巳，夜，有星黑赤色，尾跡有光，起自造父，東北行至北斗杓（抱本作“柄”）没。（《明太祖實録》卷二二三，第3260頁）

癸亥，夜，太陰犯五諸侯。（《明太祖實録》卷二二三，第3261頁）

辛未，以北平河間府水災，詔免其田租凡五萬五千餘石。（《明太祖實

録》卷二二三，第3263頁）

閏十二月

乙酉，初昏，太白入壘壁陣。（《明太祖實錄》卷二二三，第3267頁）

庚寅，初昏，有太〔大〕星赤色，尾跡有光，起自天苑，西南流三丈餘，炸散，至游氣没。（《明太祖實錄》卷二二三，第3267頁）

是年

決陽武，浸及中牟。（民國《中牟縣志·祥異》）

河決陽武，氾陳州。是年，復決陽武，氾陳州等十一州縣，發民丁及安吉等十七衛軍士修築，其冬大寒，役遂罷。（民國《淮陽縣志》卷八《災異》）

大旱。（萬曆《如皋縣志》卷二《五行》；嘉慶《如皋縣志》卷二三《祥祲》）

旱，穀價騰貴。（光緒《無錫金匱縣志》卷三一《祥異》）

旱。（嘉慶《東臺縣志》卷七《祥異》；光緒《靖江縣志》卷八《祲祥》；光緒《泰興縣志》卷末《述異》）

旱，米價騰貴。（弘治《重修無錫縣志》卷二七《祥異》）

常州旱。（成化《重修毗陵志》卷三二《祥異》）

揚州大旱。泰興羽士徐□和薰沐告天七日，不雨，乃積薪於城隍廟右，坐其上，約某日不雨，當焚身……陰雲四合，甘雨滂沱，稿苗復蘇，郡人德之。（康熙《泰興縣志》卷四《雜紀》）

黃河決，改流經太和縣，至潁州城北，經本縣境，俗呼小黃河。（乾隆《潁上縣志》卷一《輿地》）

洪武二十六年（癸酉，一三九三）

正月

戊辰，夜，太陰犯箕宿。（《明太祖實錄》卷二二四，第3277頁）

二月

丙子朔，夜，歲星犯壘壁陣。（《明太祖實錄》卷二二五，第 3295 頁）

癸卯，夜，太白犯天街。（《明太祖實錄》卷二二五，第 3301 頁）

三月

丙午朔，夜，太白犯諸王星。（《明太祖實錄》卷二二六，第 3303 頁）

庚戌，夜，熒惑犯積薪。（《明太祖實錄》卷二二六，第 3304 頁）

乙卯，昏刻，東南天鳴。（《明太祖實錄》卷二二六，第 3305 頁）

壬申，夜，有大星，青白色，起正南，東流至游氣没。（《明太祖實錄》卷二二六，第 3309 頁）

四月

壬午，夜，太陰入軒轅。（《明太祖實錄》卷二二七，第 3312 頁）

辛卯，夜，太陰入南斗。（《明太祖實錄》卷二二七，第 3313 頁）

壬辰，直隸高郵府興化縣奏："天旱，民饑。已發預備倉糧賑貸之，以其數來聞。"（《明太祖實錄》卷二二七，第 3313 頁）

甲午，上以雨澤愆期，命禮部令天下郡縣以雨澤之數來聞。（《明太祖實錄》卷二二七，第 3313 ~ 3314 頁）

丙申，遼州榆社縣隕霜損麥。（《明太祖實錄》卷二二七，第 3314 頁）

癸卯，直隸滁州知州徐伯大言："歲旱，民饑，已發預備倉糧貸之，凡一千五百餘石。"（《明太祖實錄》卷二二七，第 3315 頁）

甲辰，太白晝見干（疑當作"乾"）位。（《明太祖實錄》卷二二七，第 3315 頁）

丙申，隕霜損麥。（光緒《榆社縣志》卷一〇《災祥》）

大旱。（道光《上元縣志》卷一《庶徵》；光緒《溧水縣志》卷一《庶徵》）

太白經天，大旱。（康熙《太平府志》卷三《祥異》）

京師大旱。（光緒《金陵通紀》卷一〇上）

五月

乙卯，直隸淮安府鹽城縣歲旱，民饑。知縣吳思齊發預備倉糧之半賑之，以其數來聞。上遣行人盡發所儲糧給之，凡二千九百六十四石。（《明太祖實錄》卷二二七，第3315頁）

丙辰，夜，熒惑犯軒轅。（《明太祖實錄》卷二二七，第3316頁）

壬申，夜，有星青白色，起正南，東流至游氣沒。（《明太祖實錄》卷二二七，第3318頁）

六月

己丑，夜，熒惑犯太微垣右執法，太陰自己卯與太白同度，至是犯壘壁陣。（《明太祖實錄》卷二二八，第3323頁）

戊戌，夜，有星大如碗，青赤色，光燭地，自郎將西北，行至近濁沒。（《明太祖實錄》卷二二八，第3327～3328頁）

閏六月

山陰、會稽大風，海溢，壞田廬。（萬曆《紹興府志》卷一三《災祥》）

大風海溢，壞田廬。（萬曆《會稽縣志》卷八《災異》）

大風，海潮漲溢，漂流廬舍，居民伏屍蔽野。（康熙《山陰縣志》卷九《災祥》；嘉慶《山陰縣志》卷二五《禨祥》）

七月

甲辰，日有食之。（《明太祖實錄》卷二二九，第3345頁）

八月

丁亥，夜，大（舊校改"大"作"太"）陰犯昴宿。（《明太祖實錄》

卷二二九，第 3353 頁）

乙未，夜五更，有大星，起東南，流丈餘没。（《明太祖實錄》卷二二九，第 3353 頁）

庚子，太陰與太白晝見。（《明太祖實錄》卷二二九，第 3353 頁）

九月

癸卯，夜，太陰入南斗。（《明太祖實錄》卷二二九，第 3354 頁）

丁卯，夜，有大星，光赤色，起自諸王，北流至五車没。（《明太祖實錄》卷二二九，第 3357 頁）

十月

壬午，夜，太陰犯外屏。（《明太祖實錄》卷二三〇，第 3361 頁）

壬辰，夜，太白與填星同度。（《明太祖實錄》卷二三〇，第 3361 頁）

癸亥，喜峰路臺西北樓内旋風大作，黑氣沖天，有火光。（光緒《永平府志》卷三〇《紀事》）

十一月

乙卯，夜，有大星起自參旗，南行至游氣中没，有二小星隨之。（《明太祖實錄》卷二三〇，第 3365 頁）

戊午，夜，太陰犯鬼宿。（《明太祖實錄》卷二三〇，第 3366 頁）

丙寅，電。（《明太祖實錄》卷二三〇，第 3367 頁）

丁卯，是月，青州、兗州、濟寧三府水。（《明太祖實錄》卷二三〇，第 3367 頁）

水。（乾隆《諸城縣志》卷二《總紀上》）

大水。（乾隆《曲阜縣志》卷二八《通編》）

十二月

壬申，夜，有大星赤色，自西南行，流至近濁没。（《明太祖實錄》卷

二三〇，第 3367 頁）

己卯，山東濟南府長山縣水傷民田。（《明太祖實錄》卷二三〇，第 3367 頁）

青、兗、濟寧三府水。（《明史·五行志》，第 446 頁）

是年

大旱。（康熙《太平府志》卷三《祥異》；乾隆《盱眙縣志》卷一四《蓄祥》）

楊辛，二十六年來知縣事。適漳水泛溢，城池淤隘，民被其害。辛躬率吏卒，為巨筏數百，渡民於高阜處，所活生者至數百家。水患既息，民持羊酒謝。（正德《臨漳縣志》卷七《名宦》）

泗州大旱。（萬曆《帝鄉紀略》卷六《災患》）

洪武二十七年（甲戌，一三九四）

正月

壬寅，免山東青州府樂安等縣田租。先是，青州府樂安縣，及兗州府嶧縣以水災聞，命戶部遣官覈實，至是詔免其租三千餘石。（《明太祖實錄》卷二三一，第 3371 頁）

二月

壬申，夜，雨霰。（《明太祖實錄》卷二三一，第 3378 頁）

乙亥，夜，太陰犯昴宿。（《明太祖實錄》卷二三一，第 3379 頁）

甲申，夜，有流星起自左旗，東行至匏瓜没。（《明太祖實錄》卷二三一，第 3380 頁）

己亥，夜，有流星大如盂，青赤色，起自正南，雲中隱隱有聲，西南行至雲中没。（《明太祖實錄》卷二三一，第 3383 頁）

三月

丙午，山東寧陽縣民沈進詣闕訴水災。先是，寧陽縣汶河決，南連滋陽，西至汶上，水高出河丈餘，濱河居民多漂流，田禾皆浸没，惟高阜居民獲存。縣以災上聞，詔遣使省録被災户數，使者還言：“災不甚，民妄訴。”復遣使覈之，亦詭符前使言，遂逮繫其吏民。至是，進詣闕訴言：“民實被災者千七百餘户，而使者所録止百七十餘户，有司督迫租賦，民愈困憊。”上命户部覆覈之，得實，杖使者，釋吏民，蠲其田租賦。（《明太祖實録》卷二三二，第 3387 頁）

甲寅，夜，天鳴。（《明太祖實録》卷二三二，第 3391 頁）

乙丑，夜，咸星犯熒惑于奎宿。（《明太祖實録》卷二三二，第 3393 頁）

四月

壬申，福建泉州府地震。（《明太祖實録》卷二三二，第 3393 頁）

五月

庚子，夜，有流星大如雞子，赤色，起自奎宿，南行至羽林軍没。（《明太祖實録》卷二三三，第 3399 頁）

辛丑，福建泉州府地震。（《明太祖實録》卷二三二，第 3399 頁）

六月

辛未，夜，熒惑犯天街。（《明太祖實録》卷二三三，第 3402 頁）

丁丑，兗州府滋陽縣丞劉奉言：“河水泛溢，浸没民田三百六十餘頃。”詔户部遣官覈實，免其賦税。（《明太祖實録》卷二三三，第 3403 頁）

己卯，卿雲見。（《明太祖實録》卷二三三，第 3403 頁）

癸巳，夜，有流星大如雞子，青白色，起自奎宿，西南（抱本無“南”

字）行至壘壁陣没。（《明太祖實録》卷二三三，第 3404 頁）

七月

辛丑，辰星犯鬼宿。（《明太祖實録》卷二三三，第 3411 頁）

癸卯，夜，有流星大如雞子，赤色，起自卷舌，東南行至畢宿没。（《明太祖實録》卷二三三，第 3411 頁）

己酉，夜，太陰入南斗。（《明太祖實録》卷二三三，第 3411 頁）

壬子，夜，有流星，大如杯，青白色，起自河鼓，西行至雲中没。（《明太祖實録》卷二三三，第 3411 頁）

八月

戊辰朔，福建泉州府地震。（《明太祖實録》卷二三四，第 3415 頁）

辛未；詔免河南府祥符、陽武、封丘三縣水災田租。時三縣之田，連三歲為河水暴決浸没，有司不以言。上聞之，即遣官覈實，免其租，且切責三縣官吏坐視民災之罪。（《明太祖實録》卷二三四，第 3415 頁）

戊子，夜，天鳴。（《明太祖實録》卷二三四，第 3417 頁）

癸巳，夜，太陰犯軒轅，熒惑犯積薪。（《明太祖實録》卷二三四，第 3418 頁）

九月

乙巳，夜，熒惑犯鬼宿。（《明太祖實録》卷二三四，第 3418 頁）

癸丑，夜，太陰犯昴宿。（《明太祖實録》卷二三四，第 3421 頁）

己未，夜，太陰與熒惑會於柳。（《明太祖實録》卷二三四，第 3423 頁）

十月

己巳，夜，有流星大如雞子，青白色，起自天市東垣，西北行至近濁

没。（《明太祖實錄》卷二三五，第3429頁）

辛卯，夜，有流星二，俱大如雞子。一青白色，起自天街，西北行至卷舌没。一赤色，起自天鈎，西北行至天津没。（《明太祖實錄》卷二三五，第3431頁）

丙申，福州府地震。（《明太祖實錄》卷二三五，第3432頁）

十一月

庚子，夜，辰星犯鍵閉。（《明太祖實錄》卷二三五，第3432頁）

甲辰，福建興化府地震。（《明太祖實錄》卷二三五，第3432頁）

庚戌，夜，太陰犯司怪。（《明太祖實錄》卷二三五，第3433頁）

丁巳，夜，有流星二，俱大如雞子。一青白色，起自輦道，西南行至左旗没。一赤色，起自螣蛇，東北行至紫微東蕃没。（《明太祖實錄》卷二三五，第3433頁）

十二月

乙亥，夜，有流星青白色，起自四輔，北行至紫微東蕃没。（《明太祖實錄》卷二三五，第3438頁）

癸巳，夜，有流星大如雞卵（抱本、中本作"子"），青白色，起自奎宿，西北行至游氣中没。（《明太祖實錄》卷二三五，第3440頁）

是年

祁門大水。（弘治《徽州府志》卷一〇《祥異》）

大水。（乾隆《吳江縣志》卷四〇《災變》；同治《湖州府志》卷四四《祥異》）

水。（同治《襄陽縣志》卷七《祥異》）

儒學，洪武初在州之西南……二十七年囓於水。（萬曆《嘉定州志》卷二《建設》）

洪武二十八年（乙亥，一三九五）

正月

丁酉，辰星犯壘壁陣。（《明太祖實録》卷二三六，第3443頁）

庚戌，太陰犯御女星。（《明太祖實録》卷二三六，第3445頁）

癸丑，填星守氐宿。（《明太祖實録》卷二三六，第3445頁）

二月

壬申，太陰犯司怪。（《明太祖實録》卷二三六，第3452頁）

壬午，熒惑犯鬼宿。（《明太祖實録》卷二三六，第3455頁）

丙戌，太陰犯心宿。（《明太祖實録》卷二三六，第3455頁）

三月

辛丑，太陰犯天䉶。（《明太祖實録》卷二三七，第3461頁）

癸丑，夜，有星大如鷄子，青白色，起自紫微東蕃外，約流五尺，發光如杯大，明燭地，北行至雲中歿。（《明太祖實録》卷二三七，第3462頁）

戊午，昏刻，西南天鳴有聲，如風水相薄，西北行至一鼓止。（《明太祖實録》卷二三七，第3464頁）

四月

乙丑，填星退行出氐宿。（《明太祖實録》卷二三八，第3467頁）

乙卯，太陰掩房宿。（《明太祖實録》卷二三八，第3470頁）

戊子，熒惑入軒轅中。（《明太祖實録》卷二三八，第3472頁）

五月

乙未，太陰與辰星同在井宿。（《明太祖實録》卷二三八，第3472頁）

甲辰，辰星犯天罇。（《明太祖實錄》卷二三八，第3472頁）

戊午，熒惑犯靈臺。（《明太祖實錄》卷二三八，第3472頁）

六月

癸亥朔，夜，天鳴。（《明太祖實錄》卷二三九，第3475頁）

丁卯，太陰犯軒轅。（《明太祖實錄》卷二三九，第3475頁）

癸酉，太白犯畢宿。（《明太祖實錄》卷二三九，第3476頁）

庚寅，夜，有星大如椀，青白色，光明燭地，自天困東南行至近濁没。（《明太祖實錄》卷二三九，第3479頁）

初九日，吉贊圍基被潦衝決，十八堡俱受水災。（道光《南海縣志》卷一五《江防》）

七月

甲午，昏刻，有星如杯大，青白色，有光，起自庫樓，南行至近濁没。（《明太祖實錄》卷二三九，第3480頁）

丙午，太白犯井宿。（《明太祖實錄》卷二三九，第3481頁）

己酉，太白出井宿，犯東扇三（廣本作"二"）星。（《明太祖實錄》卷二三九，第3481頁）

辛亥，山東寧海州文登縣耆民王子春等言："比年水旱，田禾不收，民間乏食，乞以預備糧儲貸之。"上可其奏。（《明太祖實錄》卷二三九，第3481頁）

八月

壬戌朔，山東德州大水，壞城垣，没軍士營舍。（《明太祖實錄》卷二四〇，第3485頁）

丁卯，夜，有星大如椀，青白色，有尾，光明燭地，起自河鼓，西北行入天市垣内，至侯星旁没，後有二小星隨之。（《明太祖實錄》卷二四〇，第3486頁）

九月

乙未，雲南鶴慶府、四川劍川州地震。（《明太祖實錄》卷二四一，第3499頁）

戊戌，夜，初鼓，天鳴如瀉水，起自東北，南行，至二鼓止。（《明太祖實錄》卷二四一，第3501頁）

丁巳，四川劍川州地震。（《明太祖實錄》卷二四一，第3505頁）

閏九月

癸亥，夜，有星青白色，尾跡有光，起自紫微垣，日出閶闔門，東北行至玄戈旁沒。（《明太祖實錄》卷二四二，第3515頁）

乙丑，熒惑犯東咸。（《明太祖實錄》卷二四二，第3515頁）

壬申，太白入角宿。（《明太祖實錄》卷二四二，第3515頁）

庚辰，免北平霸州文安縣夏稅。先是，文安縣言："去歲雨潦，傷民田稼。"上命戶部遣官覈實，免其稅。（《明太祖實錄》卷二四二，第3516頁）

辛巳，壘壁陣星疎折復聚。（《明太祖實錄》卷二四二，第3516頁）

十月

癸卯，夜，太陰犯昴宿。（《明太祖實錄》卷二四二，第3522頁）

丙午，夜，太陰犯井宿。（《明太祖實錄》卷二四二，第3523頁）

戊申，夜，太白犯東咸。（《明太祖實錄》卷二四二，第3523頁）

十一月

乙亥，辰刻，日上赤氣一道，長五丈餘。須臾，又生直氣一道，青赤色鮮明。未散，又生背氣一道，青赤色鮮明。又生淡重半暈白虹二段，貫兩珥，又彌天貫日，至巳時漸散。（《明太祖實錄》卷二四三，第3529頁）

乙亥，夜，月食。（《明太祖實錄》卷二四三，第3529頁）

十二月

辛卯，夜，有星如盌大，黃白色，曳尾，光燭地，起自翼宿，東南行至平星没。（《明太祖實録》卷二四三，第3531～3532頁）

甲辰，太陰掩軒轅。（《明太祖實録》卷二四三，第3533頁）

是年

（縣東五里有古堤）決。後，時或間決，自嘉靖三十九年以後決無虛歲，松與下流諸縣甚苦之。（康熙《松滋縣志》卷六《水利》）

大旱。（乾隆《香山縣志》卷八《祥異》）

洪武二十九年（丙子，一三九六）

正月

壬戌，夜，有流星青赤色，起自氐宿，東行至雲中没。（《明太祖實録》卷二四四，第3537頁）

庚辰，太陰犯心前星。（《明太祖實録》卷二四四，第3539頁）

辛巳，夜，流星青白色，起自天津，東行至游氣中没。（《明太祖實録》卷二四四，第3539頁）

二月

癸巳，夜，五鼓，有流星青赤色，起自騎官，南行至近濁没。（《明太祖實録》卷二四四，第3544頁）

癸卯，流星，青赤色，起自西南雲中，西北行至近濁没。（《明太祖實録》卷二四四，第3547頁）

三月

甲戌，太陰犯房宿第二星。（《明太祖實録》卷二四五，第3556頁）

己卯，流星，赤黃色，起自亢宿，東行至天市西垣內沒。（《明太祖實錄》卷二四五，第3556頁）

四月

戊（廣本、中本作"戊"）子朔，東北方天鳴。（《明太祖實錄》卷二四五，第3558頁）

甲辰，流星青白色，起自庫樓，西南行至雲中沒。（《明太祖實錄》卷二四五，第3561頁）

甲辰，太陰犯斗杓第二星。（《明太祖實錄》卷二四五，第3561頁）

五月

丙寅，熒惑犯諸王西第一星。（《明太祖實錄》卷二四六，第3568頁）

壬申，月食於斗宿。（《明太祖實錄》卷二四六，第3568頁）

庚辰，有流星，青白色，起自天市東垣內，西行至雲中沒。（《明太祖實錄》卷二四六，第3569頁）

六月

戊子，河南左布政使周榮言："近年宜陽縣洛河泛溢，潏沒民田。乞修築河防，使水復故道，以便耕種。"詔令預備磚石，俟農隙發軍民併力修之。（《明太祖實錄》卷二四六，第3570頁）

甲午，熒惑犯司怪南第二星。（《明太祖實錄》卷二四六，第3570頁）

庚子，歲星犯井鉞星。（《明太祖實錄》卷二四六，第3570頁）

癸卯，流星赤色，起自西南雲中，南行至雲中沒。（《明太祖實錄》卷二四六，第3571頁）

壬子，太陰與熒惑會于井。（《明太祖實錄》卷二四六，第3572頁）

七月

丙辰，夜，歲星入于井。（《明太祖實錄》卷二四六，第3573頁）

戊辰，夜，太白入于角。（《明太祖實錄》卷二四六，第 3574 頁）

八月

戊子，欽天監言："近歲井宿東偏北第二星暗小，且促聚不端列。"（《明太祖實錄》卷二四六，第 3577 頁）

丙申，夜，太陰犯羅堰下星。（《明太祖實錄》卷二四六，第 3578 頁）

丙午，夜，有流星大如雞子，青白色，起自羽林軍，南行至近濁没。（《明太祖實錄》卷二四六，第 3578～3579 頁）

丙午，大（舊校改"大"作"太"）陰入于井。（《明太祖實錄》卷二四六，第 3579 頁）

癸丑，太白犯心宿中星。（《明太祖實錄》卷二四六，第 3581 頁）

九月

壬申，有流星二，俱青白色，一大如雞子，起自天倉，東南行至雲中没。一大如杯，起自天苑，東南行至游氣中没。（《明太祖實錄》卷二四七，第 3586 頁）

丁丑，太陰掩軒轅右角星。（《明太祖實錄》卷二四七，第 3589 頁）

十月

乙酉，有流星大如雞子，赤色，起自天苑北，東北行至參旗没。（《明太祖實錄》卷二四七，第 3589 頁）

癸卯，崴星退行入于井。（《明太祖實錄》卷二四七，第 3591 頁）

辛亥，熒惑犯上將。（《明太祖實錄》卷二四七，第 3592 頁）

十一月

壬戌，蠲北平霸州大城縣田租。初洪武二十五年秋，縣大水，明年夏，復如之，没稻田五百五十餘頃，至二十七年，水始平。事聞，上謂户部臣曰："大城之民，連被水災，其饑窘可知。凡田之租賦，悉免勿徵。"於是，免其租凡二千九百七十餘石。（《明太祖實錄》卷二四八，第 3597 ～ 3598 頁）

甲子，鎮星犯罰星。（《明太祖實錄》卷二四八，第 3598 頁）

己巳，月食于井。（《明太祖實錄》卷二四八，第 3599 頁）

十二月

壬辰，福建泉州府地震。（《明太祖實錄》卷二四八，第 3601 頁）

己亥，有流星大如杯，青白色，起自翼宿，東南行至游氣沒。（《明太祖實錄》卷二四八，第 3601 頁）

癸卯，熒惑守太微垣。（《明太祖實錄》卷二四八，第 3602 頁）

丁未，太陰行房宿中。（《明太祖實錄》卷二四八，第 3603 頁）

是年

大旱，水竭，禾槁死。（弘治《重修無錫縣志》卷二七《祥異》；光緒《無錫金匱縣志》卷三一《祥異》）

夏，常州大旱，水竭，禾槁死。（成化《重修毗陵志》卷三二《祥異》）

大旱，田苗槁死者半。（光緒《靖江縣志》卷八《禨祥》）

復大旱。（嘉慶《溧陽縣志》卷一六《雜類》）

黟水，復旱。（道光《徽州府志》卷一六《祥異》）

大旱。（民國《江陰縣續志》卷一《大事表》）

大旱，禾槁。（萬曆《應天府志》卷三《郡紀下》）

水，復旱。（嘉慶《黟縣志》卷一《沿革紀事表》）

洛河泛溢，漂沒宜陽廬舍。（乾隆《河南府志》卷六七《古蹟》）

水。（康熙《南海縣志》卷三《災祥》）

霖雨害稼。（康熙《香山縣志》卷五《宦蹟》）

洪武三十年（丁丑，一三九七）

正月

丙辰，夜，填星犯東咸。（《明太祖實錄》卷二四九，第3606頁）

壬戌，夜，太白犯建星。（《明太祖實錄》卷二四九，第3606頁）

乙亥，詔滁（廣本、抱本、中本作"除"）黃河兩岸河泊所魚課。先是，河決懷慶等府州縣，民人貧困。上聞之，命除懷慶而下至正陽沙口黃河兩岸河泊所魚課，仍聽其民捕魚以給食。（《明太祖實錄》卷二四九，第3611頁）

二月

辛亥，白虹亙天貫日。（《明太祖實錄》卷二五〇，第3627頁）

三月

壬午，熒惑入太微。（《明太祖實錄》卷二五一，第3634頁）

五月

壬子朔，日有食之。是夜，鎮星犯罰星。（《明太祖實錄》卷二五三，第3647頁）

戊午，夜，熒惑犯右執法。（《明太祖實錄》卷二五三，第3648頁）

庚申，夜，有星大如雞子，尾跡有光，自天厨入紫微垣，後有二小（廣本脫"小"字）星隨之，至游氣中沒。（《明太祖實錄》卷二五三，第3649頁）

六月

旱。（民國《杭州府志》卷八四《祥異》）

七月

甲戌，夜，月掩井鉞。（《明太祖實錄》卷二五四，第 3667 頁）

八月

庚辰，夜，歲星入鬼宿中。（《明太祖實錄》卷二五四，第 3668 頁）

丁亥，黃河決，開封城三面皆受水。（《明太祖實錄》卷二五四，第 3669 頁）

戊子，夜，熒惑入氐宿。（《明太祖實錄》卷二五四，第 3669 頁）

丁未，夜，熒惑入房。（《明太祖實錄》卷二五四，第 3674 頁）

河溢開封。冬十有一月，蔡河南徙入陳州。先是河決，由府城北而東行，至是下流淤塞，故又決而之南也。（嘉靖《河南通志》卷一四《河防》）

十月

乙卯，詔免淮安府今年田租，以淫雨傷稼故也。（《明太祖實錄》卷二五五，第 3682 頁）

癸巳，夜，熒惑犯南斗杓第二星。（《明太祖實錄》卷二五五，第 3684 頁）

甲辰，詔免鳳陽府鳳陽縣今年田租。先是，鳳陽縣自五月至八月不雨，禾稼不收。耆民許景文等來言，詔蠲免其租。戶部以為未得其實，請遣人驗之。上曰："天旱，眾人所共見，況鳳陽，朕之鄉里，民何敢欺？"即免之。（《明太祖實錄》卷二五五，第 3685～3686 頁）

十一月

癸亥，夜，月食。（《明太祖實錄》卷二五五，第 3687～3688 頁）

十二月

戊戌，夜，太白入壘壁陣。（《明太祖實錄》卷二五五，第 3690 頁）

甲辰，夜，辰星犯建星。（《明太祖實録》卷二五五，第 3691 頁）

是年

旱。次年，建文改元，仍饑。（光緒《鬱林州志》卷四《機祥》）

蝗自北來。（民國《龍游縣志》卷一《通紀》）

冬，蔡河徙陳州。（民國《淮陽縣志》卷八《災異》）

洪武三十一年（戊寅，一三九八）

正月

乙亥，太白犯外屏（廣本"屏"下有"星"字）。（《明太祖實録》卷二五六，第 3697 頁）

丙子，有星大如雞子，起自大陵，西南行至天（廣本無"天"字）大將軍没。（《明太祖實録》卷二五六，第 3697 頁）

二月

丙戌，有星大如杯，赤色，尾跡有光，起自北河東北雲中，西北行至雲中没。（《明太祖實録》卷二五六，第 3699 頁）

三月

癸亥，太陰犯氐宿。（《明太祖實録》卷二五六，第 3705 頁）

甲戌，免鳳陽懷遠縣去年田租。先是，耆民胡官一等詣闕言："歲旱，稼穡不收，租稅無所出，願以銀鈔布帛代輸。"戶部尚書郁新以為對撥官軍俸糧已定，難聽折收。上曰："民者，國之本也。彼既饑餒，而又責其賦稅，將困蹈流亡，豈為人上之道哉？"命悉免之。（《明太祖實録》卷二五六，第 3706～3707 頁）

丙子，有（廣本"有"上有"夜"字）星大如杯，青赤色，尾跡有

光，起自翼宿，西南行至近濁没。（《明太祖實録》卷二五六，第 3707 ~ 3708 頁）

四月

壬寅，詔免淮安府鹽城、山陽二縣田租。時二縣大水傷稼，民因負租。上知之，故有是命。（《明太祖實録》卷二五七，第 3713 頁）

五月

丁未朔，太白犯五諸侯。（《明太祖實録》卷二五七，第 3713 頁）

辛亥，山東平度州昌邑縣知縣賈貴言：“去年十二月大風扳木，海潮泛溢，侵没官民田三百一十餘頃，年麥不收。今歲苗稼尚未可耕種，恐民失所。”詔户部遣使覈實，免其租。（《明太祖實録》卷二五七，第 3715 頁）

癸亥，壘壁陣星疎就聚。（《明太祖實録》卷二五七，第 3716 頁）

丁卯，高郵州、泰州水（廣本“水”作“大水”），詔免其田租。（《明太祖實録》卷二五七，第 3716 頁）

是年

大水，壞民廬舍。（乾隆《晉江縣志》卷一五《祥異》）

德化大水，蕩民廬。（乾隆《永春州志》卷一五《祥異》）

黄河南徙，舊城圮於水，民廬衝没殆盡，知縣彭仲恭徙建城東。（民國《項城縣志》卷三一《祥異》）

水。三十五年如之。（乾隆《震澤縣志》卷二七《災祥》）

水。（乾隆《吳江縣志》卷四〇《災變》；光緒《歸安縣志》卷二七《祥異》；光緒《烏程縣志》卷二七《祥異》）

大水。（同治《孝豐縣志》卷八《災歉》）

洪武末，有飛蝗自北地來，禾穗竹木葉食皆盡。蓋江南舊無蝗，亦沴氣然耳。（天啟《江山縣志》卷八《災祥》）

漳衛並溢，郡城遂圮。（同治《元城縣志》卷一《形勝》）

大水入城。（嘉靖《安吉州志》卷一《災異》）

春，滛水不節，江流肆毒，墩石圮壞，日削月朘。越二年又水，浸霖侵齧（通濟橋）諸墩。（乾隆《南康縣志》卷一四《藝文》）

溪流暴漲，居民蕩圮。（康熙《德化縣志》卷九《名宦》）

禾稼盡壞。（康熙《南安縣志》卷二〇《雜志》）

大水，沿河民居漂流殆盡。（道光《辰溪縣志》卷三八《祥異》）

旱。（民國《遂寧縣志》卷八《雜記》；民國《潼南縣志》卷六《祥異》）

前明洪武，水災。（光緒《新續郘陽縣志·災異》）

惠帝建文年間

（一三九九至一四〇二）

建文元年（己卯，一三九九）

二月

雨大雹，碎屋瓦。（乾隆《高安縣志》卷一《祥異》）

三月

乙卯，夜，燕王營於蘇家橋，大雨，平地水三尺，及王臥榻。（《明史·五行志》，第472頁）

七月

癸酉，燕王起兵，風雲陡暗，咫尺不辨。少焉，東方露青天尺許，有光燭地。（民國《南皮縣志》卷一四《故實》）

十一月

庚午，（燕）王次孤山，邏騎還報曰白河流澌不可渡。王禱於神，至則冰合，乃濟師。（李）景隆遣都督陳暉偵敵，道左，出王軍後。王分軍還擊之，暉衆爭渡河，冰忽解，溺死無算。（《明史·成祖紀》，第71頁）

洪武三十二年十一月，雨雪凝凍，樹木摧折，鳥獸凍死，盜賊充斥。（同治《高安縣志》卷二八《祥異》）

是年

蕭山大水。（萬曆《紹興府志》卷一三《災祥》）

登州各縣蝗。（民國《萊陽縣志》卷首《大事記》）

海潮爲患。（康熙《嘉定縣志》卷五《水利》）

大水，江潮壞堤，田廬淹没，主簿師整增築堤岸四十餘丈。（民國《蕭山縣志稿》卷五《水旱祥異》）

歲旱，禱雨。（光緒《寧海縣志》卷二三《祥瑞災異》）

大水。（康熙《山陰縣志》卷九《災祥》）

旱甚。（道光《新喻縣志》卷一四《方外》）

黄河泛溢，而河及閘俱被湮廢。（順治《祥符縣志》卷一《災祥》）

元年至三年，蝗。（民國《福山縣志稿》卷八《災祥》）

建文二年（庚辰，一四〇〇）

四月

丙申朔，李景隆軍德州，郭英、吳傑等軍政（疑當作"真"）定，漸移近北。朝廷先命中官齎璽書賜景隆斧鉞，俾專征伐。中官渡江，大雷，風雨壞舟，璽書、斧鉞皆沉於水。至（廣本、抱本"至"下有"是"字）復賜之，景隆受之。（《明太宗實錄》卷六，第61頁）

乙卯，行營大雨水，平陸水深二尺。（《國榷》卷一一，第816頁）

五月

辛巳，隄水灌濟南城。（《明太宗實錄》卷六，第67頁）

六月

大水。（光緒《蘭谿縣志》卷八《祥異》）

大水入城市。（康熙《金華府志》卷二五《祥異》）

大水，漂溺人畜、田廬不可勝計。（嘉慶《蘭谿縣志》卷一八《祥異》）

十月

丙辰，夜来有白氣二道，自東北指西南。（《明太宗實録》卷七，第 72 頁）

是年

大水。（嘉慶《山陰縣志》卷二五《機祥》；同治《鄱陽縣志》卷二一《災祥》）

昌源橋在祁縣北十里，洪武三十三年水溢衝圮。（成化《山西通志》卷三《津梁》）

蝗。（光緒《登州府志》卷二三《水旱豐饑》；民國《福山縣志稿》卷八《災祥》）

海潮溢。（嘉慶《東臺縣志》卷七《祥異》）

建文三年（辛巳，一四〇一）

閏三月

己亥，上旗者如蝟毛，平安於陣間縛楼丈，升高以望。上麾精騎衝擊之，将及楼，平安下墜而走，幾被獲，忽大風起，發屋扳樹。（《明太宗實録》卷八，第 88 頁）

六月

蝗。飛蝗自北來，食禾穗、竹木葉皆盡。（同治《江山縣志》卷一二

《祥異》）

洪武末，有飛蝗自北來，食禾穗、竹木葉食皆盡。（康熙《江山縣志》卷九《災祥》）

大水。（光緒《金華縣志》卷一六《五行》）

飛蝗自北來，食禾穗、竹木葉皆盡。（康熙《衢州府志》卷三〇《五行》）

是年

登州各縣復蝗。（民國《萊陽縣志》卷首《大事記》）

河圯大名城，都指揮吳城始徙築于艾家口（今元城地）。（康熙《元城縣志》卷一《輿地》）

蝗。（民國《福山縣志稿》卷八《災祥》）

地震，飛蝗翳空。（光緒《無錫金匱縣志》卷三一《祥異》）

大旱，地震。（民國《江陰縣續志》卷一《大事表》）

地震，飛蝗翳空。（康熙《常州府志》卷三《祥異》）

旱。（同治《袁州府志》卷一《祥異》）

夏烁大旱。（康熙《萬載縣志》卷一二《災祥》）

夏秋大旱。（正德《瑞州府志》卷一一《災祥》）

洪武三十三年，海潮漲溢，壞捍海堰。（康熙《興化縣志》卷一《祥異》）

建文四年（壬午，一四〇二）

四月

甲戌，駐師齊眉山，與敵大戰，自午至酉，勝負相當，遂各飲軍還營。明旦，敵拔眾遁，會大霧迷道，旋繞山麓，午霧始散。（《明太宗實錄》卷九上，第 115～116 頁）

乙亥，諸將請曰：“我軍深入，與敵相持。今盛夏，淮王（疑當作

‘土’）蒸，暑雨連作，軍中倘有疾疫，則非我之利。今小河之東，平野多牛羊，且二麥將熟。若度河擇地駐營，休息士馬，觀釁而動，萬全之道。”（《明太宗實錄》卷九上，第 116 頁）

六月

己巳，夜，月犯壘壁陣東第五星（廣本、抱本“星”下有“有星”二字），如鷄子大，赤色，出羽林軍，東南行至（廣本、抱本“至”下有“近”字）濁。（《明太宗實錄》卷九下，第 136 頁）

辛未，夜，水星犯積薪。（《明太宗實錄》卷九下，第 138 頁）

丁丑，夜，有二星如鷄子大。其一青赤色，有光，出天倉，西南行，入土司空。（《明太宗實錄》卷九下，第 141 頁）

己卯，夜，有星大如鷄子，赤色，有尾，光燭地，出帛度，西南行入天市垣，一小星隨之。（《明太宗實錄》卷九下，第 141~142 頁）

癸酉，浙江按察使祥符王良自焚于公署。良，字天性，聞變，收印及家屬焚死。婦□氏先投河死，詔徙其族于邊。良死後，風雨晦暝，人見其出，後官不敢處，葺宅以居。（《國榷》卷一二，第 852 頁）

大蝗，減稅糧一半。（民國《台州府志》卷一三四《大事略》）

飛蝗自北來，食禾穗及竹木葉皆盡。（光緒《蘭谿縣志》卷八《祥異》）

大蝗，禾稼竹木俱盡。（光緒《仙居志》卷二四《災變》）

有飛蝗自北來，禾稼竹木皆盡。（萬曆《黃巖縣志》卷七《紀變》）

大蝗。（康熙《臨海縣志》卷一一《災變》）

飛蝗自北來，食禾穗及竹木皆盡。（光緒《壽昌縣志》卷一一《祥異》）

蝗自北來，禾穗及竹木葉俱食盡。（乾隆《桐廬縣志》卷一六《災異》）

有飛蝗自北來，禾穗、竹木葉皆盡。（嘉靖《太平縣志》卷一《地輿志上》）

七月

甲申，夜，有二星如雞子大。其一赤色有尾，出紫微西蕃外，西北行入文昌。其一赤色，有光，出西北雲中，西北行至雲中。（《明太宗實錄》卷一○上，第 154 頁）

乙酉，夜，有二星如雞子大。其一青白色，有光，出帝星旁，東北行入紫微西蕃內。其一赤色，尾跡有光，出八穀，東行入五車。（《明太宗實錄》卷一○上，第 155 頁）

丁亥，夜，有星如盞大，青白色，有尾，光燭地，出天市西垣外，西南行入心宿。（《明太宗實錄》卷一○上，第 157 頁）

戊子，夜，月入氐宿。有星如雞子大，赤色，尾跡有光，出宗星，南行入天市東垣。（《明太宗實錄》卷一○上，第 157 頁）

庚寅，夜，有星，如盞大，青白色，光燭地，出天苑，東北行至近濁。（《明太宗實錄》卷一○上，第 158 頁）

乙未，夜，木星退犯東咸南第二星。有星如雞子大，青赤色，有光，出壘壁陣，東南行，抵觸北落師門。（《明太宗實錄》卷一○下，第 163 頁）

丙申，夜，月犯壘壁陣東第六星。有星如彈丸大，青白色，尾跡有光，出宗正南，北行，光發如雞子大，至游氣，有一小星隨之。（《明太宗實錄》卷一○下，第 164 頁）

戊戌，昏刻，有星如盞大，青白色，有光，出正西，西北行約流丈餘。（《明太宗實錄》卷一○下，第 165 頁）

庚子，晝，太白見于午位。夜，有星如盞大，青白色，光燭地，出天倉，東南行至近濁。金星入太微垣右掖門，月犯天囷西第一星。（《明太宗實錄》卷一○下，第 166 頁）

八月

壬子，夜，有星如盞大，青白色，光燭地，出奎宿，東南行至近濁。（《明太宗實錄》卷一一，第 175 頁）

戊午，夜，有星如鷄子大，青白色，有光，出尾宿，西南行至雲中。（《明太宗實錄》卷一一，第 177 ~ 178 頁）

甲子，夜，金星入角宿，有星如鷄子大，青白色，有光，出牛宿，西北行入天市東垣内，一小星隨之。（《明太宗實錄》卷一一，第 184 頁）

戊辰，夜，月犯天囷。有星如鷄子大，赤色，尾跡有光，出五車，南行入參宿。左肩、火星犯太微西垣上將星。（《明太宗實錄》卷一一，第 187 頁）

庚午，夜，月犯畢宿南第二星。（《明太宗實錄》卷一一，第 188 頁）

癸酉，夜，有星，如鷄子大，青白色，有光，出東南雲中，東南行至近濁。（《明太宗實錄》卷一一，第 188 頁）

甲戌，夜，火星入太微垣右掖門。（《明太宗實錄》卷一一，第 189 頁）

乙亥，夜，有星如盞大，赤色，有光，出西北雲中，東北行至近濁。（《明太宗實錄》卷一一，第 189 頁）

己卯，夜，有三星如鷄子大。其一青白色，有光，出外屏，西南行入壘壁陣；其一赤色，有光，出内屏，東南行至近濁；其一赤色，尾跡有光，出紫微西蕃（抱本"蕃"作"藩"）外，北行至近濁。（《明太宗實錄》卷一一，第 191 頁）

九月

辛巳，夜，有星如鷄子大，青白色，有光，出土司空旁，西南行至雲中，火星犯右執法。（《明太宗實錄》卷一二上，第 193 頁）

癸未，夜，金星入氐宿。（《明太宗實錄》卷一二上，第 193 頁）

辛卯，夜，月犯壘壁陣東第五星。（《明太宗實錄》卷一二下，第 213 頁）

壬辰，曉刻，火星犯左執法。（《明太宗實錄》卷一二下，第 214 頁）

乙未，夜，月犯天囷星。曉刻，火星出左掖門外。（《明太宗實錄》卷一二下，第 219 頁）

乙未，夜，金星入房宿。（《明太宗實錄》卷一二下，第 219 頁）

丁酉，夜，有星如鷄子大，青白色，尾跡有光，出正北雲中，西北行至近濁。（《明太宗實録》卷一二下，第 219 頁）

戊戌，夜，有二星如鷄子大，俱青白色有光。其一出闕丘，東北行至雲中；其一出軫宿，東北行至游氣。（《明太宗實録》卷一二下，第 220 頁）

己亥，夜，有星如鷄子大，青白色，有尾，光燭地，出文昌，西北行至近濁。（《明太宗實録》卷一二下，第 220 頁）

丙午，夜，有星如盞大，青白色，光燭地，出正北雲中，北行至近濁，有二小星隨之。（《明太宗實録》卷一二下，第 224 頁）

庚戌，夜，有星如鷄子大，青白色，光燭地，出五諸侯，東行至游氣。復有星如盞大，青白色，有尾，光燭地，出外屏，西行至羽林軍。（《明太宗實録》卷一二下，第 225 頁）

十月

辛亥，夜，金星犯天江南第二星。有二星，其一如鷄子大，青白色，光燭地，出八穀，東北行至上台；其一如彈丸大，青白色，有尾，出天厨，東北行丈餘，發光如鷄子大，至游氣中。（《明太宗實録》卷一三，第 227 頁）

癸丑，夜，有二星，如鷄子大。其一赤色，有光，出天囷，東行至近濁；其一青白色，有尾，光燭地，出外屏，西北行至霹靂。（《明太宗實録》卷一三，第 229 頁）

甲寅，曉刻，火星犯進賢星。（《明太宗實録》卷一三，第 230 頁）

丙辰，夜，木星犯天江第二星。（《明太宗實録》卷一三，第 231 頁）

癸亥，夜，金星入南斗杓第二星。（《明太宗實録》卷一三，第 236 頁）

甲子，曉刻，火星入角宿。（《明太宗實録》卷一三，第 237 頁）

乙丑，夜，月犯畢宿大星。有星如鷄子大，青白色，有光，出離宮，西行入河鼓。（《明太宗實録》卷一三，第 237 頁）

辛未，山東青州諸郡蝗，命户部給鈔二十萬錠賑民。（《明太宗實録》卷一三，第 242 頁）

甲戌，夜，有星如鷄子大，青白色，尾跡有光，出婁宿，西北行至游

氣，月行太微垣端門中。曉刻，月犯左執法。（《明太宗實録》卷一三，第243頁）

己卯，夜，有星，如雞子大，赤色，有光，出翼宿，經端門，東北行至謁者旁。（《明太宗實録》卷一三，第247～248頁）

蝗，詔振卹。（乾隆《諸城縣志》卷二《總紀上》）

十一月

庚辰，夜，有星如雞子大，青白色，光燭地，出軒轅，東北行入下台。（《明太宗實録》卷一四，第249頁）

壬午，夜，有星如雞子大，青白色，有光，出天廟，西南行至游氣。曉刻，火星入亢宿。（《明太宗實録》卷一四，第250頁）

庚寅，夜，月犯天困星。（《明太宗實録》卷一四，第257頁）

壬辰，夜，月犯畢宿右股第一星。（《明太宗實録》卷一四，第259頁）

己亥，曉刻，火星入氐宿。（《明太宗實録》卷一四，第260頁）

辛丑，夜，有星如彈丸（廣本作“子”）大，青赤色，出文昌西約丈餘，發光如盞大，光燭地，至紫微西蕃外。（《明太宗實録》卷一四，第262頁）

壬寅，夜，月犯太微東垣上相星。（《明太宗實録》卷一四，第262頁）

癸卯，夜，有星如雞子大，青白色，有光，出子星，南行至游氣。（《明太宗實録》卷一四，第262頁）

丙午，夜，金星犯壘壁陣西第五星。曉刻，月犯罰星。（《明太宗實録》卷一四，第265頁）

己酉，夜，有星如雞子大，青白色，尾跡有光，出太子旁，東北行入天梧。曉刻，有星如盞大，赤色，光燭地，出紫微西蕃内，東北行入輦道，二小星隨之。（《明太宗實録》卷一四，第267～268頁）

十二月

丙寅，夜，月犯軒轅御女星。（《明太宗實録》卷一五，第280頁）

丁丑，夜，有星如雞子大，青白色，有光，出軍門，東南行入庫樓。（《明太宗實錄》卷一五，第 289 頁）

戊寅，夜，有星如雞子大，青白色，光燭地，出太陽守旁，西北行北斗杓。（《明太宗實錄》卷一五，第 289 頁）

是年

地震，飛蝗遍野。（嘉慶《溧陽縣志》卷一六《雜類》）

旱，蝗。（謝）子襄自責，遍禱，大雨二日，蝗盡死。歲以大稔，時稱三異。（光緒《青田縣志》卷八《名宦》）

夏，京師飛蝗蔽天，旬餘不息。（《明史‧五行志》，第 437 頁）

地震，蝗。（康熙《常州府志》卷三《祥異》）

水。（乾隆《吳江縣志》卷四〇《災變》；同治《湖州府志》卷四四《祥異》）

溧陽地震，蝗遍野。（康熙《江寧府志》卷二九《災祥》）

成祖永樂年間

（一四○三至一四二四）

永樂元年（癸未，一四○三）

正月

甲午，夜，月食，陰雨不見。（《明太宗實錄》卷一六，第295頁）

乙未，禮部尚書李至剛奏：“月當蝕不蝕，請率百官賀。”上曰：“王者能修德行政，任賢去邪，然後日月當蝕不蝕，適以陰雨不見耳，豈果不蝕耶？”不許。（《明太宗實錄》卷一六，第295頁）

丙申，夜，月犯太微垣左執法。（《明太宗實錄》卷一六，第296頁）

丁酉，大明〔名〕府清豐等縣蝗，民飢。戶部請以元城縣所貯粮四萬餘石賑之，從之。（《明太宗實錄》卷一六，第296頁）

壬寅，夜，有星如雞子大，赤色，有光，出直（舊校刪“直”字）正東雲中，東南行至雲中。（《明太宗實錄》卷一六，第297頁）

丁未，夜，木星犯建星西弟三星。（《明太宗實錄》卷一六，第299頁）

二月

辛未，蘇州府嘉定縣言：“縣有秦、趙二涇，旁近田地，資其灌溉，比緣潮汐往來，沙土淤塞，每遇旱暵（舊校改“旱暵”作“旱暵”），則涇旁

之民，種不入土。近涇舊有小横瀝，乞疏鑿以通水利。"從之。（《明太宗實録》卷一七，第 313 頁）

三月

己卯，夜，有星如碗大，青白色，有尾，光燭地，出郎將旁，西北行至紫微西番内。（《明太宗實録》卷一八，第 319 頁）

甲申，昏刻，有星如雞子大，青白色，尾跡有光，出南河，西北行至游氣。（《明太宗實録》卷一八，第 321 頁）

戊子，户部言："河南開封等府蝗，民飢。"命以見儲麥豆賑之。（《明太宗實録》卷一八，第 327~328 頁）

癸巳，夜，有星如雞子大，青白色，有光，出天輻，東南行至尾宿。（《明太宗實録》卷一八，第 329 頁）

甲午，陝西乾州言："州糧該輸岷州衛，每歲於鞏昌易粟轉輸，今其地蝗，田稼無收，乞以麥豆代輸。"從之。（《明太宗實録》卷一八，第 329 頁）

丁酉，蘇州（舊校改"蘇州"作"蓟州"）府言："霖潦決隄，塌（舊校改'塌'作'傷'）稼。"命户部亟遣人修治。（《明太宗實録》卷一八，第 330 頁）

己亥，夜，有星如盞大，赤色，光燭地，出太子旁，西南行入軒轅。（《明太宗實録》卷一八，第 331 頁）

辛丑，夜，有星如雞子大，赤色，光燭地，出西南雲中，西南行入雲中。（《明太宗實録》卷一八，第 332 頁）

壬寅，京師雨水，壞西南隔城五十餘丈，命有司修治。（《明太宗實録》卷一八，第 332 頁）

賑山東饑。（民國《山東通志》卷一〇《通紀》）

四月

乙卯，曉刻，有星如雞子大，青白色，有光，出斗宿，東南行至游氣。（《明太宗實録》卷一九，第 341 頁）

己未，戶部言直隸上海縣水，民饑，命以見儲粟驗口賑之，凡四萬九千九十石有奇。（《明太宗實錄》卷一九，第 342 頁）

壬戌，夜，有星如盞大，青白色，有光，出輦道，東北行入游氣。（《明太宗實錄》卷一九，第 343 頁）

乙丑，勅寧夏總兵官左都督何福、甘肅總兵官左都督宋晟，今欽天監言："月犯氐（舊校改'氐'作'氐'）宿東北星，其占主將有憂。"又言："金星出昴北，主北軍勝，而我軍在南，卿等守邊動靜之間，常加警省，不可輕率。"（《明太宗實錄》卷一九，第 345 頁）

丁卯，直隸淮安及安慶等府蝗。上命戶部遣人捕之，仍驗所傷稼，免其租稅。（《明太宗實錄》卷一九，第 347 頁）

丁卯，設溧水縣廣通（廣本、保本"通"下有"鎮"字）閘，置壩官一員。初，溧水縣民言："溧陽、溧水二縣，田地窊下，數罹水患，乞於廣通鎮置閘，以備瀦泄。"命工部遣人視之。（《明太宗實錄》卷一九，第 347 ~ 348 頁）

己酉，戶部尚書夏原吉治蘇、松、嘉、湖水患。（《明史·成祖紀》，第 80 頁）

五月

癸未，晝，太白見巳位。欽天監奏："火星犯壘壁陣西端四星，古（廣本、抱本作'占'）法：將軍為亂，宮中兵起。"上以書諭群（舊校改"群"作"郡"）王高煦率將士回宣府，督諸將分兵屯田，且耕且守，以謹天戒。（《明太宗實錄》卷二〇上，第 360 頁）

己丑，夜，有星如雞子大，青赤色，尾跡有光，出東北雲中，東北行入婁宿。（《明太宗實錄》卷二〇上，第 364 頁）

庚寅，戶部奏："山東蝗蝻。"命分遣人捕瘞。（《明太宗實錄》卷二〇上，第 364 頁）

癸巳，河南鈞州屬縣蝗，免其民今年夏稅。（《明太宗實錄》卷二〇下，第 367 頁）

丙申，山東章丘縣言：“縣境漯河東岸及刁（廣本作‘勾’）家莊等處，比因山水漲溢，衝決堤岸，傷及禾稼，請命修築。”從之。（《明太宗實錄》卷二〇下，第372頁）

丁酉，河南蝗，免其民今年夏稅。（《明太宗實錄》卷二〇下，第372頁）

戊戌，上元縣言長寧鄉蝗，命都指揮吳庸率兵捕瘞。（《明太宗實錄》卷二〇下，第372頁）

癸卯，晝，月如金星，見於辰位。（《明太宗實錄》卷二〇下，第374頁）

甲辰，夜，有星如鷄子大，青白色，尾跡有光，出紫薇（廣本作“微”）西蕃內，東北行入內階。（《明太宗實錄》卷二〇下，第375頁）

甲辰，曉刻，五星皆見，積於四方。（《明太宗實錄》卷二〇下，第375頁）

丙午，廣東南海、番禺二縣颶風，海潮溢，漂民廬舍，溺死三十五人。事聞，命戶部速遣人撫視死者，郵其家。（《明太宗實錄》卷二〇下，第375頁）

蝗。秋八月，饑。（民國《增修膠志》卷五三《祥異》）

蝗。（乾隆《諸城縣志》卷二《總紀上》）

番禺潮溢。（同治《番禺縣志》卷二一《前事》）

章丘漯河決岸傷稼。（《明史·五行志》，第446頁）

南海、番禺潮溢。（《明史·五行志》，第446頁）

六月

辛亥，上以久雨，謂戶部左侍郎古朴等曰：“蘇、松、嘉、湖四郡，水必泛溢，宜遣人馳往視之。”遂命侍郎李文郁往佐尚書夏原吉相度被水田地，堪種者趣民種之，後時者除今年租稅。（《明太宗實錄》卷二一，第378頁）

甲寅日，下午，五色雲見。（《明太宗實錄》卷二一，第380頁）

丙辰，夜，金星犯畢宿右股北第三星。（《明太宗實錄》卷二一，第380頁）

戊午，夜，有（廣本、抱本“有”下有“星”字）如鷄子大，青白色，出東北雲中，西北流丈餘，發光如盞大，一小星隨之，雲中沒。（《明太宗實錄》卷二一，第386頁）

壬戌，改築湖廣江華千户所城。先是，本所言誠（舊校改“誠”作“城”）決於洪水，上遣人視之。至是，還言：“城正當水勢所衝，若重築之，徒勞人力，宜改築於城北。”從之。（《明太宗實錄》卷二一，第388頁）

甲子，户部尚書郁新言：“河南郡縣蝗，所司不以聞，請罪之。”上曰：“朝廷置守，資其惠民，凡民疾苦，皆當郵之。今蝗入境，不能撲捕，又蔽不以聞，何望其能惠民也，此而不罪，何以懲後。”命都察院遣監察御史按治之。（《明太宗實錄》卷二一，第389頁）

己巳，書諭郡王高煦曰：“聞爾兵行初至清河，從者為雷震死，過居庸，汝幕中釜鳴，皆不祥之徵，不可不謹。”即率騎兵三百人還北京，餘令武安侯鄭亨、武城侯（舊校改二“候”字作“侯”）王聰、安平侯李遠總之，就駐宣府。（《明太宗實錄》卷二一，第391頁）

己巳，江西南昌衛言：“雨水壞城垣及門。”命俟農隙修之。（《明太宗實錄》卷二一，第391頁）

壬申，晝，月與金星同見巳位。夜，有星如鷄子大，青白色，有光，出騰蛇，東北行至雲中。（《明太宗實錄》卷二一，第392頁）

癸酉，修築山東高密縣瀰州（廣本、抱本作“濰川”）等處水決堤岸。（《明太宗實錄》卷二一，第392頁）

大水，官舍民居，蕩然如洗。（光緒《五河縣志》卷一九《祥異》）

蝗。（康熙《臨高縣志》卷一《災祥》）

雨雹傷稼。（嘉靖《獲鹿縣志》卷九《事紀》）

久雨。（康熙《續修陳州志》卷四《災異》）

七月

庚辰，福建建寧衛言：“霖潦壞城垣。”命修之。（《明太宗實錄》卷二一，第396頁）

甲申，夜，金星入井宿。（《明太宗實錄》卷二一，第396頁）

丙戌，廣東布政司言：“水壞連州儒學及河源、曲江、英德三縣城垣、

廨宇、壇廟，乞修理。"從之。（《明太宗實錄》卷二一，第 397 頁）

戊子，勅鎮守遼東保定侯孟善曰："爾奏天鼓鳴，考占書，所鳴之方有兵。天戒如此，不可不慎，其深警省毋怠。"（《明太宗實錄》卷二一，第 397 頁）

辛卯，是夜，月食。初，天色澄朗，及期，陰雨不見。（《明太宗實錄》卷二一，第 399 頁）

乙未，戶部言："直隸崑山縣水。"命給粟賑其民，凡給兵（廣本、抱本作"六"）千二百八十石。（《明太宗實錄》卷二一，第 400 頁）

丁酉，夜，有星如鷄子大，青白色，有光，出奎宿，南行入壘壁陣。（《明太宗實錄》卷二一，第 401 頁）

戊戌，夜，有星如盞大，青白色，有光，出參旗，東北行入（廣本作"至"）四瀆，二小星隨之。（《明太宗實錄》卷二一，第 401 頁）

庚子，夜，有二星如鷄子大，俱青白色。其一出天樞，西北行入文昌；其一尾跡有光，出離宮，西北行入瓠瓜。（《明太宗實錄》卷二一，第 401 頁）

癸卯，巡按廣東監察御史言："霖雨壞惠州河源等衛所城，宜及時修築。"從之。（《明太宗實錄》卷二一，第 402 頁）

甲辰，夜，有星如鷄子大，青白色，有光，出天津，西北行入游氣。（《明太宗實錄》卷二一，第 402～403 頁）

乙巳，夜，有二星如鷄子大，俱青白色，尾跡有光。其一出羽林軍，西南行入近濁；其一出北落師門旁，東南行入近濁。（《明太宗實錄》卷二一，第 403 頁）

大旱。（光緒《臨高縣志》卷三《災祥》）

八月

丁未，初，上以蘇松水患為憂，遣都察院右僉都御史俞士吉齎《水利集》賜戶部尚書夏原吉，使講究拯治之法。（《明太宗實錄》卷二二，第 405 頁）

己酉，夜，金星犯鬼宿西南星。（《明太宗實錄》卷二二，第 407 頁）

辛亥，直隸和州民言："州境保大等圩堤岸百二十餘里内，有斗門九座，上通銅城閘，下通洋（廣本作'揚'）子江。舊蓄水溉田，比年潮漲沙淤，圩岸傾頹，乞修浚以便民。"從之。（《明太宗實錄》卷二二，第 407 頁）

癸亥，浙江赭山風潮，衝決江塘萬肆百餘步，壞田四百餘頃，命工部遣官修築。（《明太宗實錄》卷二二，第 412 頁）

庚午，曉刻，老人星見丙位。（《明太宗實錄》卷二二，第 414 頁）

辛未，廣東湖（舊校改"湖"作"潮"）州府地震。（《明太宗實錄》卷二二，第 414 頁）

壬申，工部言："山東福山縣河決護城隄二百九十餘丈，壞風雲、雷雨、山川等壇。"命即修築。（《明太宗實錄》卷二二，第 414 頁）

壬申，日生左右珥，青赤色鮮明，隨五色雲見。（《明太宗實錄》卷二二，第 414~415 頁）

甲戌，夜，有星如盞大，青白色，光燭地，出敗瓜，西行天市垣至帝座旁。（《明太宗實錄》卷二二，第 415 頁）

癸亥，浙江風潮，決江塘萬四百餘步，壞田四十餘頃，湯鎮方家塘江隄爲風浪衝激，淪於江者四百餘步，溺民居及田四千頃。（雍正《浙江通志》卷一○九《祥異》）

安邱縣紅河決，山東饑。（民國《山東通志》卷一○《通紀》）

蝗。（康熙《臨高縣志》卷一《災祥》）

九月

丙子，曉刻，金星犯軒轅左角星。（《明太宗實錄》卷二三，第 418 頁）

丁丑，夜，土星躔（廣本、抱本作"躔"）于女宿，留于十二諸國代星之上，形色黃白精明。（《明太宗實錄》卷二三，第 418 頁）

己卯，夜，有星如雞子大，青白色光明，出處宿，東南行入羽林軍，二小星隨之。（《明太宗實錄》卷二三，第 418 頁）

壬午，工部言："河南陳州西華縣沙河水溢，衝決堤堰，以通黃河，傷民禾稼。乞量起民丁，趁農隙修築。"從之。（《明太宗實錄》卷二三，第419頁）

壬午，夜，有星如雞子大，青白色，有光，出天苑，東南行至雲中焉。（《明太宗實錄》卷二三，第419頁）

癸未，夜，有星如盞大，赤色，光明潤澤，出七公，東北行入天槍〔鎗〕，五小星隨之。（《明太宗實錄》卷二三，第420頁）

乙酉，夜，有星如雞子大，青白色，有光，出羽林軍旁，南行至雲中。（《明太宗實錄》卷二三，第420頁）

壬辰，夜，月犯畢宿南第二星。（《明太宗實錄》卷二三，第424頁）

癸巳，夜，有星如盞大，赤色，尾跡有光，出天倉，東南行入天園〔囷〕。（《明太宗實錄》卷二三，第424頁）

甲午，夜，水星、金星俱見東方。（《明太宗實錄》卷二三，第425頁）

十月

戊申，築浙江杭州府緣江堤岸。先是，浙江都司布政司言："杭州府湯鎮方家塘邊江堤岸為風潮衝激，淪于江者幾四百步，延袤四十餘步，沉溺民居及田地四十七（廣本無'七'字）頃，宜改築以捍（舊校改'捍'作'捍'）潮汐。"上以農務方殷，命秋成後為之，至是始築云。（《明太宗實錄》卷二四，第432頁）

己酉，夜，有星如盞大，青白色，光燭地，出西北雲中，西北行至近濁。（《明太宗實錄》卷二四，第434~435頁）

壬子，夜，有流星如盃大（廣本、抱本無"流"字；廣本"盃"作"盞"，抱本作"雞子"），青白色，尾跡有光，出附外傍，西南行入游氣。復有星如雞子大，青白色，有光，出太微西垣，東行入五帝座。（《明太宗實錄》卷二四，第436頁）

癸丑，夜，有星如雞子大，青白色，尾跡有光，出紫微西番內，東北行至（舊校刪"至"字）入北斗杓。（《明太宗實錄》卷二四，第437頁）

甲寅，夜，有星如盞大，赤色，尾跡有光，出河鼓，西北行入近濁。（《明太宗實錄》卷二四，第437頁）

乙卯，山西蝗。（《明太宗實錄》卷二四，第438頁）

丙辰，夜，有星如雞子大，流三尺餘，發光，如盞大，青白色，光燭地，出參宿，西南行入天園〔囷〕。（《明太宗實錄》卷二四，第439頁）

戊午，夜，有星如盞大，赤青（舊校改"赤青"作"青赤"）色，尾跡有光，出南河，東北行入柳宿。（《明太宗實錄》卷二四，第440頁）

庚申，饒州府餘干縣民言："今夏滛雨，洪水橫流，縣境龍窟埧塘等處堤岸頹圮，壞民廬舍，傷害稼穡，乞因農隙修築。"從之。（《明太宗實錄》卷二四，第442頁）

甲子，夜，有星如盞大，青白色，有光，出右旗（廣本、抱本"旗"下有"西"字，疑是），行入天市東垣，至候星旁。（《明太宗實錄》卷二四，第444頁）

乙丑，夜，有星如盞大，赤色，尾跡有光，出奎宿，西北行入壁宿，後二小星隨之。（《明太宗實錄》卷二四，第445頁）

辛未，夜，金（廣本作"有"，抱本無"金"字）星入氐宿。（《明太宗實錄》卷二四，第446頁）

癸酉，夜，有星大如碗（廣本、抱本作"如碗大"），青白色，光燭地，出土司空旁，西南行至近濁。（《明太宗實錄》卷二四，第447頁）

甲戌，修山東膠州水決隄岸。（《明太宗實錄》卷二四，第448頁）

甲戌，夜，火星犯壘壁陣東第五星。（《明太宗實錄》卷二四，第448頁）

十一月

丙子，修山東濰縣白浪等河決（廣本、抱本"決"下有"岸"字），安慶府潛山、懷寧二縣陂堰圩岸及廣東高要縣青岐、羅婆等圩岸。皆從民所奏也。（《明太宗實錄》卷二五，第449～450頁）

戊寅，夜，有星如雞子大，有光，出華蓋，東北行入紫微東蕃內。

（《明太宗實錄》卷二五，第 450~451 頁）

庚辰，日有背氣在家分（廣本、抱本"日"下有"上"字，"家"作"宋"）。（《明太宗實錄》卷二五，第 451 頁）

癸未，河南閿鄉縣知縣王霖言："累歲蝗旱，民飢，所徵稅乞令輸鈔。"從之。（《明太宗實錄》卷二五，第 452 頁）

癸未，夜，有星如盞大，青白色，光燭地，出幸臣旁，東北行至游氣。（《明太宗實錄》卷二五，第 452 頁）

丙戌，夜，金星犯健（廣本、抱本作"鍵"）閉星。（《明太宗實錄》卷二五）

甲午，夜，北京順天府地震。（《明太宗實錄》卷二五，第 456 頁）

丁酉，夜，月犯太微東垣上相星。（《明太宗實錄》卷二五，第 458 頁）

閏十一月

癸亥，書諭世子曰："北北（舊校改'北北'作'比北'）京、山西地震。"（《明太宗實錄》卷二五，第 467 頁）

丁卯，夜，有星如斗大，蒼白色，光燭地，出中天雲中，西南行，隆隆有聲，流三丈餘至雲中。（《明太宗實錄》卷二五，第 471 頁）

十二月

乙酉，河南、陝西（抱本無"陝西"二字）耆民趙八等言："州連歲蝗旱，人民飢困，所虧秋粮二萬七千餘石，乞折輸鈔。"從之。（《明太宗實錄》卷二六，第 482 頁）

丁亥，修山西夏縣右河決堤三十餘里。（《明太宗實錄》卷二六，第 483 頁）

戊子，夜，有（舊校改"有"作"月"）食。（《明太宗實錄》卷二六，第 483 頁）

己丑，夜，木星犯羅堰下星。（《明太宗實錄》卷二六，第 483 頁）

壬辰，免河南陳州今年租稅，以淫雨傷稼故也。（《明太宗實錄》卷二

六，第 484 頁）

癸巳，夜，有星如雞子大，青白色，有光，出紫微垣內，北行至游氣，一小星隨之。（《明太宗實錄》卷二六，第 485 頁）

是年

春，大雨水。秋，旱蝗，民大饑。（同治《饒州府志》卷三一《祥異》）

夏，暑雨為沴。（民國《大名縣志》卷二六《祥異》）

旱。（康熙《臨高縣志》卷一《災祥》）

大旱。（萬曆《澧紀》卷一《災祥》；康熙《瓊山縣志》卷九《灾祥》；康熙《儋州志》卷二《祥異》；光緒《永安州志》卷一《災祥》）

沙河水溢，通黃河，傷禾稼。（民國《西華縣續志》卷一《大事記》）

大旱，蝗。（乾隆《吳江縣志》卷四〇《災變》；同治《湖州府志》卷四四《祥異》；光緒《歸安縣志》卷二七《祥異》；光緒《烏程縣志》卷二七《祥異》）

命夏原吉治蘇松水患，濬華亭、上海運鹽河。（光緒《南匯縣志》卷二《水利》）

蝗，飢。（乾隆《德州志》卷二《紀事》；民國《德縣志》卷二《紀事》）

蝗，饉。（乾隆《曲阜縣志》卷二八《通編》）

水。（光緒《嘉興府志》卷三五《祥異》）

夏，蝗。（道光《濟南府志》卷二〇《災祥》）

夏，大旱。（嘉靖《廣西通志》卷四〇《祥異》）

以久雨，（帝）念蘇、松、嘉、湖必泛溢，命戶部侍郎李文郁往佐尚書夏原吉，相度被水田畝，堪種者促民種之，後時者除今年稅。（光緒《嘉興府志》卷二三《蠲卹》）

金州衛蝗。（民國《奉天通志》卷一二《大事》）

蘇、常被水，乃築壩，設官管理。（康熙《江寧府志》卷六《山川下》）

飛蝗入境。（嘉靖《池州府志》卷九《祥異》；萬曆《青陽縣志》卷三《祥異》；乾隆《銅陵縣志》卷一三《祥異》）

蝗。（天啟《鳳陽新書》卷四《星土》）

永樂初，連歲大水。（正德《松江府志》卷三二《祥異》；乾隆《婁縣志》卷一五《祥異》；乾隆《華亭縣志》卷一六《祥異》）

永樂二年（甲申，一四〇四）

正月

癸卯朔，夜，有星，如鷄子大，青白色，有光，出正西雲中，西北行至近濁。（《明太宗實錄》卷二七，第491頁）

辛亥，夜，月犯軒轅左角宿。（《明太宗實錄》卷二七，第494頁）

庚申，鄭州滎澤縣言蝗蝻傷稼。（《明太宗實錄》卷二七，第498頁）

辛酉，夜，有星，自梗河出，如鷄子大，青白色，東行三尺許，有光，如盞大，入天紀。（《明太宗實錄》卷二七，第498頁）

辛未，夜，有星如鷄子大，赤色，有光，出天市西垣，南行入天江。（《明太宗實錄》卷二七，第501頁）

四日，大雷雨，積潦。至五月七日，惡風作，水漲，城中深二丈許，漂廬舍，溺死者以數千計，壞城郭五百餘丈，居民往來以舟。七月始平，民大饑。（康熙《鄱陽縣志》卷一五《災祥》）

四日，大雷雨，積潦，至五月七日。惡風作，水漲，郡城中深二丈許，漂廬舍，溺死者以數千計，壞城郭五百餘丈，居民往來以舟，七月始平，民大饑，斗米值明寶鈔三十貫，該銀三錢七分五釐。（同治《饒州府志》卷三一《祥異》）

二月

戊寅，夜，有星如鷄子大，青白色，有光，出抑（疑當作"昴"）宿，

東南行入星宿。(《明太宗實録》卷二八,第 506 頁)

戊子,夜,有星如盞大,赤黄色,跡(廣本、抱本"跡"上有"尾"字)有光,出天津,東行至近濁。(《明太宗實録》卷二八,第 509 頁)

乙未,夜,有星如盞大,赤色,有光,出紫微垣閶闔門外,西北行入北斗柄。(《明太宗實録》卷二八,第 512 頁)

己亥,揚州府海門縣言:"縣有張港墩東明港,相去百餘里,舊遇風濤,人多溺死。官為修築隄岸,民賴以安,近因潮水沖激壞岸,其害尤甚。乞准舊例,撥淮安、蘇、常三郡民丁,農隙之時修築。"上諭工部臣曰:"淮安之民,近方安業,蘇、常二郡多苦水患,不可重勞,其遣人驗視,果便於民,則發揚州府所屬州縣民丁,協力修築。"高郵州寶應縣言:"境内范光、白馬二湖隄岸,民資以禦水患,而連歲為風浪衝齧,今東作方興,乞權加修補,候農隙發丁夫築砌。"從之,修直隸興化縣南北塘岸。(《明太宗實録》卷二八,第 512~513 頁)

庚子,夜,有星如盞大,青白色,光燭地,出西北雲中,西北行至雲中。(《明太宗實録》卷二八,第 513 頁)

三月

辛亥,夜,有星如鷄子大,赤色,有光,出天市西垣内,東南行至近濁,一小星隨之。(《明太宗實録》卷二九,第 518 頁)

四月

乙酉,夜,火星犯天罇西星。(《明太宗實録》卷三〇,第 547 頁)

戊子,夜,金星、火星同在井宿。(《明太宗實録》卷三〇,第 550 頁)

甲午,夜,有星如鷄子大,青白色,有光,自翼宿,東南行至游氣。(《明太宗實録》卷三〇,第 553 頁)

丁酉,夜,水星犯畢宿右股北第一星。(《明太宗實録》卷三〇,第 554 頁)

蘇州屬縣低田已插蒔矣,科苗長矣。五月大雨,低田皆潦,吳江猶甚。

田家車救，甚低者急難及，略低者晝夜車救，奈缺食，以饑腹着車桁脚，努力踏車，眼望天哭，小兒女呼父母，飢索食，群行繞車，頓地哭。田家去年被澇，屋多拆賣，居既多無屋，爨無薪，食無米，其填饑採野菱頭、野苦蕒，採藻採荇，求借糠相和食，糠又借求不得。老者、少者入城市丐乞，城市人生受，丐乞又難得，娸人抱幼子多投河，老翁老嫗饑不堪忍，亦多投河。高鄉田家去年被差車低田，己田失耘籽因少收，亦多缺食。六月間，少師公奉命賑濟，民始少蘇。（弘治《吳江志》卷一二《禆記》）

臨淮大水，徙縣治于曲陽門外。（光緒《鳳陽縣志》卷四下《紀事表下》）

五月

辛丑，夜，金星犯鬼宿西北星。（《明太宗實錄》卷三一，第555頁）

壬寅，夜，有星如盞大，青白色，光燭地，出相星旁，東北行至游氣。（《明太宗實錄》卷三一，第556頁）

癸卯，夜，水星犯六諸王西第三星。（《明太宗實錄》卷三一，第556頁）

丙午，夜，有星如斗大，赤色，有光，出中天雲中，西北行至雲中。（《明太宗實錄》卷三一，第557頁）

丁未，夜，有星如盞大，赤色，光燭地，出北斗魁，北行入文昌。（《明太宗實錄》卷三一，第557頁）

壬戌，夜，有星如盞大，青白色，光燭地，出危宿，東北行至雲中。（《明太宗實錄》卷三一，第562頁）

大雨，田禾盡澇。（民國《吳縣志》卷五五《祥異考》）

大雨，低田盡没。（乾隆《震澤縣志》卷二七《災祥》）

大雨，低田皆澇，吳江猶甚。（弘治《吳江志》卷一二《雜記》）

大水，龍蛇群作，山谷成淵。（民國《陽朔縣志》第五編《前事》）

暴風，發屋折木。（同治《鉛山縣志》卷三〇《祥異》）

六月

甲戌，夜，有星如鷄子大，青白色，光燭地，出東北雲中，西北行入天船。（《明太宗實錄》卷三二，第 566 頁）

戊寅，夜，有星如盞大，青白色，光燭地，出七公，西北行至近濁。（《明太宗實錄》卷三二，第 567 頁）

乙酉，夜望，月食。（《明太宗實錄》卷三二，第 569 頁）

辛卯，夜，有星如盞大，青白色，有光，出壘壁陣，南行入羽林軍。（《明太宗實錄》卷三二，第 572 頁）

大水，饑。（同治《上海縣志》卷三〇《祥異》；光緒《川沙廳志》卷一四《祥異》）

蘇、松、嘉、湖俱水，饑。（光緒《嘉興府志》卷三五《祥異》）

嘉、湖水，饑。（同治《湖州府志》卷四四《祥異》）

水。（光緒《蘇州府志》卷一四三《祥異》）

水，賑之。（道光《武康縣志》卷一《邑紀》）

大旱。六月，蝗。（康熙《瓊山縣志》卷九《灾祥》）

春，旱。六月，雨，蝗發，禾不收，民饑。（康熙《儋州志》卷二《祥異》）

七月

壬寅，新安衛霖雨，壞城垣。守臣以聞，命于農隙修之。（《明太宗實錄》卷三三，第 575 頁）

壬寅，夜，有星如盞大，青白色，有光，出十二諸國，東南行至近濁。（《明太宗實錄》卷三三，第 575 頁）

丁未，夜，有星如鷄子大，青白色，有光，出天淵，東南行至游氣。（《明太宗實錄》卷三三，第 576 頁）

己酉，夜，金星入角宿。（《明太宗實錄》卷三三，第 576 頁）

壬子，夜，有星如盞大，赤黃色，有光，出貫索，西北行至游氣。

（《明太宗實錄》卷三三，第 577 頁）

丙辰，通州奏："三河、順義、東安、香河等縣六月淫雨傷稼。"命户部速遣撫視。（《明太宗實錄》卷三三，第 578～579 頁）

丁巳，夜，有星如盞大，青白色，有光，出十二諸國，東南行至游氣。（《明太宗實錄》卷三三，第 579 頁）

丙寅，以湖廣、江西所屬郡縣水，命監察御史郭林等徃視賑卹。（《明太宗實錄》卷三三，第 581 頁）

己巳，夜，有星如盞大，赤色，光燭地，出中天雲中，西北行至雲中。（《明太宗實錄》卷三三，第 582 頁）

湖廣大水，賑之。（道光《永州府志》卷一七《事紀署》）

初二日，風雨大作，海溢，漂溺千餘家。（嘉慶《松江府志》卷八〇《祥異》）

二日，大風雨，海溢，田禾為鹹潮所浸，多槁死。（光緒《奉賢縣志》卷二〇《灾祥》）

二日，風雨大作，海溢，漂溺千餘家，並海之田爲鹹潮所侵，苗盡槁，如火蒸炙。（乾隆《金山縣志》卷一八《祥異》）

新安衛霆雨壞城。（道光《徽州府志》卷一六《祥異》）

大水。（嘉慶《沅江縣志》卷二二《祥異》；嘉慶《善化縣志》卷二四《祥異》；光緒《羅田縣志》卷八《祥異》）

賑湖廣水災。（嘉慶《湖南通志》卷四〇《蠲卹》）

八月

壬午，河南府洛陽縣雨雹傷稼。（《明太宗實錄》卷三三，第 586 頁）

丁亥，夜，金星入房宿南第二星。（《明太宗實錄》卷三三，第 588 頁）

己丑，户部臣言："松江府華亭＜縣＞、上海二縣今歲水災，低田税糧，宜令以帛代輸。"從之。（《明太宗實錄》卷三三，第 589 頁）

庚寅，夜，有星如鷄子大，赤黄色，有光，出卷舌，入造父。（《明太宗實錄》卷三三，第 590 頁）

壬辰，夜，月犯鬼宿東南星。（《明太宗實録》卷三三，第 590 頁）

丁酉，夜，有星如鷄子大，赤色，尾跡有光，出天苑，東南行至孫星旁，一小星隨之。（《明太宗實録》卷三三，第 596 頁）

户部臣言："松江府華、上二縣，今歲水災，低田税粮宜令以帛代輸。"從之。（崇禎《松江府志》卷一三《荒政》）

霪雨，壞北京城五千餘丈。（《明史·五行志》，第 472 頁）

九月

壬寅，勑巡海總兵官清遠伯王友等曰："今北風將起，賊船難至，巡海軍士寒衣未備，宜統率囬京休息。"（《明太宗實録》卷三四，第 597 頁）

乙卯，旦，火星見角宿。（《明太宗實録》卷三四，第 601 頁）

丁巳，河南守臣言開封府城為河水所壞，命發軍修築。（《明太宗實録》卷三四，第 601 頁）

庚申，夜，有星如碗大，赤色，有尾，光燭地，出羽林軍，西南行，二小星隨之。（《明太宗實録》卷三四，第 603 頁）

丁卯，夜，有星如鷄子大，有光，出軒轅，東行入平星，二小星隨之。（《明太宗實録》卷三四，第 604 頁）

十月

癸酉，夜，有星如鷄子大，青白色，有光，出紫微西蕃内，東北行之（舊校改"之"作"至"）近濁。（《明太宗實録》卷三五，第 612 頁）

乙亥，夜，月犯壘壁陣西方第二星。（《明太宗實録》卷三五，第 612 頁）

丁丑，河南黄河水溢，命河南都司、布政司，城地（廣本、抱本作"池"）有衝決者，即修之。（《明太宗實録》卷三五，第 612 頁）

辛巳，夜，有星如盞大，青白色，尾跡有光，出井宿，東北行至近濁。（《明太宗實録》卷三五，第 614 頁）

壬午，夜，月犯畢宿右股第三星。（《明太宗實録》卷三五，第 614 頁）

甲申，夜，有星如鷄子大，青白色，尾跡有光，出北斗（抱本"斗"

下有"魁"字）中，北行至近濁。（《明太宗實錄》卷三五，第 614 頁）

己丑，夜，水星犯南斗杓第二星。（《明太宗實錄》卷三五，第 615 頁）

壬辰，夜，有星如鷄子大，尾跡有光，出天廩，東南行入天苑。（《明太宗實錄》卷三五，第 615 頁）

乙未，夜，有星如盞大，青白色，光燭地，出畢宿，東北行入五車。（《明太宗實錄》卷三五，第 616 頁）

戊戌，夜，有星如盞大，赤色，有光，出北斗魁，北行至近濁。（《明太宗實錄》卷三五，第 617 頁）

十一月

癸卯，揚州府泰興縣言："緣江圩岸東至新河，西盡丹陽，界長六千六百五十丈，高一丈五尺頃，被江水衝決，為民患，請發民丁修築。"從之。（《明太宗實錄》卷三六，第 623 頁）

丙午，夜，有星如鷄子大，赤黃色，出井宿，東北行。（《明太宗實錄》卷三六，第 624 頁）

戊申，直隸和州民言："州銅城閘上抵巢湖，下接揚子江，圩岸七十餘處為江潮衝決，壞禾稼，乞修築。"從之。（《明太宗實錄》卷三六，第 624 頁）

庚戌，夜，月犯天高星（廣本無"星"字）西星。（《明太宗實錄》卷三六，第 625 頁）

壬子，夜，火星犯鈎（廣本、抱本作"鈎"）鈐上星。（《明太宗實錄》卷三六，第 625 頁）

癸丑，夜，京師地震，濟南府城西地震有聲。（《明太宗實錄》卷三六，第 625 頁）

甲寅，夜，河南開封府地震。（《明太宗實錄》卷三六，第 625 頁）

丁巳，夜，金星犯東咸北第一星。（《明太宗實錄》卷三六，第 628 頁）

戊午，以蘇、松、嘉、湖、杭等府水災，蠲其今年粮六十萬五千九百余石。（《明太宗實錄》卷三六，第 628 頁）

水。（光緒《杭州府志》卷八四《祥異》）

以蘇、松、嘉、湖、杭等府水災，蠲今年粮六十萬九千九百餘石。（康熙《歸安縣志》卷六《災祥》）

十二月

己卯，夜，月犯井宿西北第一星。（《明太宗實錄》卷三七，第 633 頁）

二十九日，蒲州河津縣黃河清，至次年正月十八日復故色。（成化《山西通志》卷七《祥異》）

是年

春夏，旱，二麥無收。（康熙《天台縣志》卷一五《災祥》；民國《台州府志》卷一三四《大事略》）

春夏，不雨，麥無收。（崇禎《寧海縣志》卷一二《災祲》）

淫雨壞城。（道光《歙縣志》卷一○《祥異》）

又濬范家浜接黃浦，通流入海。（光緒《南匯縣志》卷二《水利》）

朝廷以蘇松水患爲憂，命戶部尚書夏原吉疏治。（乾隆《吳江縣志》卷四一《治水一》）

郡屬大水，歲大饑，人相食。（乾隆《吉安府志》卷一《機祥》）

大水，舟行樹杪。（康熙《餘干縣志》卷三《災祥》）

水入城，壞民廬舍。（道光《豐城縣志》卷三《河渠》）

大水，後數年亦如之。（光緒《嘉善縣志》卷三四《祥眚》）

春夏大雨水，溢城郭，浸民居之半。（康熙《浮梁縣志》卷二《祥異》）

夏，祁門大水。（弘治《徽州府志》卷一○《祥異》）

先是，修含山崇義堰。未幾，和州民言："銅城閘上抵巢湖，下通揚子江，決圩岸七十餘處，乞修治。"其吏目張良興又言："水淹麻、澧二湖田五萬餘頃。宜築圩埂，起桃花橋，訖含山界三十里。"俱從之。（《明史·河渠志》，第 2148 頁）

曲陽等縣大旱成災，詔戶部發粟賑之。（光緒《曲陽縣志》卷五《大事記》）

禾稼將熟，督民晝夜收穫，後飛蝗大至，他邑禾稼被食殆盡，惟涉之民得保其生焉。（嘉靖《涉縣志·名宦》）

飛蝗害稼。（萬曆《渾源州志》卷一《宦蹟》）

賑蘇州饑，是年蠲蘇松水災田租。（光緒《常昭合志稿》卷一二《蠲賑》）

蘇、松諸郡大水。（崇禎《松江府志》卷三一《宦績》）

伏羌縣沙溝暴水潲城，坊表盡没。知縣李貴昌築隄禦之。（光緒《甘肅新通志》卷二《祥異》）

以蘇、松等府水災，令低田稅糧以帛代輸，從戶部奏請。十一月，蠲今年糧租有差。（康熙《江南通志》卷二三《蠲卹》）

大水，平地丈餘。（嘉慶《無爲州志》卷三四《機祥》）

臨淮大水，徙縣治于南門外。（光緒《泗虹合志》卷一九《祥異》）

苦旱。（嘉慶《湖口縣志》卷一八《仙釋》）

大水。（乾隆《重修懷慶府志》卷三二《物異》；同治《樂平縣志》卷一〇《祥異》；同治《漢川縣志》卷一四《祥祲》）

大水，衙舍盡圮。（康熙《安仁縣志》卷八《災祥》）

大水。歲饑，人相食。（乾隆《泰和縣志》卷二八《祥異》）

大饑，人相食。（康熙《安福縣志》卷一《祥異》）

洪水浸至府館前，縣治鄉村民居漂没。（康熙《吉安府萬安縣志》卷一〇《紀異》）

石壩壞于水……成化乙巳復壞於洪水……嘉靖乙未夏五月洪水，大壞。（同治《廣昌縣志》卷一《石壩》）

大水，命御史郭林賑卹。（雍正《湖廣通志》卷一《祥異》）

蝗害稼，歲大凶。（嘉慶《續修興業縣志》卷一〇《雜記》）

大水，衝入城内。（民國《陸良縣志稿》卷一《祲祥》）

秋，洪水暴漲，隄岸圮決。（光緒《江西通志》卷六三《山川》）

永樂三年（乙酉，一四○五）

正月

辛丑，夜，有星如盞大，青白色，光燭地，出文昌，北行至紫微東南（廣本、抱本無“南”字）蕃外。（《明太宗實錄》卷三八，第 640 頁）

甲辰，夜，月犯畢宿右股第三星。（《明太宗實錄》卷三八，第 640 頁）

乙巳，夜，有星如盞大，赤色，尾跡有光，出參宿，西北行至雲中。（《明太宗實錄》卷三八，第 641 頁）

丁巳，夜，有星如盞大，青白色，有光，出太微西垣外，西北行入軒轅。（《明太宗實錄》卷三八，第 645 頁）

大雨，積潦至五月，泛濫決城東演武場。大饑，斗米三錢。是年典史孫珏設法賑饑。（康熙《鉛山縣志》卷一《災異》）

大雨，積潦，歲大饑。鬥米三錢，典史孫珏設法賑濟。（乾隆《鉛山縣志》卷一《祥異》）

二月

己巳，夜，有星如鷄子大，青白色，尾跡有光，出太薇（廣本作“微”）西垣內，東南行入張宿，後二小星隨之。（《明太宗實錄》卷三九，第 650 頁）

三月

丙申，夜，金星犯壘壁陣東苐五星。（《明太宗實錄》卷四○，第 661 頁）

戊戌，夜，金星犯木星。（《明太宗實錄》卷四○，第 661 頁）

壬寅，夜，月犯天罇中星。（《明太宗實錄》卷四○，第 663 頁）

癸丑，夜，火星犯壘壁陣西苐五星。（《明太宗實錄》卷四○，第

666 頁）

甲寅，免湖廣黄州、常（廣本、抱本作"長"）沙、岳州、常德等府水災田租一年。（《明太宗實錄》卷四〇，第 667 頁）

戊午，河南温縣水決駃塢村堤堰四十餘丈，濟、勞（廣本、抱本作"澇"）二河水溢，潕民田四十餘里。事聞，命修築隄防。（《明太宗實錄》卷四〇，第 667 頁）

己未，夜，有星（廣本、抱本"星"下有"如"字）碗大，青赤色，有尾，光燭地，出角宿有聲，西北行入井炸（廣本、抱本作"宿"）炸散。（《明太宗實錄》卷四〇，第 667 頁）

癸亥，夜，有星如鷄子大，青白色，光燭地，出張宿，西北行至雲中。（《明太宗實錄》卷四〇，第 668 頁）

命尚書夏原吉來治水。九月，免水災田租。（道光《武康縣志》卷一《邑紀》）

免湖廣被水田租。（嘉慶《湖南通志》卷四〇《蠲邮》）

四月

癸酉，夜，有星如鷄子大，青白色，有光，出天市西垣外，西北行至亢宿。（《明太宗實錄》卷四一，第 670 頁）

丙戌，夜，月犯壘壁陣第三星。（《明太宗實錄》卷四一，第 672 頁）

五月

辛亥，夜，有星如鷄子大，青白色，有光，出箕宿，南行至近濁。（《明太宗實錄》卷四二，第 677 頁）

蝗。八月，蚜蚄生。（道光《濟南府志》卷二〇《災祥》）

大水。是年大水，上命太子少保姚廣孝、尚書夏元吉、都給事中姚伯善協同治水，遂得豐熟，此亦人事勝氣化之一端。（弘治《常熟縣志》卷一《災祥》）

延安、濟南蝗。（《明史·五行志》，第 437 頁）

六月

乙丑，宣城莘縣言："霖潦没屯倉，漂子粒三千二百餘石。"命户部遣人驗視。（《明太宗實録》卷四三，第 681 頁）

乙丑，江南大雨水。（《國権》卷一三，第 953 頁）

己卯，延安府安塞莘縣蝗，命有司捕之。（《明太宗實録》卷四三，第 685 頁）

己卯，夜，水星犯軒轅大星。（《明太宗實録》卷四三，第 685 頁）

戊子，夜，有星如鷄子大，赤色，有光，出天津，西北行入織女。（《明太宗實録》卷四三，第 686~687 頁）

癸巳，山東華縣言："比歲兵革蝗旱，人民流徙江淮，今初復業，累歲逋負，不毦償，乞除豁。"從之。（《明太宗實録》卷四三，第 688 頁）

朔，雨，至於十日，高原水數尺，窪下丈餘。（正德《松江府志》卷三二《祥異》；乾隆《華亭縣志》卷一六《祥異》）

朔至十日，淫雨，大水，田禾盡没，房舍之中可捕魚。是歲，大饑。（乾隆《震澤縣志》卷二七《災祥》）

霖雨浹旬，高原積水丈餘。（光緒《南匯縣志》卷二二《祥異》）

雨，十日不止，高原水數尺，窪下丈餘。（乾隆《婁縣志》卷一五《祥異》）

水災。（光緒《歸安縣志》卷二七《祥異》）

朔，霖雨十日，高原積水數尺，窪下丈餘。（光緒《川沙廳志》卷一四《祥異》）

朔至十日，淫雨大水，田禾盡没，房舍之中可捕魚。是歲大饑，蠲田租。明年賑復業民户。（乾隆《吳江縣志》卷四〇《災變》）

朔至十日，霆雨，高原水數尺，窪下者丈餘，漂没田廬，溺死男婦無算，諸山橙橘悉槁。（崇禎《吳縣志》卷一一《祥異》）

賑濟蘇、松、嘉、湖饑民。八月，命户部覈實蘇、松、嘉、湖、杭、常六府被水災民，悉免其今年租税，凡免三百三十七萬九千七百石有奇。（崇

禎《嘉興縣志》卷一五《郵政》）

湖州水，饑，振之，蠲今年租。（同治《長興縣志》卷九《災祥》）

七月

甲午，夜，有星如弹丸大，流五尺許，發光，如鷄子大（抱本無“大”字，中本作“大如鷄子”），赤色，有尾，光燭地，出勾陳旁，西北行至紫微西蕃外。（《明太宗實錄》卷四四，第 689 頁）

辛丑，夜，月入氐宿。（《明太宗實錄》卷四四，第 691 頁）

甲辰，夜，有星如盞大，青白色，有尾，光燭地，出扶筐，西北行入天棓。（《明太宗實錄》卷四四，第 693 頁）

丁未，夜，有星，如盞大，光明，有尾，出北斗魁外，西南行至玄戈傍。（《明太宗實錄》卷四四，第 694 頁）

乙卯，夜，有星如盞大，青白色，尾跡有光，出土司空旁，東南行，後一小星隨之。（《明太宗實錄》卷四四，第 700 頁）

戊午，夜，有星出羽林軍，大如弹丸，流丈餘，發光如鷄子（廣本、抱本、中本“子”下有“大”字），青白色，尾跡有光，南行。（《明太宗實錄》卷四四，第 701 頁）

八月

戊辰，浙江杭州等府仁和等縣水潦民田七十四頃四十六畝，漂廬舍千一百八十二間，溺死民男女四百四十一口。（《明太宗實錄》卷四五，第 703 頁）

丁丑，旦，老人星見南極，其色黃潤。（《明太宗實錄》卷四五，第 705 頁）

辛巳，夜，月犯天囷西南星。（《明太宗實錄》卷四五，第 705 頁）

癸未，山東布政司言：“濟南等府淄川等縣蚄蚄生。”（《明太宗實錄》卷四五，第 706 頁）

庚寅，夜，有星大如弹丸，青白色，有毫，出天倉，流丈餘，發光如鷄

子大，東南行，二小星隨之。（《明太宗實録》卷四五，第 707 頁）

杭州屬縣多水，溺男婦四百餘人。（光緒《杭州府志》卷八四《祥異》）

杭州府大水，免今年租税。溺民田七十四頃，漂廬舍千一百八十二間，溺死民男女四百四十。（康熙《錢塘縣志》卷一一《恤政》）

九月

乙未，夜，有星如盞大，青白色，光燭地，出北斗魁外北行，二小星隨之。（《明太宗實録》卷四六，第 709 頁）

丁酉，命户部覈實蘇、松、嘉、湖、杭、常六府被水災民，悉免其今年租税，凡免三百三十七萬玖千七百石有奇。（《明太宗實録》卷四六，第 710 頁）

丁酉，夜，有星如雞子大，青白色，有光，出即位，東北行至近濁。（《明太宗實録》卷四六，第 710 頁）

甲辰，夜，有星如雞子大，青赤色，光燭地，出天厨，西北行入天棓，一小星隨之。（《明太宗實録》卷四六，第 712 頁）

庚戌，夜，月犯畢宿右股北第二星。（《明太宗實録》卷四六，第 713 頁）

辛亥，夜，月犯天關星。（《明太宗實録》卷四六，第 713 頁）

癸丑，夜，月犯天鐏西星。（《明太宗實録》卷四六，第 713 頁）

丁巳，修江西南昌前衛，雨水壞城三百七十五丈。（《明太宗實録》卷四六，第 715 頁）

丁巳，夜，有星如盞大，赤色，光燭地，出天園〔囷〕，西南行至近濁。（《明太宗實録》卷四六，第 715 頁）

戊午，夜，有星大如彈丸，青白色，出北落師門下，流丈餘，發光如盞大，東南行。（《明太宗實録》卷四六，第 715 頁）

庚子，夜，有星如雞子大，青白色，光燭地，出紫微垣内尚書傍，北行。（《明太宗實録》卷四六，第 716 頁）

蠲水災田租。（光緒《常昭合志稿》卷一二《蠲賑》）

十月

丙寅，夜，有星如盏大，青白色，尾跡有光，出紫微西蕃外，東北行。（《明太宗實錄》卷四七，第718頁）

乙亥，直隸鳳陽府懷遠荨縣及陝西漢中府金州言："春夏不雨，民不及耕，而秋種頗收，乞以豆麦折輸稅粮。"從之。（《明太宗實錄》卷四七，第721頁）

癸未，夜，有星如盏大，青白色，出紫微垣內，東北行至游氣。（《明太宗實錄》卷四七，第725頁）

丙戌，夜，月犯謁者星。（《明太宗實錄》卷四七，第726頁）

戊子，直隸宣州衛言："雨水壞城垣七十餘丈，請命修築。"從之。（《明太宗實錄》卷四七，第727頁）

庚寅，夜，有星大如鷄子，青白色，有光，出內階，北行入北斗。（《明太宗實錄》卷四七，第727頁）

壬辰，夜，有星如鷄子大，青白色，有光，出入（廣本、中本作"八"）穀，西北行入天鈞（廣本作"鈎"）。（《明太宗實錄》卷四七，第728頁）

十一月

癸巳，夜，金星犯水星在箕度。（《明太宗實錄》卷四八，第729頁）

乙未，陝西西安府三原荨縣言："連歲夏旱，昕徵稅粮，乞以麥豆折輸。"從之。（《明太宗實錄》卷四八，第730~731頁）

丁酉，夜，有星大如盏，赤色，有光，出中天雲中西北行。（《明太宗實錄》卷四八，第731頁）

戊戌，夜，有星如盏大，赤色，光燭地，出勾陳，西北行，一小星随之。（《明太宗實錄》卷四八，第732頁）

丁未，夜，月犯井宿西扇北第一星。（《明太宗實錄》卷四八，第733頁）

戊申，夜，有星如鷄子大，青白色有尾跡，出郎將傍，北行餘丈（舊校改"餘丈"作"丈餘"），發光，如碗大，至近濁。（《明太宗實錄》卷四

八，第 733～734 頁）

癸丑，夜，有星如碗大，光燭地，出中天雲中，西南行至雲中。（《明太宗實錄》卷四八，第 734 頁）

戊午，夜，月犯西咸南苐一星。（《明太宗實錄》卷四八，第 735 頁）

十二月

己巳，夜，金星犯壘壁陣西苐三星。（《明太宗實錄》卷四九，第 738 頁）

丙戌，夜，月犯罰星中星。（《明太宗實錄》卷四九，第 742 頁）

庚寅，夜，有星如盞大，青白色，光燭地，出天廩，西行至游氣。（《明太宗實錄》卷四九，第 743 頁）

是年

春，大雨。夏六月朔，霪雨十日，高原積水丈餘。（同治《上海縣志》卷三〇《祥異》）

春，上饒、貴溪大雨，溪水暴漲，浮直樓於木末，瀕河之民，漂流無算。是年，鉛山大饑，斗米三錢。（同治《廣信府志》卷一《星野》）

春夏，旱。（民國《台州府志》卷一三四《大事略》）

惠州大水溢，至郡治堂下。（乾隆《歸善縣志》卷一八《雜記》）

石首、監利、江陵諸縣江溢，壞民居田稼。（光緒《荆州府志》卷七六《災異》）

大水，米騰貴。（光緒《無錫金匱縣志》卷三一《祥異》）

常州大水，宜興山水溢，漂民居，死者甚衆。（成化《重修毗陵志》卷三二《祥異》）

風潮，雨浹旬。（光緒《靖江縣志》卷八《祲祥》）

大水。（萬曆《龍川縣志》卷一《事紀》；嘉慶《溧陽縣志》卷一六《雜類》）

廣信大水。（同治《玉山縣志》卷一〇《祥異》）

水。（光緒《嘉興府志》卷三五《祥異》）

嘉、湖水灾，久雨，太湖溢。（同治《湖州府志》卷四四《祥異》）

大霖雨，海溢，塘決壞。（光緒《海鹽縣志》卷一三《祥異考》）

海溢，詔免本年租稅。（康熙《海寧縣志》卷一二上《祥異》）

（春）大水，溪流暴漲，泛濫通衢，浮苴棲於木末，瀕河之民遭漂没者無算。（康熙《貴溪縣志》卷一《祥異》；道光《貴溪縣志》卷二七《祥異》）

蝗。（嘉慶《禹城縣志》卷一一《灾祥》）

蘇、松大水，壞民田廬。（崇禎《松江府志》卷三一《宦績》）

三吴大水，請粟三十萬石賑饑。（崇禎《常熟縣志》卷八《名臣》）

大水，命尚書夏原吉巡視。是年，米七斗銀一兩。（萬曆《無錫縣志》卷二四《灾祥》）

山水瀑溢，漂壞民居，溺者甚眾。（萬曆《宜興縣志》卷一〇《灾祥》）

浙西大水。（萬曆《象山縣志》卷一四《名宦》）

石蛤橋在縣東南九里，永樂三年，洪水圮壞。（嘉慶《餘杭縣志》卷三《關梁》）

久雨，太湖溢。饑。（光緒《烏程縣志》卷二七《祥異》）

賑饑，免被水民田税。（乾隆《安吉州志》卷五《蠲郵》）

台州旱，二麥無收。（康熙《浙江通志》卷二《祥異附》）

大水，溪流暴漲，泛濫通衢，瀕河之民淹没者無算。（康熙《上饒縣志》卷一一《祥異》）

徐公橋，永樂三年圮於水。（乾隆《福建通志》卷八《橋梁》）

大水，溢至郡署堂下。（嘉靖《惠州府志》卷九《祥異》）

温縣水，決隄四十餘丈。濟、澇二水交溢。（《明史·五行志》，第446頁）

永樂四年（丙戌，一四〇六）

正月

甲午，夜，火星犯天陰下星。（《明太宗實錄》卷五〇，第746頁）

丙申，夜，有星大如鷄子，青白色，有光，出平星，東南行至游氣。（《明太宗實録》卷五〇，第 747 頁）

己亥，夜，有星大如鷄子，赤黄色，有光，出五車，北行至紫微西蕃外。（《明太宗實録》卷五〇，第 749 頁）

壬寅，夜，月犯井宿東扇北第二星。（《明太宗實録》卷五〇，第 749 頁）

癸卯，夜，金星犯木星。（《明太宗實録》卷五〇，第 750 頁）

戊午，夜，火星犯月星。（《明太宗實録》卷五〇，第 757 頁）

二月

丁卯，夜，月犯畢宿右股北第二星。（《明太宗實録》卷五一，第 761 頁）

乙卯，夜，有星如盞大，青白色，有光，出正北雲中，西北行至近濁。（《明太宗實録》卷五一，第 766 頁）

庚辰，旦，老人星見丁位，其色光潤。（《明太宗實録》卷五一，第 766 頁）

辛巳，寧國府宣城縣民言："縣境内一十九圩，近潦水衝決堤岸二千九百餘丈，恐春水泛溢，有妨農種，乞預修築。"從之。（《明太宗實録》卷五一，第 766 ~ 767 頁）

癸未，夜，金星犯天陰下星。（《明太宗實録》卷五一，第 767 頁）

丙戌，江西南昌府豐城縣民言："縣境穆湖等處圩岸為水蕩決三千三百餘丈，乞發民修築。"從之。（《明太宗實録》卷五一，第 768 頁）

庚寅，夜，有星大如盞，青白色，尾跡有光，出井宿，西北行至游氣。（《明太宗實録》卷五一，第 769 頁）

三月

癸巳，夜，有星大如盞，青白色，光燭地，出亢宿，東北（廣本作"南"）行至近濁。（《明太宗實録》卷五二，第 776 頁）

戊戌，夜，有星大如鷄子，青白色，尾跡有光，出紫微東蕃內，西北行至雲中。（《明太宗實錄》卷五二，第777～778頁）

丁未，湖廣石首縣言：“境內臨江萬石隄三百七十餘丈，當大江之衝，間為洪水所決，而隣境華容、安鄉皆受其患，乞先時修築。”從之。（《明太宗實錄》卷五二，第783頁）

戊申，戶部奏：“府軍等衛千戶姚旺（廣本作‘汪’，疑誤）等率官軍漕運，至江南（廣本、抱本作‘河’），遇暴風壞舟，漂溺糧萬三千三百七十餘石，宜責其償，且請付法司治其不慎之罪。”上曰：“倉猝風水之險，非人力所及，其宥之。”（《明太宗實錄》卷五二，第783～784頁）

戊申，夜，有星大如鷄子，赤黃色，尾跡有光，出正南（抱本“南”下有“游氣中”三字，疑誤），行至游氣。（《明太宗實錄》卷五二，第784頁）

四月

丙戌，夜，有星如鷄子大，赤色，有尾，光燭地，出天市東垣，東北行入天津。（《明太宗實錄》卷五三，第798～799頁）

五月

庚寅，金星犯五諸侯（廣本、抱本“侯”下有“南”字）第一星。（《明太宗實錄》卷五四，第801～802頁）

辛卯，夜，有星火（舊校改“火”作“大”）如鷄子，赤色，尾跡有光，出七公，流丈餘，發光如盞大，東行至游氣。（《明太宗實錄》卷五四，第802頁）

乙未，溧水縣言：“水決儀鳳等鄉圩〔圩〕岸，妨民耕種，請用民丁修築。”從之。（《明太宗實錄》卷五四，第802～803頁）

丁酉，戶部言：“直隸常州、安慶、廬州及六安等州縣水，民飢。”命給米稻賑之，凡給九萬六千七百五十石。（《明太宗實錄》卷五四，第804頁）

六月

乙（舊校改"乙"作"己"）未朔，日有食之，時陰雲不見。（《明太宗實錄》卷五五，第 813 頁）

辛酉，工部言："湖廣蘄州廣濟縣武家穴等處江岸為水衝決，宜發民修築。"從之。（《明太宗實錄》卷五五，第 813 頁）

庚午，夜，月犯罰星下星。（《明太宗實錄》卷五五，第 815 頁）

七月

庚寅，戶部言："浙江嘉興縣水，民飢。"命發縣廩賑之。（《明太宗實錄》卷五六，第 822 頁）

己亥，夜，有流（廣本、抱本無"流"字）星大如盞，赤黃色，光明潤澤，出虛宿，東行至游氣。（《明太宗實錄》卷五六，第 829 頁）

壬寅，畫，太白見己位。（《明太宗實錄》卷五六，第 829 頁）

丙午，夜，月犯壘壁〔壁〕陣東星。（《明太宗實錄》卷五六，第 831 頁）

庚戌，夜，金（廣本作"有"）星犯井宿東扇南等（廣本、抱本作"第"）一星。（《明太宗實錄》卷五六，第 831 頁）

至八月，深州等處大旱，民乏食，詔戶部發粟賑之。（雍正《深州志》卷七《事紀》）

海鹽縣霖雨，風潮決隄。（光緒《嘉興府志》卷三五《祥異》）

閏七月

乙亥，工部言："浙江嘉興府海鹽縣，霖雨風潮，衝決提（疑當作'隄'或'堤'）埠，乞發民丁修築。"從之。（《明太宗實錄》卷五七，第 841 頁）

癸未，旦，老人星見丙位，色赤黃光潤。（《明太宗實錄》卷五七，第 842 頁）

丙戌，是月，河間府靜海縣霪雨傷稼。（《明太宗實錄》卷五七，第 843 頁）

八月

丁亥，夜，有星大如雞子，赤黃色，有光，出羽林軍，東南行至近濁。（《明太宗實錄》卷五八，第 845 頁）

壬辰，工部言："吕梁洪霖雨水决近河路，并圈溝橋一十九丈六尺，宜發民修理。"從之。（《明太宗實錄》卷五八，第 846～847 頁）

丙申，夜，金星犯（廣本、抱本"犯"下有"御"字）女星。（《明太宗實錄》卷五八，第 847 頁）

己亥，山東濟南等郡縣蝗，北京通、深、景、晉四州及束鹿、曲陽、贊皇、交河、安平、柏鄉、任丘等縣旱，詔命户部發粟賑其饑民，凡户二萬四千六百有奇，給粟四萬八千六百石有奇。（《明太宗實錄》卷五八，第 848 頁）

辛丑，夜，月犯壘壁陣東第二星。（《明太宗實錄》卷五八，第 848 頁）

癸卯，北京刑部言："宛平、昌平二縣，西湖、景東牛欄莊，及清龍、華家、瓮山三閘，水衝决隄岸百六十丈。"命發軍民修治。（《明太宗實錄》卷五八，第 849 頁）

庚戌，夜，有星大如雞子，青白色，尾跡有光，出閣道，東北行入紫微東蕃外。（《明太宗實錄》卷五八，第 851 頁）

辛亥，夜，月犯軒轅南第五星。（《明太宗實錄》卷五八，第 852 頁）

丙辰，是月，霖雨壞北京城五千三百二十丈，天棚、門樓、鋪臺十一所，通州等衛城及白馬等三十三關垣墙七百六十四丈。事聞，命發軍民修築。（《明太宗實錄》卷五八，第 853 頁）

深、晉二州，曲陽、贊皇、安平、柏鄉等縣旱，詔户部發粟賑之。（嘉靖《真定府志》卷九《事紀》）

贊皇、栢〔柏〕鄉縣旱，詔户部發粟賑之，凡户二萬四千六百有奇，給粟四萬八千六百石有奇。（隆慶《趙州志》卷九《災祥》）

旱，發粟賑貸。（乾隆《饒陽縣志》卷下《事紀》）

蝗，賑饑。（道光《濟南府志》卷二〇《災祥》）

九月

壬戌，夜，月犯掩（廣本作“掩”，誤）南斗杓第二星。（《明太宗實錄》卷五九，第 858 頁）

己巳，夜，有星大如盞，青白色，光燭地，出五車，北行至雲中。（《明太宗實錄》卷五九，第 860 頁）

戊寅，夜，金星犯進賢星。（《明太宗實錄》卷五九，第 861 頁）

癸未，夜，有星大如盞，青白色，光燭地，出南河，東行入星宿。（《明太宗實錄》卷五九，第 863~864 頁）

丙戌，河東陝西都轉運塩使司言：“塩池東西岸黑龍等堰，比兩（舊校改“兩”作“雨”）水漲溢，衛（舊校改作“衝”）成溝穴，椿（廣本、抱本作“椿”）水漂流，遇水（廣本、抱本作“雨”）輒溢塩池，請農隙修築。”從之。（《明太宗實錄》卷五九，第 864 頁）

振蘇、松、常、杭、嘉、湖流民復業者十二萬餘户。（嘉慶《嘉興府志》卷二四《蠲卹》）

滹沱河決白馬口。（光緒《正定縣志》卷八《災祥》）

十月

戊子，夜，有星如盞大，青白色，有光，出天船，西行入奎宿。（《明太宗實錄》卷六〇，第 865 頁）

癸巳，夜，月犯壘壁陣西第二星。（《明太宗實錄》卷六〇，第 866 頁）

乙未，夜，有星大如雞子，青白色，有光，出玄戈旁，東北行八（舊校改“八”作“入”）七公下尾跡後散。（《明太宗實錄》卷六〇，第 871 頁）

丁酉，夜，有星大如盞，赤色光明，出天津，西行至游氣。（《明太宗實錄》卷六〇，第 872 頁）

辛丑，夜，月食。（《明太宗實錄》卷六〇，第 874 頁）

丙午，夜，有星出壘壁陣，大如雞子，赤色，有光，流丈餘，發光

（廣本、抱本"光"下有"如"字）盞大，西南行至游氣。（《明太宗實録》卷六〇，第878頁）

丁未，夜，有星大如盞，青白色，有光，出北斗杓旁，南行至游氣。（《明太宗實録》卷六〇，第879頁）

癸丑，夜，有星火（舊校改"火"作"大"，下增"如"字）盞，赤色，光燭地，出太陽守星下，西北行至游氣。（《明太宗實録》卷六〇，第879頁）

乙卯，夜，金星犯房宿北第一星。（《明太宗實録》卷六〇，第880頁）

丙辰，夜，有星出五車，大如彈丸，赤色，流五尺餘，發光，如盞大，北行至紫微東番（抱本作"蕃"）内。（《明太宗實録》卷六〇，第880頁）

十一月

己未，夜，有星出太微西垣，如彈丸大，青白色，流丈餘，發光，大如盞，東北行至游氣。（《明太宗實録》卷六一，第881頁）

丙寅，夜，有星出天苑，大如鷄子，青白色，有光，流丈餘，發光，如盞大，南行至游氣。（《明太宗實録》卷六一，第882頁）

己巳，甘露降。（《明太宗實録》卷六一，第882頁）

癸未，夜，有星出下台，大如彈丸，青白色，有光，流丈餘，發光，如鷄子大，東北行。（《明太宗實録》卷六一，第886頁）

十二月

壬辰，夜，有星大如鷄子，青白色光，出參宿下，西南行，後二小星隨之。（《明太宗實録》卷六二，第892頁）

是年

夏，水，民饑。（光緒《嘉興府志》卷三五《祥異》）

淮水溢。（光緒《五河縣志》卷一九《祥異》）

廣信大水暴漲，瀕河之民遭決没者甚衆。（同治《玉山縣志》卷一〇

《祥異》）

大水。（康熙《建德縣志》卷九《災祥》；光緒《嚴州府志》卷二二《祥異》）

大雨彌月，水溢城市。雨甫霽，見南溪有物，如黿尾，長數丈，雷雨隨之，沿溪廬舍皆没。（光緒《分水縣志》卷一〇《祥祲》）

蝗，發粟賑之。（康熙《濟寧州志》卷二《災祥》）

蝗，詔發粟賑濟。（咸豐《金鄉縣志略》卷一一《事紀》）

大水由西北潦城。建城未經八年，而水患屢侵，故議遷今城。（民國《陸良縣志稿》卷一《祲祥》）

秋，安平縣大旱，詔户部發粟賑之。（康熙《安平縣志》卷一〇《災祥》）

永樂五年（丁亥，一四〇七）

正月

丙子，順天涿州等郡縣水，蠲其粮五萬二千三十石有奇。（《明太宗實録》卷六三，第907頁）

二月

辛卯，夜，有星出天厨，大如彈丸，青白色，流五丈餘，發光，如鷄子大，東北行至近濁。（《明太宗實録》卷六四，第910~911頁）

甲辰，夜，月犯天江中星。（《明太宗實録》卷六四，第912頁）

癸丑，夜，有星大如盞，赤色，有光，出牛宿，東行至游氣中。（《明太宗實録》卷六四，第913頁）

甲寅，以北京、保定、真定所属州縣水，蠲其粮三萬二千三百一十五石，芻五十九萬五千六百七十二束。（《明太宗實録》卷六四，第913頁）

大水。（光緒《南宫縣志》卷八《事異》）

大水，饑糧匱。（乾隆《饒陽縣志》卷下《事紀》）

所屬州縣大水。（嘉靖《真定府志》卷九《事紀》）

無極等處大水，民饑。（乾隆《無極縣志》卷三《災祥》）

大水，詔饑粮匱。（光緒《正定縣志》卷八《災祥》）

三月

丁卯，夜，有星大如鶏子，青白色，尾跡有光，出天市東垣外，東北行入天津。（《明太宗實録》卷六五，第 918～919 頁）

庚午，夜，月犯房宿北第一星。（《明太宗實録》卷六五，第 919 頁）

庚辰，夜，有星大如盞，青白色，光燭地，出天廟，西南行至近濁，二小星隨之。（《明太宗實録》卷六五，第 922 頁）

辛巳，夜，有星大如盞，青白色，有光，出天市東垣，東南行至近濁。（《明太宗實録》卷六五，第 924 頁）

大水。（同治《欒城縣志》卷三《祥異》）

雨雹。（康熙《南海縣志》卷三《災祥》；嘉慶《羊城古鈔》卷一《機祥附》）

四月

庚寅，工部言："廣東高要縣銀岡、金山等處官民田五百餘頃皆低下圩岸，為水沖決。又寶源五穴宜築隄，以防水患，請發民脩築。"從之。（《明太宗實録》卷六六，第 926 頁）

丙午，夜，有星大如盞，青白色，尾跡有光，出庫樓，南行至雲中。（《明太宗實録》卷六六，第 932 頁）

戊申，北京順天府言："霸州及密雲、曲陽等縣水。"（《明太宗實録》卷六六，第 932 頁）

五月

乙丑，夜，月犯東（紅本"東"下有"咸"字）南第二星。（《明太宗

實録》卷六七，第 937 頁）

戊辰，夜，有星如盞大，青白色，有光，出紫微（廣本、抱本"微"下有"東"字）蕃内，北＜至＞行至游氣中。（《明太宗實録》卷六七，第 938 頁）

壬申，夜，有星如雞子大，青白色，有光，出即位，西北行至游氣。（《明太宗實録》卷六七，第 940 頁）

大水。（崇禎《吳縣志》卷一一《祥異》）

六月

丙午，夜，月犯火星。（《明太宗實録》卷六八，第 963 頁）

辛亥，廣西布政司奏："柳州自正月至六月不雨。"（《明太宗實録》卷六八，第 964 頁）

庚戌，杭州沿江江隄淪於江。（民國《杭州府志》卷八四《祥異》）

雷火燒天封塔三層。（同治《鄞縣志》卷六九《祥異》）

大水，壞城，溺没人畜不可勝計。（乾隆《衡水縣志》卷一一《事紀》）

七月

癸丑，夜，金星犯右執法。（《明太宗實録》卷六九，第 966 頁）

戊午，夜，有星大如盞，青白色，光燭地，出五車旁，西北行至游氣。（《明太宗實録》卷六九，第 974～975 頁）

戊午，山東兗州府武城等處蝗。（《明太宗實録》卷六九，第 975 頁）

甲子，夜，大（廣本、抱本作"火"）星犯木星。（《明太宗實録》卷六九，第 975 頁）

乙丑，都察院奏："海運官軍其舟被風膠淺，淪（廣本、抱本作'漂'）没所運糧米，合當追陪，仍治其罪。"上曰："海濤險惡，舟膠淺必壞，官軍得免溺死矣，幸矣！豈當仍治失糧之罪？悉釋不問。"（《明太宗實録》卷六九，第 975 頁）

乙丑，黃河泛溢河南，傷瀕河苗稼。（《明太宗實録》卷六九，第975頁）

癸酉，夜，火星犯諸王西第三星。（《明太宗實録》卷六九，第977頁）

八月

甲申，夜，有星大如鷄子，赤色，有光，出天桴，西南（廣本作"北"）行至雲中。（《明太宗實録》卷七〇，第981頁）

癸巳，老人星見丙位，色赤黃而明潤。（《明太宗實録》卷七〇，第982頁）

丙申，晝，太白見未位。（《明太宗實録》卷七〇，第982頁）

戊戌，夜，月犯外屏西第五星。（《明太宗實録》卷七〇，第982頁）

己亥，夜，金星犯氐宿東南星。（《明太宗實録》卷七〇，第982頁）

辛丑，夜，有星大如盞，青白色，有光，出東南雲中，流丈餘，東南行至雲中。（《明太宗實録》卷七〇，第983頁）

甲辰，北京留守行後軍都督府言："北京并永平、山海、保定城垣及關（廣本、抱本'關'下有'隘'字）寨口為霖雨所壞，京城及臨邊關隘，宜即兼用兵民修理，餘俟農隙。"從之。（《明太宗實録》卷七〇，第983頁）

己酉，夜，火星犯司怪南第二星。（《明太宗實録》卷七〇，第983頁）

庚戌，夜，有星大如鷄子，青白色，尾跡有光，出五車西北，流丈餘，發光如盞大，光燭地，入紫微西蕃，至鉤陳。（《明太宗實録》卷七〇，第985頁）

庚戌，是月，通州、真定、永平等府霪雨傷稼。（《明太宗實録》卷七〇，第985頁）

大雨雹，大如拳，屋瓦多碎。（民國《新城縣志》卷二二《災禍》）

九月

壬子，夜，有星大如盞，青白色，有光，出紫微西蕃內，東北行至雲中。（《明太宗實録》卷七一，第987頁）

癸丑，夜，金星犯東（廣本、抱本"東"下有"咸"字）第一星。（《明太宗實録》卷七一，第988頁）

己卯，夜，有星大如碗，青白色，光燭地，出天船，北行至雲中。
（《明太宗實錄》卷七一，第 999 頁）

庚辰，夜，有星大如鷄子，青白色，有光，出文昌，西北行入北斗魁。
（《明太宗實錄》卷七一，第 999 頁）

十月

癸未，夜，金星犯南斗魁第三星。（《明太宗實錄》卷七二，第 1001 頁）

丁亥，夜，月（舊校删"月"字）有星大如盞，青白色，光燭地，出
西南雲中，入近濁。（《明太宗實錄》卷七二，第 1001 頁）

丙申，夜，月食。（《明太宗實錄》卷七二，第 1007 頁）

戊戌，夜，月犯井宿東扇北第一星。（《明太宗實錄》卷七二，第 1008 頁）

辛丑，夜，月犯軒轅南第玉（舊校改"玉"作"五"）星。（《明太宗
實錄》卷七二，第 1009 頁）

癸卯，夜，月在太微垣內，犯內屏西南星。（《明太宗實錄》卷七二，
第 1009~1010 頁）

乙巳，夜，有星如鷄子大，青白色，有光，出內屏，西北行入北斗柄
（廣本、抱本作"杓"）。（《明太宗實錄》卷七二，第 1010 頁）

己酉，夜，有星大如盞，青白色，尾跡有光，出捲舌，西北行至游氣。
（《明太宗實錄》卷七二，第 1012 頁）

十一月

辛亥，夜，金星犯十二諸國秦星。（《明太宗實錄》卷七三，第 1014 頁）

癸酉（舊校改"酉"作"丑"），河南彰德府湯陰縣言："河水泛溢，
没民田一百七十一頃有（廣本、抱本'七'作'九'，'有'下有'奇'
字），乞免今年稅粮。"從之。（《明太宗實錄》卷七三，第 1014 頁）

丙寅，夜，彗星不見。（《明太宗實錄》卷七三，第 1019 頁）

丁卯，夜，月犯鬼宿東北星。（《明太宗實錄》卷七三，第 1020 頁）

庚午，夜，有星大如盞，青白色，有光，出南河，東南行至游氣。

（《明太宗實録》卷七三，第 1021 頁）

彰德府湯陰縣河水泛溢，没民田一百九十一頃有奇，免其租。（雍正《河南通志》卷一四《河防》）

十二月

庚辰，夜，有星大如鷄子，青白色，有光，出文人（抱本作"文昌"）星，南行至近濁。（《明太宗實録》卷七四，第 1023 頁）

丙申，夜，月犯軒轅南第五星。（《明太宗實録》卷七四，第 1026 頁）

丙午，夜，有星大如盞，青白色，有光，出西北游氣中，西北行入近濁，後三小星隨之。（《明太宗實録》卷七四，第 1027 頁）

是年

夏，旱。（嘉靖《龍巖縣志》卷下《災祥》；乾隆《南靖縣志》卷八《祥異》；道光《龍巖州志》卷二〇《雜記》）

大水，詔蠲糧芻。（康熙《平山縣志》卷一《事紀》；康熙《寧晉縣志》卷一《災祥》；道光《定州志》卷二〇《祥異》）

衡水舊城在西南十五里，永樂五年大水，移縣于范家疃。（嘉靖《真定府志》卷一六《兵防》）

蕉源水湧，山崩田塞。（同治《萬安縣志》卷二〇《雜志》）

霪雨，沁水衝決隄岸。（乾隆《重修懷慶府志》卷六《河防》）

永樂六年（戊子，一四〇八）

正月

庚戌，夜，水星犯壘壁陣東第六星。（《明太宗實録》卷七五，第 1029 頁）

壬戌，夜，月犯鬼宿東北星。（《明太宗實録》卷七五，第 1030 頁）

甲子，河南武陟縣知縣屠任言："縣東關至北賈村等處去年霖雨，沁水衝決隄岸，潲没田廬，請用民力修築。"從之。(《明太宗實錄》卷七五，第1031頁)

丙寅，夜，月犯太微東垣上相星。(《明太宗實錄》卷七五，第1032頁)

丁卯，夜，月犯亢宿南第一星。(《明太宗實錄》卷七五，第1032頁)

二月

庚辰，夜，火星犯司怪北第二星。(《明太宗實錄》卷七六，第1035頁)

癸巳，夜，水星犯壘壁陣第六星。(《明太宗實錄》卷七六，第1036頁)

癸卯，夜，有星大如盞，青白色，光燭地，出元宿，南行入庫樓。(《明太宗實錄》卷七六，第1038頁)

甲辰，晝，太白見辰位。(《明太宗實錄》卷七六，第1038頁)

三月

辛酉，夜，月犯太微東垣上相星。(《明太宗實錄》卷七七，第1046頁)

己巳，夜，木星犯諸王西第三星。(《明太宗實錄》卷七七，第1049頁)

辛未，夜，有星火（舊校改"火"作"大"）如雞子，青白色，有光，出天厨旁，西北行至游氣中。(《明太宗實錄》卷七七，第1050頁)

四月

戊子，欽天監奏木星犯諸王星。(《明太宗實錄》卷七八，第1054頁)

己丑，夜，月犯進賢星。(《明太宗實錄》卷七八，第1055頁)

辛卯，夜，火星犯鬼宿西北星。(《明太宗實錄》卷七八，第1055頁)

甲午，夜，木星犯諸王東第一星。(《明太宗實錄》卷七八，第1055～1056頁)

癸卯，夜，有星大如盞，赤色，有光，出騎官，南行至游氣。(《明太宗實錄》卷七八，第1057頁)

大水。(同治《上海縣志》卷三〇《祥異》)

五月

丙辰，夜，有星大如碗，赤色，光燭地，出狗國，東南行入游氣，後二小星隨之。（《明太宗實錄》卷七九，第 1062 頁）

庚申，夜，月犯東咸第一星。（《明太宗實錄》卷七九，第 1062 頁）

辛酉，夜，月犯天罡（抱本作"江"）星。（《明太宗實錄》卷七九，第 1063 頁）

壬戌，夜，京師地震。（《明太宗實錄》卷七九，第 1063 頁）

乙亥，户部言："山東青州蝗。"（《明太宗實錄》卷七九，第 1064 頁）

蝗。（乾隆《諸城縣志》卷二《總紀上》）

六月

壬午，陝西鞏昌府漳縣雨雹，大水。（《明太宗實錄》卷八〇，第 1066 頁）

甲申，夜，金星犯諸王東二星。（《明太宗實錄》卷八〇，第 1066 頁）

丁亥，夜，月犯房宿北第二星。（《明太宗實錄》卷八〇，第 1069 頁）

丙申，夜，金星、木星犯井宿西扇北第一星。（《明太宗實錄》卷八〇，第 1072 頁）

庚子，夜，有星大如鷄子，赤色，有光，出大（廣本、抱本作"天"）槍，西南行入右攝提。（《明太宗實錄》卷八〇，第 1074 頁）

七月

戊申，夜，金星犯天罇西星。（《明太宗實錄》卷八一，第 1077 頁）

己酉，夜，有星大如盞，青白色，光燭地，出天津，西北行至女牀。（《明太宗實錄》卷八一，第 1077 頁）

辛亥，夜，火星入太微垣右掖門。（《明太宗實錄》卷八一，第 1079 頁）

癸丑，夜，有星大如宛（舊校改"宛"作"碗"），青白色，光燭地，出天桴，西北行入天紀，犯西稍星。（《明太宗實錄》卷八一，第 1088 頁）

丙辰，夜，火星犯太微垣右熱（舊校改"熱"作"執"）法。（《明太

宗實録》卷八一，第 1089 頁）

辛西，廣西思明府霆雨，壞城垣房舍，漂流人畜。（《明太宗實録》卷
八一，第 1090 頁）

辛未，夜，有星大如盞，青白色，光燭地，出天苑，東北行入近濁，後
（廣本、抱本 "後" 下有 "有" 字）三小星隨之。（《明太宗實録》卷八一，
第 1091 頁）

初六日，大水，潏塌城垣四百三十六丈，串楼四百三十六間。（萬曆
《廣西太平府志》卷二《祥異》）

初六日，大水，潏塌城垣四百三十六丈，串樓三百四十六間。（民國
《崇善縣志》第六編《前事》）

思明霆雨壞城。（嘉慶《廣西通志》卷一八六《前事》）

八月

乙卯，浙江平陽縣耆民言："縣四鄉之田，資河水灌溉。近年，河道雍
塞，有司雖嘗（廣本作 '常'）開浚，其支河實未用工，旬日不雨則涸。斥
鹵之地，鹹氣上蒸，田未（廣本、抱本作 '禾'）枯槁，民罹飢荒，乞發民
丁疏浚為便。" 從之。（《明太宗實録》卷八二，第 1100 頁）

庚寅，河南武安縣雹。（《明太宗實録》卷八二，第 1103 頁）

壬辰，夜，有星大如盞，青白色，光燭地，出閣道旁，西北行入紫微西
蕃内，三小星隨之。（《明太宗實録》卷八二，第 1104 頁）

九月

甲寅，夜，有星大如鷄子，青白色，光（廣本、抱本 "光" 上有 "有"
字），出入（廣本、抱本作 "外"）屏北，西北行入騰蛇旁。（《明太宗實
録》卷八三，第 1112 頁）

丙寅，夜，有星大如盞，青白色，有光，出羽林軍，西北行至雲中。
（《明太宗實録》卷八三，第 1114 頁）

己巳，夜，有星大如盞，青白色，有光，出六諸王，東北行至近濁。

（《明太宗實錄》卷八三，第1114頁）

壬申，夜，有星大如盞，青白色，有光，出壘壁陣東方星，西南行至近濁。（《明太宗實錄》卷八三，第1114頁）

癸酉，夜，有星大如盞，青白色，光燭地，出太微西垣，東行入太微游氣。（《明太宗實錄》卷八三，第1114～1115頁）

甲戌，夜，有星大如盞，赤色，有光，出參宿左肩，東南行入四瀆旁（廣本作"房"）。（《明太宗實錄》卷八三，第1115頁）

十月

庚辰，夜，中天輦道東南，有星如盛（廣本、抱本作"盞"）大，黃色光潤（廣本、抱本作"潤"），出而不行，蓋周伯德星云。（《明太宗實錄》卷八四，第1120頁）

十一月

甲寅，夜，有星如盞大，青白色，有光，出氐宿，東北行至游氣。（《明太宗實錄》卷八五，第1130頁）

十二月

癸未，夜，有星如盞大，青白色，有光，出參宿東，東北行入南河旁後，二小星隨之。（《明太宗實錄》卷八六，第1138頁）

是年

海決，陷没赭山巡檢司。（康熙《海寧縣志》卷一二上《祥異》）

水。（崇禎《吳縣志》卷一一《祥異》；乾隆《吳江縣志》卷四〇《災變》）

觀德亭圯于水。（乾隆《長泰縣志》卷三《學校》）

黃河汎漲，知縣彭仲恭憫民罹河患，乞分鄰境汝陽地居之。（民國《項城縣志》卷三一《祥異》）

永樂七年（己丑，一四〇九）

正月

己酉，夜，有星大如盞，青白色，有光，出柳宿旁，東北行至游氣。（《明太宗實録》卷八七，第 1152 頁）

二月

甲戌，夜，有星大如盞，青白色，有光，出左旗旁，東南行至雲中，後五小星隨之。（《明太宗實録》卷八八，第 1162 頁）

己卯，河南陳州衛言："河水衝決城垣三百七十六丈，護城堤岸二千餘丈，請以軍民兼修。" 從之。（《明太宗實録》卷八八，第 1169 頁）

丙戌，夜，金星犯外屏西第三星。（《明太宗實録》卷八八，第 1171 頁）

三月

辛酉，山西太原府地震。（《明太宗實録》卷八九，第 1179 頁）

戊辰，夜，有星大如盞，青白色，尾跡有光，出土司空旁，西南行入天廟。（《明太宗實録》卷八九，第 1183 頁）

旱，蝗。（順治《衛輝府志》卷一九《雜志》）

四月

丁丑，夜，有星大如盞，青白色，有光，出文昌，西北行至游氣。（《明太宗實録》卷九〇，第 1187 頁）

己丑，廣州大雨水。（嘉靖《廣州志》卷四《事紀》）

大水。（嘉靖《德慶州志》卷二《事紀》；道光《高要縣志》卷一〇《前事》）

閏四月

乙卯，夜，有星大如盞，赤色，有光，出西南雲中，西南行至雲中。（《明太宗實錄》卷九一，第 1195 頁）

甲子，以雨雹傷稼，免保定府安肅縣今年稅粮。（《明太宗實錄》卷九一，第 1196 頁）

丁卯，夜，有星大如盞，青赤色，有尾，光燭地，出侯星旁，東北行入天廟，後二小星隨之。（《明太宗實錄》卷九一，第 1197 頁）

甲子，大雨，水早入城，晡落，民不防及。夜，雷雨驟作，水疾起，直夜昏黑，居人皇忽，無所之，皆登屋。夜半盈城，人隨屋漂，譙樓前水高丈餘，質明方落，溺死男女六十餘人，漂官民房屋三百五十餘間，卷籍學糧俱湑没。（同治《祁門縣志》卷三六《祥異》）

甲子，祁門大雨，洪水入城，至晡已落，咸謂水不再作。是夜一鼓，濃雲四合，震雷交作，驟雨滂霈，俄頃水湧，迅奔而起，直夜昏黑，人無所之，舉皆登屋。三鼓時，盈城，民庶悉隨屋漂，譙樓前水高丈餘，至黎明方殺。民廬十去其九，溺死男婦六十餘人，凡漂官民房屋三百五十餘間，卷籍學粮俱湑没。（弘治《徽州府志》卷一〇《祥異》）

五月

甲申，夜，有星大如雞子，赤色，尾跡有光，出房宿，西行至雲中。（《明太宗實錄》卷九二，第 1203 頁）

戊子，湖廣安陸州奏："渲馬灘江溢，決圩岸千六百餘丈，請發民修築。"從之。（《明太宗實錄》卷九二，第 1203 頁）

丙申，夜，有星大如盞，青白色，有（廣本、抱本"有"下有"尾"字）光燭地，出天江，南行入箕宿。（《明太宗實錄》卷九二，第 1225 頁）

大雨水，害稼。（乾隆《香山縣志》卷八《祥異》）

安陸州江溢，決渲馬灘圩岸千六百餘丈。（《明史·五行志》，第 446 頁）

六月

癸卯，順天府固安縣言："渾河決賀家口，傷禾稼。"命工部亟遣官修築。（《明太宗實錄》卷九三，第 1228 頁）

丁未，夜，有星大如盞，青白色，光燭地，出鱉星，南行至近濁。（《明太宗實錄》卷九三第 1230 頁）

庚戌，夜，月犯心宿前星。（《明太宗實錄》卷九三，第 1232 頁）

乙丑，鳳陽府壽州言："淮水決州城。"命以時修築。（《明太宗實錄》卷九三，第 1238 頁）

丁卯，中都留守司言："夏雨不止，淮河永（廣本、抱本作'水'）溢壩口，見發軍夫晝夜築塞。"命工部亟遣人督視。（《明太宗實錄》卷九三，第 1240 頁）

戊辰，上御奉天門顧廷臣曰："近日郡縣數奏水旱，朕甚不寧。"右通政馬麟對曰："水旱出於天數，堯湯之世所不免，今聞一二處有之，不至有（廣本、抱本作'大'）害。"（《明太宗實錄》卷九三，第 1240 頁）

雨雹。（同治《瀏陽縣志》卷一四《祥異》）

淮水決州城。（道光《壽州志》卷三五《祥異》）

丁卯，鳳陽大雨水。（《國榷》卷一四，第 1024 頁）

七月

庚辰，是夜，月犯南斗魁第二星。（《明太宗實錄》卷九四，第 1245 頁）

甲申，是日，浙江處州府麗水縣言："霖雨，山水驟溢，壞廬舍，沒田稼，漂流人口。"（《明太宗實錄》卷九四，第 1247 頁）

乙酉，夜，有星大如盞，青白色，光燭地，出正東雲中，東北行至雲中。（《明太宗實錄》卷九四，第 1247～1248 頁）

丁酉，旦，老人星見丙位，其色赤黃。（《明太宗實錄》卷九四，第 1252 頁）

甲申，麗水縣霖雨，山水驟湧，壞田廬，漂人畜。（光緒《處州府志》卷二五《祥異》）

静樂縣嚴霜殺禾殆盡。（萬曆《太原府志》卷二六《災祥》）

初八日，金、峪二河水漲發，夜入東門，潹没城内居民，人畜淹死者甚衆。（康熙《徐溝縣志》卷三《祥異》）

八月

己酉，夜，月犯十二（廣本、抱本"二"下有"諸"字）國周星。（《明太宗實錄》卷九五，第1257頁）

庚戌，夜，月犯壘壁陣西方第一星。（《明太宗實錄》卷九五，第1258頁）

甲子，上曰："朕奉天子民，正願天降豐年，使四海之人皆足。今蘇松水患未息，近保定、安肅、處州、麗水皆雨雹，渾河決於固安，傷禾稼。且四方之廣，尚有未盡聞者，不聞群臣一言。及弭災之道，而喋喋於賀嘉禾，謂禎祥聖德所致，夫災異非朕所致乎？爾等宜助朕修德行政，他非所欲聞也。"（《明太宗實錄》卷九五，第1264頁）

甲子，河南汝寧府遂平縣言："雨水傷稼，秋税乞輸鈔。"從之。（《明太宗實錄》卷九五，第1264頁）

大風雨拔屋，没禾稼。（民國《台州府志》卷一三四《大事略》）

大風雨，拔木没禾，傾屋無算。（康熙《天台縣志》卷一五《災祥》）

蝗，令民捕之。（康熙《瓊山縣志》卷九《雜志》）

辛亥，台温大雨水。（《國榷》卷一四，第1026頁）

九月

庚午，朔，日有食之。（《明太宗實錄》卷九六，第1267頁）

癸酉，夜，有星大如鷄子，青白色，尾跡有光，出天庾，西南行至游氣。（《明太宗實錄》卷九六，第1269頁）

癸未，巡按浙江監察御史言："八月十二日，松門、海門、昌國、台州

四衛，楚門等六千户所颶風驟雨，壞城垣，漂流房舍，請令所司修築備禦。"從之。（《明太宗實錄》卷九六，第 1273 頁）

丙戌，夜，有星大如鷄子，青白色，有光，出栁宿，東北行至軒轅。（《明太宗實錄》卷九六，第 1274 頁）

十月

辛丑，夜，東南天鳴。（《明太宗實錄》卷九七，第 1281 頁）

戊申，夜，有星大如盞，赤色，光燭地，出華盖，北行至游氣。（《明太宗實錄》卷九七，第 1283 頁）

十一月

乙亥，冬至夜，月犯壘壁陣東方第四星。（《明太宗實錄》卷九八，第 1290 頁）

辛巳，廣西思明府土官知府黄廣成言："去年秋，雨水傷禾，乞免糧税。"從之。（《明太宗實錄》卷九八，第 1291 頁）

丁亥，夜，金星犯罰星。（《明太宗實錄》卷九八，第 1291 頁）

己丑，夜，有星大如盞，青白色，尾跡有光，出天園〔囷〕，西南行至游氣。（《明太宗實錄》卷九八，第 1291 頁）

丁酉，夜，有星如鷄子大，青白色，尾跡有光，出奎宿，北行（廣本、抱本"北行"作"西北行"）至近濁。（《明太宗實錄》卷九八，第 1293 頁）

十二月

壬子，夜，月犯火星。（《明太宗實錄》卷九九，第 1297 頁）

己未，是日，揚州府泰興縣耆民言："縣南欄江隄岸為風濤衝激，淪入於江者三千九百餘丈。又大港北，自縣河南出大江，淤塞四千五百餘丈，請命浚築。"皇太子遣官相度修治。（《明太宗實錄》卷九九，第 1300 頁）

己未，泰興縣耆民言："縣南攔江堤岸為風濤衝激，淪入於江者三千九

百餘丈。又大江北，自縣河南出大江，淤塞四千五百餘丈。"（道光《崇川咫聞錄》卷二《山川》）

是年

夏，蝗。（光緒《德平縣志》卷一〇《災祥》）

發廩賑貸缺食軍民。八年，蠲免被水軍民地銀。（民國《太和縣志》卷四《蠲賑》）

大旱。八月，蝗，令民捕之。（道光《瓊州府志》卷四二《事紀》）

颶風大作，時颶挾鹹潮汛濫至城，海堤潰，民溺死者甚衆，知府王敬捐俸恤之。（康熙《遂溪縣志》卷一《事紀》）

瀏陽雨雹。（乾隆《長沙府志》卷三七《災祥》）

大水。（崇禎《吳縣志》卷一一《祥異》；乾隆《吳江縣志》卷四〇《災變》；同治《湖州府志》卷四四《祥異》；光緒《烏程縣志》卷二七《祥異》）

颶風壞官庫，案牘俱失。（萬曆《黃巖縣志》卷七《紀變》）

雨雹。（民國《新城縣志》卷二二《災禍》）

潁州、淮安、揚州水。（民國《泗陽縣志》卷三《大事》）

水。（嘉慶《揚州府志》卷七〇《事略》）

江潮衝激，塘岸崩毀。（嘉靖《仁和縣志》卷六《水利》）

颶風大作，時颶挾鹹潮汛濫至城，海堤潰，民溺死者甚衆，知府王敬捐俸恤之。（萬曆《雷州府志》卷一《事紀》）

大旱。（康熙《瓊山縣志》卷九《雜志》；康熙《臨高縣志》卷一《災祥》）

旱，至七月初九日雨，失耕。八月蝗發，遣官沿田捕之。（康熙《儋州志》卷二《祥異》）

秋，保定雨雹。（《明史·五行志》，第 429 頁）

秋，浙東雨雹。（《明史·五行志》，第 429 頁）

渾河決固安。（《明史·五行志》，第 446 頁）

永樂八年（庚寅，一四一〇）

正月

辛卯，夜，有星大如盞，青白色，尾跡有光，出文昌，西北行至近濁。（《明太宗實錄》卷一〇〇，第1305頁）

癸巳，皇太子以去年江北水患，遣都察院右副都御史虞謙、户科給事中杜欽往揚州、淮安、鳳陽，直抵陳州，視軍民疾苦，悉免其年被災田租。先有勘覈未盡者，審實一體蠲免，若以輸在官者，准作今年之數，軍民有迫於艱難典賣子女者，官為贖還。（《明太宗實錄》卷一〇〇，第1306頁）

甲午，夜，有星大如雞子，青白色，有光，出天廟，西南行至雲中。（《明太宗實錄》卷一〇〇，第1307頁）

癸巳，免去年鳳陽水災田租。（光緒《鳳陽府志》卷四下《紀事表下》）

免去年水災田租。（光緒《五河縣志》卷八《蠲賑》）

免去年揚州水災田租。（宣統《泰興縣志補》卷三上《蠲恤》）

登州寧海諸州縣自正月至六月，疫死者六千餘人。（《明史·五行志》，第442頁）

二月

丁未，夜，有星大如雞子，青白色，尾跡有光，出右攝提，東南行至近濁。（《明太宗實錄》卷一〇一，第1317頁）

庚戌，車駕度居庸關，次水（抱本作“永”）安甸。晚，雨雪，已而復霽，日下，五色雲現。（《明太宗實錄》卷一〇一，第1317頁）

壬子，夜，有星大如雞子，青白色，有光，出女床，西北行至游氣。（《明太宗實錄》卷一〇一，第1318頁）

甲子，上閱武營外……時天霽，忽大風陰晦。上曰：“雪且至，命軍士

亟回。"及營，雪下，已而大風，復霽。(《明太宗實録》卷一〇一，第1321～1322頁)

甲子，浙江黃巖縣言："民被水患乏食，乞免永樂五年鹽糧，仍乞今歲稅糧折鈔。"皇太子從之。(《明太宗實録》卷一〇一，第1322頁)

日下五色雲見。(光緒《正定縣志》卷八《災祥》)

庚戌，度居庸關，關僅容駕，凡數處，次永安甸，大風陰晦，須臾大雪，少頃霽，日下五色雲見。(《國榷》卷一五，第1036頁)

乙卯，次宣府，上閱武營内，夜雨。(《國榷》卷一五，第1037頁)

辛酉，發宣平，次萬全，大風寒，微雪。(《國榷》卷一五，第1037頁)

甲子，上閱武營外，天晴大風，忽天陰，命亟回營，雪下，復霽。(《國榷》卷一五，第1037頁)

三月

戊辰，有星大如碗，赤色，光燭地，出太微東垣外，西南行入太微垣右執法星旁。(《明太宗實録》卷一〇二，第1323頁)

乙酉，夜，有星大如盞，赤色，有光，出漸臺，東北行至近濁。(《明太宗實録》卷一〇二，第1330頁)

四月

庚子，有星大如鷄子，青白色，尾跡有光，出紫微垣内后星旁，西北行至北斗魁。(《明太宗實録》卷一〇三，第1338～1339頁)

乙巳，夜，月犯靈臺上星。(《明太宗實録》卷一〇三，第1339頁)

庚戌，夜，有星大如鷄子，青白色，尾跡有光，出建星，東南行至雲中，後三小星随之。(《明太宗實録》卷一〇三，第1340頁)

乙卯，夜，月犯十二諸國秦星。(《明太宗實録》卷一〇三，第1341頁)

戊午，夜，有星大如盞，青白色，光燭地，出左攝提，西南行入太微垣内，后一小星随之。(《明太宗實録》卷一〇三，第1342頁)

己未，至雙秀峰，載水而行，適陰雨，人馬不渴。（《國榷》卷一五，第 1041 頁）

五月

丁卯，漢中府金州霪雨，江水泛溢，壞城垣倉庫，漂溺人口。事聞，皇太子命户部速遣人撫視。（《明太宗實録》卷一〇四，第 1345 頁）

丁卯，夜，有星大如鷄子，青白色，有光，出正東雲中，東北行至近濁。（《明太宗實録》卷一〇四，第 1345 頁）

辛卯，夜，月犯昴宿。（《明太宗實録》卷一〇四，第 1354 頁）

己丑，雨，上次廣安鎮。（《國榷》卷一五，第 1044 頁）

金州大水。（康熙《陝西通志》卷三〇《祥異》）

平度州濰水及浮糠河決，浸百十三所。（《明史·五行志》，第 446 頁）

至八月，淫雨，黄河泛溢，壞開封府舊城，被患者萬四千一百餘户，没田七千五百餘頃。（雍正《河南通志》卷一四《河防》）

六月

壬寅，夜，有星大如鷄子，赤色，光燭地，出輦道，東北行入貫索内。（《明太宗實録》卷一〇五，第 1357 頁）

乙巳，上旋師逐虜潰散者，晚次駐蹕峯，地高少水，忽雷雨大作，軍中足飲。（《明太宗實録》卷一〇五，第 1360 頁）

乙巳，是日，皇太子免直隸鳳陽府、潁〔潁〕州并太和縣水被災田賦。（《明太宗實録》卷一〇五，第 1360 頁）

丙午，夜，有（廣本、抱本作“火”）星犯太微垣右執法。（《明太宗實録》卷一〇五，第 1360 頁）

辛亥，是日，山東膠州知州文敏言：“民水災缺食，多逃徒（疑當作“徙”）者，其累歲所逋租，乞折布帛，今年租則令輸粟。”皇太子從之。（《明太宗實録》卷一〇五，第 1362 頁）

辛丑，次青楊戍，雨甚。（《國榷》卷一五，第 1045 頁）

七月

己卯，温州府平陽縣風潮，漂没廬舍，溺死民人。事聞，皇太子遣人安撫。（《明太宗實録》卷一○六，第 1371 頁）

辛卯，浙江金鄉衛颶風驟雨，壞城垣公廨。（《明太宗實録》卷一○六，第 1373 頁）

壬辰，夜，有星大如盞，如（舊校删"如"字）青白色，有光，出北落師門南，西行至近濁。（《明太宗實録》卷一○六，第 1373 頁）

大雨。（民國《台州府志》卷一三四《大事略》）

八月

丙申，夜，有星大如盞，青白色，尾跡有光，出西南方，西南行入游氣。（《明太宗實録》卷一○七，第 1381 頁）

庚申，河南按察司僉事張翥等言："五月、八月霪雨，黄河泛溢，壞開封舊城，民被患者萬四千一百餘户，没田七千五百餘頃。"上命户部遣人巡視安撫。（《明太宗實録》卷一○七，第 1390 頁）

辛酉，旦，老人星見丙位，色赤黄。（《明太宗實録》卷一○七，第 1390 頁）

甲子，夜，水星犯左執法。（《明太宗實録》卷一○七，第 1392 頁）

甲子，臨海縣大雨水，傷稼。（《國榷》卷一五，第 1051 頁）

九月

戊辰，夜，有星大如盞，青白色，光燭地，出正南雲中，西南行至近濁。（《明太宗實録》卷一○八，第 1395 頁）

乙亥，夜，木星犯靈臺上星。（《明太宗實録》卷一○八，第 1396 頁）

丁丑，夜，月犯外屏西第二星。（《明太宗實録》卷一○八，第 1398 頁）

丙戌，夜，有星如盞大，青白色，有尾，光燭地，出正南雲中，東南行入近濁。（《明太宗實録》卷一○八，第 1399 頁）

己丑，夜，月犯太微西垣上將星。（《明太宗實錄》卷一〇八，第1400頁）

壬辰，夜，金星犯天江南第二星。（《明太宗實錄》卷一〇八，第1401頁）

十月

甲午，夜，有星大如碗，赤色，有尾跡，光燭地，出司怪旁，東北行入輿鬼。（《明太宗實錄》卷一〇九，第1403頁）

庚子，浙江台州府臨海縣言："去年八月淫雨，澇沒田稼，民多饑窘，其稅粮魚課，乞以鈔代諭（廣本、抱本作'輸'）。"皇太子從之。（《明太宗實錄》卷一〇九，第1405頁）

戊申，戶部言："直隸薊（舊校改'薊'作'蘇'）州府崑山縣、山東青州府日照縣民飢，嘗貸預備倉儲，以累歲水災不能償，乞折輸鈔。"皇太子從之。（《明太宗實錄》卷一〇九，第1406頁）

庚寅（舊校改"寅"作"戌"），晝，太白見未星（抱本作"位"）。（《明太宗實錄》卷一〇九，第1406頁）

壬子，夜，月犯五諸侯南第二星。（《明太宗實錄》卷一〇九，第1406頁）

癸丑，夜，有星大如盞，赤色，尾跡有光，出天津，西南行至近濁。（《明太宗實錄》卷一〇九，第1407頁）

甲寅，夜，有星大如彈丸，赤色，尾跡有光，出天關旁，流五丈餘，發光，如雞子大，西南行入天桴。（《明太宗實錄》卷一〇九，第1407頁）

戊午，夜，月犯太微垣右執法。（《明太宗實錄》卷一〇九，第1407頁）

己未，夜，有星大如盞，青白色，光燭地，出內階，北行入紫微垣至勾陳。（《明太宗實錄》卷一〇九，第1408頁）

十一月

癸亥，夜，有星大如雞子，赤色，有光，出五車東南行入北河，後二小星從（廣本、抱本作"隨"）之。（《明太宗實錄》卷一一〇，第1409頁）

己巳，夜，有星大如鷄子，赤色，尾跡有光，出內階，西南行入九遊。（《明太宗實錄》卷一一〇，第 1409 頁）

十二月

戊戌，河南守臣言：“汴梁河決，壞城二百餘丈，宜及時脩理。”上諭工部臣曰：“汴梁城近黄河，不免衝決之患，而此國家藩屏之地，不可以緩，且聞黄河水增三尺，其急遣人往視隄防。”（《明太宗實錄》卷一一一，第 1416 頁）

壬寅，户部尚書夏原吉言：“直隸揚州府如皋縣去年五月、六月水，没民田四十五頃有奇，宜蠲其租。”從之。（《明太宗實錄》卷一一一，第 1418 頁）

壬子，夜，月犯木星。（《明太宗實錄》卷一一一，第 1421 頁）

己未，直隸徐州碭山縣言：“連歲水灾，田價（疑當作‘稼’）薄收，租税乞折鈔。”從之。（《明太宗實錄》卷一一一，第 1426 頁）

汴梁河決，壞城二百餘丈。（雍正《河南通志》卷一四《河防》）

是年

瀏陽大水，後大旱。（乾隆《長沙府志》卷三七《灾祥》）

免去年淮安水灾田租，贖軍民所鬻子女。（同治《重修山陽縣志》卷二一《祥祲》；光緒《淮安府志》卷四〇《雜記》）

旱，大饑。（同治《餘干縣志》卷二〇《祥異》）

秋，淋雨六十日。（道光《安定縣志》卷一《灾祥》）

江潮漲四日。（光緒《泰興縣志》卷末《述異》）

大風雨，摧壞（署）。（康熙《台州府志》卷三《公署》）

蠲免被水軍民地銀。（民國《太和縣志》卷四《蠲賑》）

大水，旱。（同治《瀏陽縣志》卷一四《祥異》）

大水。（同治《番禺縣志》卷二一《前事》；宣統《南海縣志》卷二《前事補》）

大旱。（康熙《儋州志》卷二《祥異》）

秋，大霖雨，七月初雨，五旬始止。（順治《澄城縣志》卷一《災祥》）

秋，大淋雨，五旬乃止。（康熙《鄜州志》卷七《災祥》）

秋，霖五旬。（天啟《同州志》卷一六《祥祲》）

邵武比歲大疫，至是年冬，死絕者萬二千戶。（《明史·五行志》，第442頁）

永樂九年（辛卯，一四一一）

正月

辛巳，順天府香河等縣民奏："所收官草因雨浥爛，而法司坐以侵欺，責償甚急，乞寬恤。"上曰："北京近縣之民，朕昔用兵，始終供餽，雖勞不厭，今國家無事，縱有侵欺，猶當以前勞宥之，況無侵欺可枉之乎?"特命釋之，賜鈔五錠為道里費遣還。（《明太宗實錄》卷一一二，第1433頁）

丙戌，是日，揚州府高郵州言："城北張家溝塘岸三十里，舊用磚石包砌，防遏甓社等九湖及天長諸水。近因夏雨浸滛，山水暴漲，衝決塘岸九百八十丈。又自張家溝（廣本作'灣'，誤）北至寶應縣，南至江都縣，東至興化縣界，塘岸百餘里，間有坍塌，乞發丁夫如舊修治。"皇太子命工部覈實修築。（《明太宗實錄》卷一一二，第1434~1435頁）

己丑，免北京、保定府祈〔祁〕州被水災田租。（《明太宗實錄》卷一一二，第1435頁）

高郵甓社等九湖及天長諸水暴漲。（嘉慶《備修天長縣志稿》卷九下《災異》）

雨，初四日，大雨連綿。至十七日，又大風雨，山崩田陷，民屋財畜漂流。（康熙《儋州志》卷二《祥異》）

二月

己亥，山東沂州言："沭河口水衝決五百三十餘丈，請發民脩築。"從之。（《明太宗實録》卷一一三，第1439～1440頁）

甲辰，夜有星大如雞子，赤色，有光，出五車，流丈餘，發光如盞大，西北行至游氣。（《明太宗實録》卷一一三，第1442頁）

丁未，夜，月食。（《明太宗實録》卷一一三，第1442頁）

己酉，河南武陟縣言："去歲，天雨浸淫，沁河南北九百餘步流潰成河，湮土田廬舍，請以丁夫脩築。"從之。（《明太宗實録》卷一一三，第1442頁）

庚戌，山東齊東縣知縣張昇言："境内小清河納明鷄諸山溪澗之水，去年（廣本、抱本作'歲'）洪水橫流，陂堰衝決，湮没下固（廣本無'固'字）堤官臺等處鹽場，及清州郡縣民田，請浚上流，脩堤防，使水由故道。"皇太子命工部速遣官相度脩浚。（《明太宗實録》卷一一三，第1442頁）

己未，夜，有星大如碗，青白色，有光，出正西雲中，西北行入雲中。（《明太宗實録》卷一一三，第1445頁）

三月

癸亥，工部言："湖廣安陸州及京山、景陵等縣圩岸為水所決，官（'官'前疑脱'遣'字）脩築。"从之。（《明太宗實録》卷一一四，第1448頁）

己丑，夜，有星大如盞，青白色，尾跡有光，出北斗旁，西北行至雲中，後（廣本作"没"）二小星隨之。（《明太宗實録》卷一一四，第1461頁）

四月

庚子，夜，月犯木星。（《明太宗實録》卷一一五，第1465頁）

庚戌，夜，有星大如盞，赤色，有尾，光燭地，出紫微垣内四輔旁，北行至游氣。（《明太宗實録》卷一一五，第1467頁）

戊午，是月，沭陽縣雨雹傷稼。（《國榷》卷一五，第1062頁）

五月

甲申，河南彰德府臨漳縣主簿趙永中言："去年漳河泛溢，決縣西南張（廣本、抱本作'彰'）固村河口，與滏陽河合流，低下田土為河泊，不堪畊種。今若復修隄防，不免決潰，虛負民力。乞今被災之民，別於漳河旁近，擇高阜荒地開種。"從之。（《明太宗實錄》卷一一五，第1473~1474頁）

甲申，罷築漳河堤防，先因臨漳主簿趙永中言。去年漳河泛溢，決張固村河口，與滏陽河合流，低下田土悉爲汪浸。（嘉靖《河南通志》卷一四《河防》）

己丑，是月，開封大雨水。（《國榷》卷一五，第1062頁）

六月

甲午，户部言："淮安府沭陽縣四月雨雹傷稼，計田五百三十九頃有奇。"詔免其租。（《明太宗實錄》卷一一六，第1475頁）

丁未，自甲辰至是日，直隷揚州府通州、太（抱本作"泰"）興、江都、儀真、海門等縣風雨暴作，江潮泛漲，壞房舍，漂流人畜。事聞，命户部速遣人巡視撫邮。（《明太宗實錄》卷一一六，第1479頁）

七月

庚午，浙江湖州府烏程等縣淫雨，没田稼萬三千三百八十頃。事聞，命户部免其今年租（廣本"租"作"田租"）。（《明太宗實錄》卷一一七，第1486~1487頁）

庚午，夜，月犯箕宿東北星。（《明太宗實錄》卷一一七，第1487頁）

辛未，工部言："浙江潮水衝決仁和縣黄濠塘岸三百餘丈、孫家圍（廣本、抱本作'圍'）塘岸二十餘里。海寧縣風潮，溺死居民，漂流廬舍，坍塌城垣，請發軍民脩築。"從之，仍命户部遣官巡撫被災之家。（《明太宗實錄》卷一一七，第1487頁）

辛未，浙江潮溢，衝決仁和縣黄濠塘岸三百餘丈，孫家園塘岸二十餘

里。海甯縣風潮溺民，塌城垣。（光緒《杭州府志》卷八四《祥異》）

屬縣霪雨，没田萬三千三百八十頃。（同治《湖州府志》卷四四《祥異》）

滛雨没田。（光緒《桐鄉縣志》卷二〇《祥異》；光緒《歸安縣志》卷二七《祥異》）

淫雨没田，免今年租。（道光《武康縣志》卷一《邑紀》）

霪雨没田，免今年租。（同治《長興縣志》卷九《災祥》）

海決，没赭山巡司，漂廬舍，壞城垣，長安等壩淪於海者千五百餘丈，赭山岩門故道皆淤塞，民流移者六千七百餘户，田淪没者一千九百餘頃。朝廷遣保定侯孟瑛等，盡役蘇湖九郡，貲累鉅萬，積十三年其患始息。（順治《海寧縣志略·海塘》）

河復故道，河南水患稍息。（民國《淮陽縣志》卷一《輿地》）

八月

癸卯，夜，月食。（《明太宗實錄》卷一一八，第 1497 頁）

戊申，夜，月犯昴宿。（《明太宗實錄》卷一一八，第 1498 頁）

庚戌，夜，有星大如盞，青白色，光燭地，出紫微垣内，西行入文昌。（《明太宗實錄》卷一一八，第 1498～1499 頁）

甲寅，巡按北京監察御史朱敏言："大名等府漳、衛二水決隄岸，潴田禾，請發民脩築。"從之。（《明太宗實錄》卷一一八，第 1501 頁）

漳、衛二水決堤潴田。（民國《大名縣志》卷二六《祥異》）

九月

丙寅，以水災免直隸潁〔潁〕州及河南汝州魯山縣永樂八年粮芻。（《明太宗實錄》卷一一九，第 1504 頁）

丁丑，月掩五車東南星。（《明太宗實錄》卷一一九，第 1508 頁）

乙酉，是月，遂溪、海康大風雨，溺千六百餘人。（《國榷》卷一五，第 1067 頁）

十月

辛亥，夜，有星太（舊校改"太"作"大"）如盞，青白色，光燭地，出東南雲中，西南行至雲中。（《明太宗實錄》卷一二○，第 1518 頁）

十一月

庚午，夜，有星如盞大，青白色，有光，出柳宿旁，東南行至游氣。（《明太宗實錄》卷一二一，第 1529 頁）

十二月

乙未，雨雪寒甚。（《明太宗實錄》卷一二二，第 1536 頁）

壬寅，上諭工部臣曰："雨雪連日，朕與卿等猶不免憚寒，何況下人。京城之中，軍士離聚艱難，有出征者，有守衛者，獨妻子在營，此際寒凍，不能出門戶，而薪炭踴貴數倍，蓋有飲食不能以時者，今抽分處積薪不少，每戶給百斤，出征者三倍給之，不可稽緩。"（《明太宗實錄》卷一二二，第 1538 頁）

閏十二月

庚申，是日，戶部言："廣東雷州府九月颶風暴雨，遂溪、海康二縣壞廬舍千（廣本、抱本'千'下有'六'字）百餘間，田禾八百餘頃，民溺死千六百餘人，府縣匿不以聞。"皇太子曰："守令，民之父母，不恤其患，又不以聞，是豈有人心？"令御史按視鞠治。（《明太宗實錄》卷一二三，第 1548 頁）

甲申，免湖廣沔陽州景陵縣、河南彰德府湯陰縣水災田租。（《明太宗實錄》卷一二三，第 1553 頁）

是年

春，脩沁水決口。（道光《武陟縣志》卷一二《祥異》）

海復決。（康熙《海寧縣志》卷一二上《祥異》）

湖廣大水，遣使賑之。（道光《永州府志》卷一七《事紀畧》）

水田半淹。（乾隆《震澤縣志》卷二七《災祥》）

江潮漲四日，漂人畜甚衆。（光緒《通州直隸州志》卷末《祥異》）

高郵縣甓社等湖暴漲。（道光《續增高郵州志·災祥》）

貴溪螟蝗害稼。（同治《廣信府志》卷一《星野》）

夏，大雨，河水泛溢，平地數尺。（光緒《通州志》卷八《人物》）

河北決，由縣境入魚臺。（咸豐《金鄉縣志略》卷一〇下《事紀》）

水，半淹。（崇禎《吳縣志》卷一一《祥異》）

江潮漲四日，漂人畜甚衆。（嘉慶《如皋縣志》卷二三《祥祲》）

海溢堤圮，自海門至鹽城百三十里，命平江伯陳瑄以四十萬卒築治之，爲捍潮堤萬八十餘丈。（光緒《鹽城縣志》卷一七《祥異》）

螟蝗害稼，知縣藍森禱于鳴山，蝗滅。（道光《貴溪縣志》卷二七《祥異》）

大水。（嘉慶《沅江縣志》卷二二《祥異》；光緒《湖南通志》卷二四三《祥異》）

大旱。（民國《平樂縣志》卷八《災異》）

水，田半淹。十年至十四年如之，其十二年、十三年水尤大，竝蠲其租。（乾隆《吳江縣志》卷四〇《災變》）

浙江、湖廣、河南、順天、揚州水，河南、陝西疫，遣使振之。（《明史·成祖紀》，第89頁）

永樂十年（壬辰，一四一二）

正月

己酉，河南靈寶、永寧二縣言：“永樂八年，民糧尚虧七萬一千四百餘石，今歲復值旱災，乞折輸鈔帛。”山西平陸縣言：“縣山高土薄，連年

（廣本作‘歲’）旱澇，民食不充，乞以八年、九年粮折輸鈔帛。”並從之。（《明太宗實録》卷一二四，第 1561 頁）

甲寅，陝西淳化縣及河州軍民指揮司俱言：“本地山高土瘠，加有水旱，田稼不登，今年稅粮乞折輸鈔。”從之。（《明太宗實録》卷一二四，第 1563 頁）

二月

庚申，山西猗氏縣耆民張彦清莘言：“累歲旱澇，田稼不登，乞以八年、九年逋租，折納鈔帛。”上諭户部臣曰：“田有定租，農安得歲常全收，有司但知科征而已，民非甚不得已，豈肯自言。今累歲旱澇，衣食不必給，其鈔帛何從而出，宜悉除之，其耆民人賜鈔二錠遣歸。”（《明太宗實録》卷一二五，第 1565～1566 頁）

三月

辛卯，夜，有星如盞大，青白色，有光，出庫楼，南行至近濁，後有三小星隨之。（《明太宗實録》卷一二六，第 1576 頁）

癸巳，夜，有星如碗（廣本作“盞”）大，青白色，有光，出尾宿，東南行至雲中，後三小星隨之。（《明太宗實録》卷一二六，第 1576 頁）

甲午，夜，月犯軒轅大星。（《明太宗實録》卷一二六，第 1576 頁）

甲辰，以水災蠲北京昕屬郡縣租粮（廣本、抱本作“稅”）。（《明太宗實録》卷一二六，第 1579 頁）

乙巳，夜，有星大如彈丸，流五尺許，發光，如盞大，青白色，光燭地，出左攝提，西行至北斗旁，後二小星隨之。（《明太宗實録》卷一二六，第 1579 頁）

戊申，河南汝寧府遂平縣雨，山水決河堤，没田四十餘頃，被災一百三十六户。事聞，皇太子遣人賑恤之。（《明太宗實録》卷一二六，第 1580 頁）

四月

壬戌，尚書宋禮奏：“近因監察御史許堪言衛河水患，命臣相度措置。”

（《明太宗實錄》卷一二七，第 1583 頁）

癸酉，户部言："浙江臨海縣民困（廣本、抱本作'因'）水災，虧兑鹽粮萬三千一百八十餘石，請令以鈔折輸。"上曰："既被水災，當思寬恤，其蠲除之。"（《明太宗實錄》卷一二七，第 1587 頁）

大水。（康熙《鄱陽縣志》卷一五《災祥》；同治《饒州府志》卷三一《祥異》）

山東蝗，傷稼，饑。（民國《增修膠志》卷五三《祥異》）

雨，至五月大水，漂没民居，户部撫郵。（乾隆《武寧縣志》卷一《祥異》）

五月

壬辰，夜，火星犯右執法。（《明太宗實錄》卷一二八，第 1593 頁）

甲寅，江西寧縣大雨，山水泛漲，漂没民舍。事聞，皇太子令户部遣人撫恤。（《明太宗實錄》卷一二八，第 1595 頁）

洪水暴漲。（康熙《南平縣志》卷一六《孝友》）

六月

丙辰，廣西潯州大雨，江水泛漲，壞城垣、倉廠、房舍，户部遣人往視。（《明太宗實錄》卷一二九，第 1597 頁）

庚申，浙江按察使周新言："湖州府烏程莇縣永樂九年夏秋霖潦，窪田盡没，湖州府無徵粮米七十萬（廣本、抱本作'十七萬'）二千四百餘石，所司不與分豁，一概催徵。今年春多雨，下田廢耕，饑民已荷賑貸，而前年所負田租，有司猶未蠲免。民被迫責，日就逃亡。乞遣官覆驗以舒（廣本、抱本作'紓'）民急。"命户部亟遣人覈實蠲免。（《明太宗實錄》卷一二九，第 1598 頁）

癸亥，河南鄢陵、漳（廣本、抱本"漳"上有"臨"字）二縣驟雨，河水壞隄岸，没田禾。事聞，皇太子遣人撫視。（《明太宗實錄》卷一二九，第 1599 頁）

癸亥，夜，月犯心宿後星。（《明太宗實錄》卷一二九，第 1599 頁）

辛未，初，河南陽武縣言："河決中𥂕隄二百二十餘丈，漫流中牟、祥符、尉氏諸縣，中𥂕堤與武（廣本、抱本'武'上有'原'字）縣大賓堤皆河流之衝，屢塞屢決。"上遣工部主事藺芳按視。至是，芳言："堤當急流之衝，夏秋之交，雨水泛漲，往往決弛。請依新開河岸，捲土為埽，樹樁桿禦之，庶不至重為民患。"從之。（《明太宗實錄》卷一二九，第 1600 ～ 1601 頁）

辛未，湖廣荊州、武昌、黃州、常德、漢陽荂府久雨，江水泛溢，没民廬舍、田禾。（《明太宗實錄》卷一二九，第 1601 頁）

壬申，浙江按察司奏："今年浙西水潦，田苗無收。通政趙居任匿不以聞，而逼民輸稅。"上以問户部尚書夏原吉，原吉對曰："比趙居任奏，民多以熟田作荒傷，按察之言未可悉信。"上曰："水潦為災，人皆見之，按察司敢妄言乎？愚民雖間有為欺謾者，豈可以一二廢千百，爾即遣人覆視，但苗壞於水者，蠲其稅，民被水甚者，官發粟賑之。"（《明太宗實錄》卷一二九，第 1601 頁）

鄢陵、臨漳二縣驟雨，河水壞堤岸，没田禾。又陽武縣河決，中鹽堤二百二十餘丈。（雍正《河南通志》卷一四《河防》）

辛未，漢陽等府久雨，江水泛漲，没民廬舍田禾，事聞，命户部遣人巡視綏撫。（同治《漢川縣志》卷一〇《民賦》）

城西北步渾水與塔莎水泛漲，衝圮城垣。（光緒《交城縣志》卷一《祥異》）

揚州等縣江潮泛漲，漂流人畜，命户部遣人撫卹。（民國《瓜洲續志》卷一二《祥異》）

河決陽武中鹽隄，漫流中牟、祥符諸縣。（乾隆《重修懷慶府志》卷六《河防》）

浙江按察司奏："今年浙西水潦，田苗無收。"（康熙《桐鄉縣志》卷三《邮典》）

辛未，武昌、荊、黃、常德、漢陽大雨，江溢，壞田舍，命户部遣卹。

（《國榷》卷一五，第 1077 頁）

七月

丙戌，以水災免直隸吳江、長洲、崑山、常熟〔熟〕四縣粮十三萬八千六百九十石有奇。（《明太宗實錄》卷一三〇，第 1607 頁）

丙戌，順天府言："盧溝河水漲，壞橋及隄岸八千二十丈，及壞官民田廬，溺死人畜。"上命户部遣人綏撫，工部遣人修築。（《明太宗實錄》卷一三〇，第 1607 頁）

己丑，夜，有星如鷄子大，青白色，有尾，出狗國旁，東南（廣本、抱本 "南" 下有 "行" 字）流丈餘，發光大如碗，光燭地，至近濁。（《明太宗實錄》卷一三〇，第 1608 頁）

丁未，以水災免浙江嘉興縣秋粮三千六百一十五石。（《明太宗實錄》卷一三〇，第 1612 頁）

霆雨浹旬，滹沱與漳水竝溢，濁浪排空，居民駭散，城郭、坊市、公宇、民舍傾圮無存。（雍正《直隸深州志》卷四《宧籍》）

八月

乙丑，夜，有星大如盞，青白色，有光，出天般（廣本、抱本作 "船"），東北行入北斗。（《明太宗實錄》卷一三一，第 1618 頁）

丙寅，旦，壽星見丙位。（《明太宗實錄》卷一三一，第 1618 頁）

甲戌，夜，有星如盞大，青白色，光燭地，出奎宿旁，東南行入天囷西，後三小星隨之。（《明太宗實錄》卷一三一，第 1620 頁）

九月

癸未，湖廣黃梅縣耆民言："縣臨大江，舊有圩岸百二十餘里，洪武中嘗修築之。今夏霖雨，江（廣本、抱本 '江' 下有 '水' 字）泛溢，圩岸坍塌，傷民田千八百二十餘頃，請以闔郡丁夫修築。"從之。（《明太宗實錄》卷一三二，第 1623 頁）

乙巳，夜，有星如鷄子大，青白色，出婁宿旁，西南行入危宿。（《明太宗實録》卷一三二，第 1627 頁）

丙午，夜，有星大如盞，光燭地，出奎宿南，西南行入壘壁陣東。（《明太宗實録》卷一三二，第 1627 頁）

十月

乙丑，夜，月掩犯昴宿。（《明太宗實録》卷一三三，第 1632 頁）

丁卯，是日，甘露降方山。（《明太宗實録》卷一三三，第 1632 頁）

壬申，以水災免淛江烏程、歸安、長興、臨海等縣粮十七萬四千五百石有奇。（《明太宗實録》卷一三三，第 1632 頁）

十一月

甲申，以旱災免湖廣湘陰縣粮千八百二十餘石，廣東海康、遂溪二縣粮四千三百餘石。（《明太宗實録》卷一三四，第 1636 頁）

戊戌，北京行太僕寺卿楊砥言：“吳橋、東光、興濟、交河諸縣，及天津等衛屯田，雨水決隄傷稼，切見德州良店驛東南二十五里有黃河故道，州南有土河，與舊河通。若於二處開河置閘，則水勢分，可以便民。”時土河已命置閘，上令工部侍郎藺芳往經理之。（《明太宗實録》卷一三四，第 1639～1640 頁）

戊戌，河間府獻縣言：“夏雨霖淫，西山暴水，衝決真定之饒陽、武强、恭儉等處隄岸，潯没田廬，乞集夫修築。”從之。（《明太宗實録》卷一三四，第 1640 頁）

吳橋、東光、興濟、交河、天津等處河水決隄，壞民田舍。（民國《交河縣志》卷一〇《祥異》）

吳橋決隄，傷麥。（光緒《吳橋縣志》卷一〇《雜記》）

吳橋、東光同時隄決，縣境被水。（光緒《寧津縣志》卷一一《祥異》）

興濟決堤，壞民田舍。（民國《青縣志》卷一三《祥異》）

十二月

癸亥，保定府安州奏："大雨决直亭莘河口八十九處，處（疑'處'字衍）計用六千三百人修築，一月可完。"上以天氣寒沍，命俟春暖築之。（《明太宗實錄》卷一三五，第 1646 頁）

庚午，以水災免湖廣黄州、常德二府粮萬九千五百石，河南中牟縣河内莘縣粮千六百石。（《明太宗實錄》卷一三五，第 1648 頁）

辛未，湖廣華容縣言："縣安津莘四十六處，水决隄防，傷民禾稼，方今農隙可以修築。然本縣民少，未易成功。"上曰："東作在邇，亟發旁縣民丁併力修之。"（《明太宗實錄》卷一三五，第 1648 頁）

壬申，户部臣言："邳州今歲淫雨傷稼，民乏食。"命監察御史乘傳往賑之。陛辭。上諭之曰："民命朝不保夕，爾往當如救焚，拯溺不可頃刻稽滯。"（《明太宗實錄》卷一三五，第 1649 頁）

是年

春，大水。（康熙《萬載縣志》卷一二《災祥》；同治《袁州府志》卷一《祥異》）

夏，潦，漂没民舍。（同治《南康府志》卷二三《祥異》）

邳州水災。（同治《徐州府志》卷五下《祥異》）

命御史賑邳州水災。（同治《宿遷縣志》卷三《紀事沿革表》）

漢江水溢。（嘉慶《白河縣志》卷一四《祥異》；光緒《洵陽縣志》卷一四《祥異》；光緒《白河縣志》卷一三《災祥》）

水。（同治《湖州府志》卷四四《祥異》）

春，大水，傷禾。（崇禎《瑞州府志》卷二四《祥異》）

春，水漲入城，一丈五尺餘。己亥、乙巳二年如之。（康熙《信豐縣志》卷一一《祥異》）

夏，潦，漂没民舍，准撫卹。（同治《建昌縣志》卷一二《祥異》）

漳河水壞堤，没田禾。（乾隆《彰德府志》卷三一《祥異》）

漢江水溢。（嘉靖《漢中府志》卷九《災祥》）

水，田半潯。（乾隆《吳江縣志》卷四〇《災變》）

邳州水災。（民國《邳志補》卷八《災異》）

浙西水潦，田苗無收。七月，以水災免浙西糧，嘉興縣凡三千六百一十五石。（康熙《嘉興府志》卷四《恤政》）

免黃州旱災稅粮。（乾隆《黄州府志》卷五《蠲賑》）

水決四十六垸，請命發旁郡邑民修之。（民國《華容縣志》卷一四《藝文》）

北門堤決，知府雷春脩。（嘉靖《潮州府志》卷一《地理》）

保定縣決河岸五十四處。（《明史·五行志》，第 446 頁）

永樂十一年（癸巳，一四一三）

正月

辛巳，朔，日有食之。（《明太宗實錄》卷一三六，第 1653 頁）

丁亥，夜，月犯昴宿。（《明太宗實錄》卷一三六，第 1654 頁）

庚子，順天府保定縣言：“去年秋雨（舊校刪‘雨’字）潦，雨決河岸五十四處，接文安、大成二縣之界，乞以三縣民協力修築。”從之。（《明太宗實錄》卷一三六，第 1658 頁）

乙巳，夜，有星如盞（抱本“盞”作“雞子”）大，赤色，光燭地，出郎位，東北行入招搖。（《明太宗實錄》卷一三六，第 1659 頁）

二月

壬戌，修河間府水決隄岸。（《明太宗實錄》卷一三七，第 1667 頁）

戊辰，廣東南雄府保昌縣言：“去年田稼旱傷，民食不給，稅粮三萬一千二百餘石，乞七分折鈔、三分輸米。”皇太子從之。（《明太宗實錄》卷一三七，第 1668 頁）

三月

癸未，應天府言："新河圩岸為風濤衝齧四十餘丈。"皇太子命工部修築。（《明太宗實錄》卷一三八，第1671頁）

四月

癸酉，夜，有星如盞大，青白色，光燭地，出太微東垣外，西南行入翼宿。（《明太宗實錄》卷一三九，第1676頁）

戊寅，行在戶部言："山東清（廣本、抱本作'青'）州府安丘縣水災。饑民萬一千三百九十餘戶，命賑之，凡給米麥萬九千一百九十石有奇。"（《明太宗實錄》卷一三九，第1677頁）

五月

己卯，山東諸城等縣蝗，命有司捕瘞，且諭之曰："蝗苗之蠹，爾不能除之，亦民之蠹。今苗稼長養之時，宜盡力捕瘞，無遺民害。"（《明太宗實錄》卷一四〇，第1679頁）

庚辰，保定府定興縣雨雹傷稼，上命御史馳驛視之。（《明太宗實錄》卷一四〇，第1680頁）

辛巳，行在戶部言："山東博興、高苑、樂安、新城四縣去年大水，沒官民田四千二百七十頃一十七畝（抱本無'四'字，'七十'作'一十'；廣本'一十七'作'七十'），粮（抱本'粮'上有'稅'字）無徵。"命覈實除之。（《明太宗實錄》卷一四〇，第1680頁）

癸未，端午節，車駕幸東苑，觀擊球射柳……是日，天清日朗，風埃不作。（《明太宗實錄》卷一四〇，第1680頁）

丁酉，淮安府鹽城縣蝗。（《明太宗實錄》卷一四〇，第1683～1684頁）

蝗。己卯，命有司捕瘞。（乾隆《諸城縣志》卷二《總紀上》）

十六日晚，湘潭縣民劉中等舟行至光化縣地，名洋皮灘，忽遇黑風驟

至，雷雨交作，舟不得行。（天順《重刊襄陽郡志》卷三《雜志》）

大風潮，仁和縣十九都、二十都俱没於海。時天滛雨烈風，江潮滔天，平地水高尋丈，南北約十餘里，東西五十餘里。仁和縣十九都、二十都居民陷溺，死者無數，存者流移，田廬漂没殆盡。（康熙《仁和縣志》卷二五《祥異》）

六月

戊申朔，隆平侯張信言："武當山大頂五色雲見。"繪圖以進。（《明太宗實録》卷一四〇，第 1686 頁）

甲寅，上召行在户臣謂之曰："人從徐州來言，州民以水災乏食。有鬻男女以圖活者，人至父子相棄，其窮已極。"即遣人馳驛發廩賑之，所鬻男女官爲贖還。（《明太宗實録》卷一四〇，第 1687 ~ 1688 頁）

壬戌，北京永平府樂亭縣言："田（廣本'田'下有'一'字）千一百八十一頃三十九畝，大水傷稼。"命户部免其税。（《明太宗實録》卷一四〇，第 1689 頁）

癸亥，修朝（舊校改"朝"作"潮"）州衛城，以河水衝决故也。（《明太宗實録》卷一四〇，第 1689 頁）

癸亥，夜，月食。（《明太宗實録》卷一四〇，第 1689 頁）

七月

壬午，户部言："通州海門縣官民田，近被風潮衝坍入江者，該輸粮三千五百八十餘石。"（《明太宗實録》卷一四一，第 1692 頁）

丙戌，夜，有星如盞大，青白色，有尾，光燭地，出勾陳，東南行至紫微東蕃外。（《明太宗實録》卷一四一，第 1692 頁）

甲午，夜，有星如盞大，赤色，尾跡有光，出天市東垣内，西南行入南斗。（《明太宗實録》卷一四一，第 1694 頁）

戊戌，夜，月犯昴宿。（《明太宗實録》卷一四一，第 1694 頁）

乙巳，蘇州之長洲、崑山二縣，湖廣之常德、漢陽、荆州、長沙、沔陽五府州奏：“去年河水泛溢，潯没民田，其税粮乞（廣本、抱本‘乞’下有‘俟’字）今秋徵輸。”上曰：“農民終歲勤動，供税之餘，衣食恒不足，既去年田被（廣本、抱本‘被’下有‘水’字）災，而欲以一年所種為二年之租，民之衣食何由而措？戶部宜覈實，蠲其被災之租。”凡蠲田九千頃。（《明太宗實録》卷一四一，第 1695～1696 頁）

丙午，易州淶水縣雨雹，傷黍穀。（《明太宗實録》卷一四一，第 1696 頁）

風潮漂没民居，有石香爐大如斛，從潮浮至東十圖田内。（光緒《靖江縣志》卷八《祲祥》）

八月

甲寅，夜，有星如盞，青白色，光燭地，出西北雲中，西北行至雲中，後一小星隨之。（《明太宗實録》卷一四二，第 1697 頁）

甲子，北京地震。（《明太宗實録》卷一四二，第 1699 頁）

己巳，巡按直隸監察御史況文言：“壽州舊有安豐塘，可七十餘里，旁近屯田，資其灌溉。近因潦水決壞堤岸，宜修築以便民。”命俟農隙修之。（《明太宗實録》卷一四二，第 1699 頁）

己巳，是日，河南遂平縣言：“河決堤岸，漂没民居四百（廣本、抱本‘四百’作‘四百二十’）餘所，壞田稼六十頃有奇。”皇太子遣官撫視修築。（《明太宗實録》卷一四二，第 1699～1670 頁）

賑仁和、嘉興二縣饑，飢民三萬三千七百八十餘口，給米稻六千七百三十石。（光緒《嘉興府志》卷二三《蠲卹》）

河決堤岸，漂民居，壞田稼。（雍正《河南通志》卷一四《河防》）

九月

壬午，上謂行在戶部臣曰：“近山東蝗生，有司坐視不問，及朝廷知之，遣人督捕，則已滋蔓矣。此豈牧民者之道？其令各郡縣每歲春至驚蟄之時，即遣人巡視境内，但有害稼若蝗蝻之類，及其初發，即設法捕之，或蟲蝗有遺種，亦須尋究盡除。如因循不行，府、州、縣官悉罪之，若布政司、按察司失，扵提督同罪。其各處衛所，令兵部一體移文，使遵行之。"（《明太宗實録》卷一四三，第 1703 頁）

癸巳，夜，月犯昴宿。（《明太宗實録》卷一四三，第 1706 頁）

壬寅，聞祥符王有爝來朝，以天氣漸寒，勑止之。（《明太宗實録》卷一四三，第 1706 頁）

丙午，夜，有星如盞大，赤色，尾跡有光，出天船，東北行入文昌，後三小星隨之。（《明太宗實録》卷一四三，第 1707 頁）

十月

戊申，夜，有星如碗大，赤色，有尾，光燭地，出壁宿，西北行至近濁。（《明太宗實録》卷一四四，第 1709 頁）

戊子，夜，火星犯上將軍（廣本、抱本作"星"）。（《明太宗實録》卷一四四，第 1710 頁）

十一月

己卯，夜，有星如鷄子大，青白色，光燭地，出紫微西蕃外，西北行入天鈎。（《明太宗實録》卷一四五，第 1713~1714 頁）

庚辰，夜，有星大如盞，青白色，有尾，光燭地，出東南雲中，東南行至雲中。（《明太宗實録》卷一四五，第 1714 頁）

蠲杭州水災田租。（乾隆《海寧縣志》卷一二《灾祥》）

十二月

戊申，夜，太白在月南。（《明太宗實録》卷一四六，第 1719 頁）

乙卯，夜，月犯昴宿。（《明太宗實録》卷一四六，第 1720 頁）

癸亥，湖廣沔陽州言："比歲水災，没民田三千四百七十一頃，税粮無徵，乞折輸鈔帛。"從之。（《明太宗實録》卷一四六，第 1722 頁）

是年

春夏之交，淫雨，後大旱，自五月至六月不雨，禾盡槁，通判陳巖、天台知縣張洞虔禱，有小應。（民國《台州府志》卷一三四《大事略》）

春夏之交，滛雨，復大旱，自五月至六月終不雨，禾盡槁。（康熙《天台縣志》卷一五《災祥》）

夏，旱，（師中吉）齋沐步禱一夕，而甘雨降，歲大熟。（乾隆《汜水縣志》卷五《職官》）

水災。（同治《徐州府志》卷五下《祥異》）

水。（光緒《歸安縣志》卷二七《祥異》）

詔郡縣官捕境內蝗蝻。（乾隆《曲阜縣志》卷二八《通編》）

水，田半潗。（乾隆《吳江縣志》卷四〇《災變》）

通州海門縣官田、民田被風潮衝坍入江。（道光《崇川咫聞録》卷二《山川》）

塘圮，吾里溺死者甚多，田廬漂没殆盡。（光緒《臨平記》卷三《附記》）

颶風駕潮，寧與仁和同被患頗劇。（崇禎《寧志備考》卷四《祥異》）

甚暑，不雨。（嘉靖《湖廣圖經志書》卷二《武昌府文類》）

永樂十二年（甲午，一四一四）

正月

甲辰，夜，有星如盞大，青白色，光燭地，出正北雲中，西北行至雲中。（《明太宗實録》卷一四七，第1729頁）

二月

戊申，夜，有星如盞大，青白色，光燭地，出土司空南，南行至近濁。（《明太宗實録》卷一四八，第1732頁）

癸酉，夜，火星退入太微垣，犯上相星。（《明太宗實錄》卷一四八，第 1734 頁）

三月

庚辰，直隸揚州府水災，命户部遣官驗視被災之民賑之，凡六千二百户。（《明太宗實錄》卷一四九，第 1737 頁）

四月

乙巳，夜，有星如碗大，青白色，光燭地，出軫宿，南行近至（舊校改"近至"作"至近"）濁。（《明太宗實錄》卷一五〇，第 1745 頁）

辛未，是月，河南睢（廣本、抱本"睢"下有"州"字）及儀封、杞縣、考城、太康、洛陽、靈寶、嵩縣、新安八縣雨雹傷麥。（《明太宗實錄》卷一五〇，第 1754～1755 頁）

五月

癸酉，夜，金星犯五諸侯。（《明太宗實錄》卷一五一，第 1755 頁）

丁丑，是日，皇太子命賑給直隸蘇州府吳縣及河南新蔡、魯山、汝陽、西華四縣之民被水災者，凡賑五千七百餘户。（《明太宗實錄》卷一五一，第 1756 頁）

己卯，夜，有星如盞大，青白色，有光，出造父，東北行至游氣。（《明太宗實錄》卷一五一，第 1757 頁）

乙酉，皇太子除山東沂水縣户絕荒田三百八十二頃二十四畝租税。（《明太宗實錄》卷一五一，第 1757 頁）

己亥，是月，山東平度州、德州、沂水縣雨雹傷麥。（《明太宗實錄》卷一五一，第 1761 頁）

六月

丁未，夜，有星如盞大，光燭地，出羽林軍，東南行至近濁。（《明太

宗實錄》卷一五二，第 1764 頁）

戊申，是日，皇太子免直隸楊〔揚〕州府通州被水災田九十一頃六十四畝租稅。（《明太宗實錄》卷一五二，第 1765 頁）

甲寅，夜，月犯心宿大星。（《明太宗實錄》卷一五二，第 1767 頁）

己未，夜，有星如盞大，青白色，尾跡有光，出右旗，西北行入紫薇東蕃內。（《明太宗實錄》卷一五二，第 1767 頁）

七月

甲戌，夜，有星如盞大，青白色，有尾，光燭地，出壘壁陣，西南行入羽林軍南，一小星隨之。（《明太宗實錄》卷一五三，第 1771 頁）

己丑，夜，土星犯井宿東扇北第二星。（《明太宗實錄》卷一五三，第 1772 頁）

八月

辛亥，黃河溢，壞河南土城二百餘丈。事聞，命工部遣官修築。（《明太宗實錄》卷一五四，第 1776 頁）

壬子，河間府滄州，順天府通州、固安縣潦雨，寶坻縣雨雹傷稼。上謂行在戶部臣曰：「民於此時，正望秋成，既如此，將何以仰給，其速遣人臨視，果為民患，令有司發粟賑之。」（《明太宗實錄》卷一五四，第 1776 頁）

滄州潦雨，詔遣官巡視。（乾隆《滄州志》卷一二《紀事》）

雨雪。（雍正《石樓縣志》卷三《祥異》）

大雨雪。（康熙《寧鄉縣志》卷一《災異》）

河溢，壞開封府土城二百餘丈。（乾隆《祥符縣志》卷三《河渠》）

甲子，霖雨害稼。初夏月，亢旱，民有憂色。已而六月望日，甘雨降，民始植穀，禾稼暢茂。至八月朔，大風驟作，潦雨如注，平地水深三尺，溝澮皆盈，漂沒田禾殆盡，而唐安等村尤其甚者。（順治《高平縣志》卷九《祥異》）

夏，大旱。秋八月朔甲子，霖雨害稼。（乾隆《鳳臺縣志》卷一

二《紀事》）

九月

辛未，夜，有星如鷄子大，赤色，尾跡有光，出房宿，西南行至近濁。（《明太宗實録》卷一五五，第1787頁）

甲戌，真定府守臣言："積雨壞城。"命及農暇修之。（《明太宗實録》卷一五五，第1787頁）

丙子，順天府武清縣言："河決洒兒渡口六百五十餘丈。"命工部遣官備築（抱本作"修"）。（《明太宗實録》卷一五五，第1787頁）

戊寅，密雲後衛霖雨壞城，事聞，命工部脩之。（《明太宗實録》卷一五五，第1788頁）

癸未，晝，太白見己位。（《明太宗實録》卷一五五，第1788頁）

戊子，夜，月犯昴宿。（《明太宗實録》卷一五五，第1790頁）

以真定府積雨壞城，命及農暇脩之。（嘉靖《真定府志》卷九《事紀》）

密雲後衛霆雨壞城。（《明史·五行志》，第472頁）

閏九月

戊申，夜，有星如盞大，赤色，光燭地，出東北雲中，東北行至近濁。（《明太宗實録》卷一五六，第1794頁）

己酉，夜，金星犯左執法。（《明太宗實録》卷一五六，第1794頁）

丁巳，蘇州府崇明縣耆民宋傑等言："比因風潮暴至，漂民廬舍，被災之民五千八百三十餘家。"上勑户部給米鈔賑之，凡給米萬二千四百餘石，鈔十三萬八千三百二十五錠，仍免差徭二年。（《明太宗實録》卷一五六，第1795頁）

月中，大風潮損禾。（崇禎《太倉州志》卷一五《災祥》）

（十七日）崇明潮暴至，漂廬舍五千八百餘家。（《明史·五行志》，第446頁）

十月

壬申，夜，有星如盞大，赤色，有尾，光燭地，出太微西垣外，南行至游氣。（《明太宗實錄》卷一五七，第1797頁）

己丑，山西解州言："臨晋縣涑水河壅塞逆流，決姚暹渠堰，流入硝池，渰没民田，將入（廣本作'及'）盐池。"命工部遣人脩築。（《明太宗實錄》卷一五七，第1798頁）

癸巳，夜，有星如盞大，青白色，有尾，光燭地，出天園〔囷〕，西南行至近濁。（《明太宗實錄》卷一五七，第1799頁）

戊戌，夜，有星如鷄子大，青白色，有光，出柳宿，東行入軫宿。（《明太宗實錄》卷一五七，第1800頁）

十一月

乙巳，順天府薊州言："自去年水災，禾麥無收，百姓艱食。"上命户部覈實賑之。（《明太宗實錄》卷一五八，第1801頁）

乙巳，夜，有星如盞大，青白色，光燭地，出軒轅，東行至太微西垣內，二（廣本作"一"）小星隨之。（《明太宗實錄》卷一五八，第1801～1802頁）

甲寅，夜，月食。（《明太宗實錄》卷一五八，第1803頁）

庚申，蠲蘇、松、嘉、湖、杭五郡水災田租四十七萬九千七百餘石。上謂户部尚書夏原吉等曰："民田被水無收，未有以賑之，又可徵税耶？"於是，悉蠲之。（《明太宗實錄》卷一五八，第1804頁）

丁卯，夜，金星犯木星。（《明太宗實錄》卷一五八，第1805頁）

蠲蘇、松、嘉、湖、杭五府水災田租。（崇禎《松江府志》卷一三《荒政》）

十二月

己巳，免順天府之豐潤縣、永平府之樂亭縣被水災田千五百五十七頃九

十畝租税。(《明太宗實録》卷一五九，第1810頁)

是年

水。(光緒《杭州府志》卷八四《祥異》)

夏，溧水大水。(光緒《金陵通紀》卷一〇上)

蠲蘇松水災田租。(光緒《常昭合志稿》卷一二《蠲振》)

宜興大水。(成化《重修毗陵志》卷三二《祥異》)

贛州、振武二衛雨水壞城。(同治《贛縣志》卷五三《祥異》)

淫雨害稼。(同治《陽城縣志》卷一八《兵祥》)

嘉、湖水灾。(同治《湖州府志》卷四四《祥異》)

水災。(光緒《歸安縣志》卷二七《祥異》)

蠲水災田租。(道光《武康縣志》卷一《邑紀》)

夏，大雨，水溢，不及癸未五尺。(康熙《浮梁縣志》卷二《祥異》)

河水決，衝圮(儒學)。(嘉靖《興濟縣志書》卷下《學校》)

水尤大，竝蠲其租。(乾隆《吳江縣志》卷四〇《災變》)

水災，有司請減粮一半，蠲蘇、松、杭、嘉、湖五府災田租四十七萬七千七百餘石。(順治《長興縣志》卷四《災祥》)

白石寺……潮壞其址。(康熙《仁和縣志》卷二四《寺觀》)

邑大水。(嘉靖《山陰縣志》卷八《人物》)

大水。(乾隆《豐城縣志》卷一六《祥異》)

吟溪橋……為巨浸所決，湮没無遺。(乾隆《廬陵縣志》卷五《橋》)

大旱。(崇禎《長樂縣志》卷九《灾祥》)

蝗。(嘉靖《安化縣志》卷五《祥異》；乾隆《氾水縣志》卷五《職官》)

旱。(乾隆《湖南通志》卷一四二《祥異》；嘉慶《沅江縣志》卷二二《祥異》)

臨安旱，米價騰踊。(隆慶《雲南通志》卷一七《災祥》)

永樂十三年（乙未，一四一五）

正月

甲子，密雲中衛雨水壞城，請命修築。從之。（《明太宗實録》卷一六〇，第 1821 頁）

丙寅，夜，有星如鷄子大，青白色，光燭地，出梗河，東北行入天厨。（《明太宗實録》卷一六〇，第 1822 頁）

二月

庚寅，免直隸興化、金壇二縣水災田租。（《明太宗實録》卷一六一，第 1831 頁）

三月

辛亥，山西解州言：“硝池水溢溢（舊校删一‘溢’字）決豁口等處，流入盐池。盖由姚暹渠、涑水河併流，水道淤塞，乞發民修治。”從之。（《明太宗實録》卷一六二，第 1839 頁）

四月

甲戌，夜，有星如鷄子大，青白色，光燭地，出大角旁，流丈餘，發光，如盞大，西南行至雲中。（《明太宗實録》卷一六三，第 1844 頁）

丁丑，上以北京、真定、永平、倉州、盧龍連歲水災，民乏食，命户部發所屬及旁近軍衛倉賑之。（《明太宗實録》卷一六三，第 1844 頁）

丁丑，以永平洊水，賑之。（光緒《永平府志》卷三〇《紀事》）

大水。（乾隆《平原縣志》卷九《災祥》）

夏四、五月，南昌府屬大雨，江水泛漲，壞廬舍，没禾稼。命户部遣人撫卹。（康熙《南昌郡乘》卷五四《祥異》）

夏四、五月，大雨，江水泛漲，壞廬舍，沒禾稼。（康熙《新建縣志》卷二《災祥》）

賑滄州民。四月丁丑，上以滄州連歲水災，民乏食，命戶部發所屬及旁近軍衛倉賑之。（乾隆《滄州志》卷一二《紀事》）

五月

丁酉朔，日有食之。（《明太宗實錄》卷一六四，第 1849 頁）

壬子，夜，月食。（《明太宗實錄》卷一六四，第 1850 頁）

六月

丙寅，夜，有星如碗大，青白色，光燭地，出太微西垣內，西南行至近濁。（《明太宗實錄》卷一六五，第 1855 頁）

丙子，夜，月犯心宿前星。（《明太宗實錄》卷一六五，第 1855 頁）

己卯，戶部言："浙江烏程等四縣水，傷田稼（抱本作'禾'）九千四百四十三頃，稅糧請折金帛。"從之。（《明太宗實錄》卷一六五，第 1855 ~ 1856 頁）

甲申，山西布政司言："遼州淫雨，河水暴溢，壞民田三十餘頃。"命戶部除其租。（《明太宗實錄》卷一六五，第 1856 頁）

乙未，是月，北京、河南、山東淫雨，河水泛溢，壞廬舍，沒田稼，而東昌府臨清縣尤甚，民被害者九萬九千二百戶有奇。命戶部遣官賑郵。（《明太宗實錄》卷一六五，第 1858 頁）

滏、漳二水溢。（民國《廣平縣志》卷一二《災異》）

山東水溢，壞廬舍，沒田禾，臨清尤甚。（民國《臨清縣志·大事記》）

大水，免田租，置德州漕倉，名廣積倉，以戶部司員分司倉事。（民國《德縣志》卷二《紀事》）

水溢，壞廬舍，沒田禾。（民國《增修膠志》卷五三《祥異》）

湖州水傷田。（同治《長興縣志》卷九《災祥》）

大水，壞廬舍禾稼。（乾隆《曲阜縣志》卷二八《通編》）

山東水溢，壞廬舍，沒田禾，臨清尤甚。（民國《山東通志》卷一〇《通紀》）

水溢，壞廬舍，沒田禾，發粟賑之，蠲田租。九月，免被水災之民徭役一年。（乾隆《歷城縣志》卷二《總紀》）

大水，免田租。（乾隆《德州志》卷二《紀事》）

烏程等四縣水傷田九千四百四十三頃。（同治《湖州府志》卷四四《祥異》）

振北京、河南、山東水災。（《明史·成祖紀》，第 95 頁）

北畿、河南、山東水溢，壞廬舍，沒田禾，臨清尤甚。（《明史·五行志》，第 446~447 頁）

滏、漳二水漂磁州民舍。（《明史·五行志》，第 447 頁）

七月

己酉，晝，太白見未位。（《明太宗實錄》卷一六六，第 1860 頁）

己未，夜，有星如盞大，青白色，光燭地，出西南雲中，西北行至雲中。（《明太宗實錄》卷一六六，第 1861~1862 頁）

辛酉，保安衛言：“城堡壞於淫雨，請以軍修築。”從之。（《明太宗實錄》卷一六六，第 1862 頁）

八月

壬申，山海衛言：“積雨壞城，請命修築。”從之。（《明太宗實錄》卷一六七，第 1863 頁）

戊寅，旦，壽星見丙位，色黃而明潤。（《明太宗實錄》卷一六七，第 1864 頁）

庚寅，淫雨壞正陽門臺址，命工部修築。（《明太宗實錄》卷一六七，第 1867~1868 頁）

庚寅，夜，太白犯房宿北弟（舊校改“弟”為“第”）二星。（《明太宗實錄》卷一六七，第 1868 頁）

壬辰，遼東金州衛綿垂（廣本、抱本作"蟲"）傷田稼。（《明太宗實錄》卷一六七，第 1868 頁）

甲午，夜，有星如盞大，青白色，光燭地，出壘壁陣，西北行至近濁。（《明太宗實錄》卷一六七，第 1868 頁）

甲午，是月，霸州大城縣、真定府武強縣河水衝決堤岸，傷田稼（廣本作"禾"）二百三十一頃五十畝。事聞，命行在戶部除其今年租稅。（《明太宗實錄》卷一六七，第 1868 頁）

庚辰，振山東、河南、北京順天州縣饑。（《明史·成祖紀》，第 95 頁）

九月

丁酉，夜，熒惑犯靈臺上（疑脫"將"字）星。（《明太宗實錄》卷一六八，第 1869 頁）

癸卯，夜，熒惑犯上將。（《明太宗實錄》卷一六八，第 1871 頁）

乙巳，夜，有星如盞大，赤色，光燭地，出紫微西蕃外，西北行入紫微東蕃內。（《明太宗實錄》卷一六八，第 1871 頁）

癸丑，夜，月犯司怪南弟（舊校改"弟"作"第"）二星。（《明太宗實錄》卷一六八，第 1876 頁）

甲寅，（館本此處有"夜月犯井"四字）宿東扇南弟（舊校改"弟"作"第"）二星。（《明太宗實錄》卷一六八，第 1876 頁）

庚申，免北京、山東、河南被水之民徭役一年。（《明太宗實錄》卷一六八，第 1877 頁）

壬戌，北京地震。（《明太宗實錄》卷一六八，第 1878 頁）

大水。（光緒《溧水縣志》卷一《庶徵》；民國《高淳縣志》卷一二《祥異》）

十月

乙丑，夜，太白犯南斗魁弟（舊校改"弟"作"第"）三星。（《明太宗實錄》卷一六九，第 1881 頁）

戊辰，霸州言："大城縣大水，傷民田稼百一十七頃有奇。"命行在戶

部免其租。（《明太宗實録》卷一六九，第 1881 頁）

辛未，夜，熒惑犯左執法。（《明太宗實録》卷一六九，第 1882 頁）

庚辰，夜，有星如盞大，赤色，有光，出室宿，西北行至近濁。（《明太宗實録》卷一六九，第 1882 頁）

十一月

甲午，夜，熒惑犯進賢星。（《明太宗實録》卷一七〇，第 1895 頁）

癸丑，修羽林右衛刁家圩屯田堤岸，圩在上元縣大江中洲，屢為風潮衝圮故也。（《明太宗實録》卷一七〇，第 1899 頁）

辛酉，夜，有星如鷄子大，赤色，尾跡有光，出參旗，東南行入九游。（《明太宗實録》卷一七〇，第 1901 頁）

十二月

乙丑，河南彰德府磁州言："今夏多雨，滏、漳二河水溢，漂民廬舍，潏没田稼，間有高阜，稼亦不實，乞免民間今（廣本、抱本'今'下有'歲'字）稅粮。"從之。（《明太宗實録》卷一七一，第 1903 頁）

乙丑，夜，有星如鷄子大，青白色，有光，出天社，西南行至近濁。（《明太宗實録》卷一七一，第 1903 頁）

戊辰，免河南衛輝府、汲縣被水灾租稅。（《明太宗實録》卷一七一，第 1904 頁）

戊辰，夜，有星如鷄子大，青白色，有光，出下台，西北行至近濁。（《明太宗實録》卷一七一，第 1904 頁）

壬申，巡按山東監察御史賈節言："遼東定遼等衛山水泛溢，潏没田一千八百七十餘頃，請蠲稅。"從之。（《明太宗實録》卷一七一，第 1904 頁）

丙子，山東舘陶縣、北京南樂縣民自陳："今夏河水泛濫（廣本作'泛溢'，抱本作'溢之'），潏没禾稼，秋收不足以輸稅，乞折鈔帛（廣本作'幣'）。"從之。（《明太宗實録》卷一七一，第 1905 頁）

己卯，（館本此處有"夜月"二字）犯軒轅右角星。（《明太宗實録》

卷一七一，第 1905 頁）

丙戌，以北京順天府水災，免今年稅糧。（《明太宗實錄》卷一七一，第 1906 頁）

壬辰，夜，有星如鷄子大，青白色，光燭地，出柳宿上西南行入天狗。（《明太宗實錄》卷一七一，第 1907 頁）

癸巳，免直隸鳳陽府所屬州縣水災田租九百六十九石有奇。（《明太宗實錄》卷一七一，第 1907 頁）

癸巳，免直隸蘇州、浙江、湖廣、河南、山東等府州縣水旱糧芻。（《明太宗實錄》卷一七一，第 1907 頁）

蠲順天、蘇州、鳳陽，浙江、湖廣、河南、山東州縣水旱田租。（《明史·成祖紀》，第 95 頁）

是年

大旱。（乾隆《遂寧縣志》卷一二《雜記》；光緒《五河縣志》卷一九《祥異》；民國《潼南縣志》卷六《祥異》）

夏，水壞廬舍，沒禾稼。（同治《南康府志》卷二三《祥異》）

鳳陽諸府旱。（光緒《盱眙縣志稿》卷一四《祥祲》）

大水。（民國《來賓縣志》下篇《譏祥》）

振饑，蠲水旱田租。（民國《順義縣志》卷一六《雜事記》）

漳、滏二水，漂冀州民舍。（民國《冀縣志》卷三《河流》）

水壞廬舍，沒田禾。（光緒《永年縣志》卷一九《祥異》）

黃、沁河溢。（乾隆《新鄉縣志》卷二八《祥異》）

旱。（萬曆《會稽縣志》卷八《災異》；道光《蘇州府志》卷一四四《祥異》；光緒《蘇州府志》卷一四三《祥異》；光緒《歸安縣志》卷二七《祥異》；民國《吳縣志》卷五五《祥異考》）

湖廣旱。冬十二月，蠲湖廣州縣水旱田租。（道光《永州府志》卷一七《事紀畧》）

蠲蘇州府縣水旱田租。（光緒《常昭合志稿》卷一二《蠲賑》）

浙江旱。（同治《湖州府志》卷四四《祥異》）

會稽旱。（萬曆《紹興府志》卷一三《災祥》）

冬，大雷電。（乾隆《普安州志》卷二一《災祥》；光緒《普安直隸廳志》卷一《災祥》）

鳳陽、蘇州、浙江、湖廣旱。（《明史·五行志》，第481頁）

順天、青州、開封三府饑。（《明史·五行志》，第507頁）

河水泛漲，衝開王家口。（嘉靖《興濟縣志書》卷下《金石》）

滛雨，河溢。大水壞城及官民廬舍，不可居，遂遷城。（乾隆《衡水縣志》卷一一《禨祥》）

霪雨，河溢。冀州大水，水勢洶湧，壞城而入，居民廬舍蕩盡，知府柳義權徙治于城南十里茅茨。（嘉靖《冀州志》卷七《災》）

徐溝金、嶺二水泛漲入城，淹溺甚眾。（乾隆《太原府志》卷四九《祥異》）

黃河決口，城傾圮。（道光《城武縣志》卷一三《祥祲》）

恒雨害稼。（康熙《朝城縣志》卷一〇《災祥》）

水尤大，竝蠲其租。（乾隆《吳江縣志》卷四〇《災變》）

夏，水壞廬舍，沒禾稼，准撫郵。（同治《建昌縣志》卷一二《祥異》）

大雨，江水漲，舟行樹杪，壞廬舍，沒禾稼。（同治《進賢縣志》卷二二《禨祥》）

黃、沁河溢，漂流民居，湥沒禾稼，壞衛輝兌軍倉粮，遂移于大名府小灘鎮。（乾隆《汲縣志》卷一《祥異》）

黃、沁河溢，壞衛淇境。（嘉靖《淇縣志》卷四《祥異》）

（州之儒學舊在北城）圮于水。（康熙《睢州志》卷二《學校》）

大水，李村圩潰。冬，有雪，梅枯死。（康熙《南海縣志》卷三《災祥》）

秋，大水，縣庫暨縣署兩廊吏舍盡圮，衝壞民居無數。（民國《崇安縣新志》卷一《大事》）

秋，颶風。冬，有雪，梅枯死。（同治《番禺縣志》卷二一《前事》）

秋，颶風，大水。冬，有雪。（民國《東莞縣志》卷三一《前事略》）

永樂十四年（丙申，一四一六）

正月

癸卯，夜，月犯井宿鉞星。（《明太宗實錄》卷一七二，第 1909 頁）

丙午，夜，有星如盞大，青白色，有光，出正南雲中，東南行入雲中。（《明太宗實錄》卷一七二，第 1909 頁）

己未，以水災免河南懷慶、德（廣本、抱本"德"上有"彰"字）等府去年租稅。（《明太宗實錄》卷一七二，第 1910 頁）

己未，夜，有星如盞大，青白色，尾跡有光，出東南游氣中，西南行至近濁。（《明太宗實錄》卷一七二，第 1910～1911 頁）

辛酉，夜，有星如盞大，赤色，光燭地，出太微東垣內，東南行至游氣。（《明太宗實錄》卷一七二，第 1911 頁）

二月

己丑，夜，有星如鷄子大，青白色，有光，出漸臺，東北行至近濁。（《明太宗實錄》卷一七三，第 1914 頁）

四月

癸亥，夜，有星如碗大，青白色，有光，出（廣本作"西"）平星，西南行至雲中。（《明太宗實錄》卷一七五，第 1919 頁）

乙亥，夜，有星如盞大，赤色，光燭地，出西北雲中，東南行至雲中，後五小星隨之。（《明太宗實錄》卷一七五，第 1920 頁）

癸未，夜，有二星如盞大，青白色，光燭地。其一出文昌，西北行至近濁；其一出南斗杓，東北行至游氣。（《明太宗實錄》卷一七五，第 1921 頁）

五月

甲寅，夜，有星如碗大，青赤色，光燭地，出天桴旁，如遣（廣本、抱本作"遺"）火光，東南行至雲中。（《明太宗實錄》卷一七六，第 1928 頁）

丁巳（廣本、抱本作"己未"），廣東潮州府海陽縣言："去年冬，繫（廣本、抱本作'繁'）霜殺麥，夏稅乞折輸米粟。"從之。（《明太宗實錄》卷一七六，第 1928 頁）

庚申，陝西雨雹傷麥。（《明太宗實錄》卷一七六，第 1928 頁）

庚申，江西南昌等府言："自四月至五月淫雨，江水泛漲，壞廬舍，没田稼。"命户部遣人撫視。（《明太宗實錄》卷一七六，第 1928～1929 頁）

漢水漲溢，渰没公私廬舍無存。（康熙《城固縣志》卷二《災異》；光緒《城固縣志》卷二《災異》）

庚申，漢水漲溢，淹没公私廬舍無存。（光緒《寧羌州志》卷五《雜記》）

庚申，漢水漲溢，淹没州城，公私廬舍無存。（乾隆《興安府志》卷二四《祥異》）

庚申，漢水漲溢。（乾隆《洵陽縣志》卷一二《祥異》）

庚申，陝西雨雹傷麥。（康熙《陝西通志》卷三〇《祥異》）

大水，漂流屋舍。夏，大旱。七月，復大水。（萬曆《金華府志》卷二五《祥異》）

漢水漲溢，渰没公私廬舍無存。（乾隆《南鄭縣志》卷一二《紀事》；民國《漢南續修郡志》卷二三《祥異》）

漢水溢，渰没州城公私廬舍無存。（康熙《洋縣志》卷一《災祥》）

六月

辛酉，徐州沛縣淫雨傷稼。（《明太宗實錄》卷一七七，第 1931 頁）

丁卯，夜，太白犯諸王東第一星。（《明太宗實錄》卷一七七，第 1932 頁）

己巳，真定府獲鹿縣雨雹傷稼。（《明太宗實録》卷一七七，第1932頁）

壬申，山西布政司言："平陽、大同所屬二府（舊校改'所屬二府'作'二府所屬'）州縣歲旱，民飢。"命驗口發粟賑之。（《明太宗實録》卷一七七，第1933頁）

丁亥，夜，有星如盞大，青白色，光燭地，出正北雲中，西北行至雲中。（《明太宗實録》卷一七七，第1936頁）

戊子，是月，北京、薊州、遵化、玉田、通州漷縣及山東濟南、商河諸州縣奏："雨水傷稼。"命户部遣人撫視。（《明太宗實録》卷一七七，第1936頁）

七月

癸巳，山東鄒縣淫雨，水暴至，壞民廬舍二百一十二户。（《明太宗實録》卷一七八，第1937頁）

丙申，山東霑化縣暴雨傷田（抱本作"禾"）稼。（《明太宗實録》卷一七八，第1937頁）

丁酉，户部言："河南衛輝府新鄉縣、山東樂安州、北京通州及順義、宛平二縣蝗。"命速遣人捕瘞。（《明太宗實録》卷一七八，第1937頁）

戊戌，夜，有二星如鷄子大。其一青赤（廣本無"赤"字）色，尾跡有光，出天大將軍上，東南入外屏；其一赤色，有光，出璧〔壁〕東南入天倉。（《明太宗實録》卷一七八，第1939頁）

辛丑，夜，月犯建星西第一星。（《明太宗實録》卷一七八，第1939頁）

壬寅，河南開封等府十四州縣淫雨，黄河決堤岸，没民居田稼。（《明太宗實録》卷一七八，第1939～1940頁）

乙巳，夜，太白犯鎮星。（《明太宗實録》卷一七八，第1941頁）

己酉，永平府久雨，灤、漆二河溢，壞民田禾廬舍，事聞，命賑恤之。（《明太宗實録》卷一七八，第1942頁）

辛亥，夜，鎮星犯鬼宿東南星。（《明太宗實錄》卷一七八，第1944頁）

己未，夜，有星如鷄子大，赤色，尾跡有光，出五車，東北行入文昌。（《明太宗實錄》卷一七八，第1946頁）

己未，福建建寧、邵（疑脱"武"字）、延平三府，及江西廣信、饒州二府，浙江衢州、金華二府大雨，溪水暴漲，壞城垣，漂房舍，溺死人畜甚眾。事聞，命户部遣人分視賑恤。（《明太宗實錄》卷一七八，第1946~1947頁）

己未，遼東淫雨彌旬，遼河、代子河水溢，浸没城垣屯堡。（《明太宗實錄》卷一七八，第1947頁）

己未，彰德府屬縣蝗。（《明太宗實錄》卷一七八，第1947頁）

十五日，大水入城，壞城廓，漂廬舍，民溺死者甚眾。（嘉靖《建寧府志》卷二一《雜記》）

十六，夜，大水，城内外三坊官房民舍漂流幾盡。（民國《建陽縣志》卷二《大事》）

十六日夜，被洪水，闔縣人家俱漂流無存，移寓福山寺。（嘉靖《建陽縣志》卷四《治署》）

望，大水，壞城垣廬舍，溺死者甚眾。（民國《建甌縣志》卷三《災祥附》）

廿四日，又大潮泛漲，人畜多死亡。（正德《崇明縣重修志》卷一〇《災祥》）

廣信、饒州、衢州溪水暴漲，壞城垣房舍，溺死人畜甚眾。（同治《玉山縣志》卷一〇《祥異》）

大水，壞民田廬。（嘉靖《衢州府志》卷一五《災異》；嘉靖《池州府志》卷九《祥異》；乾隆《銅陵縣志》卷一三《祥異》）

大水冒城。八月，大疫。（光緒《邵武府志》卷三〇《祥異》）

大水。（萬曆《黃巖縣志》卷七《紀變》；康熙《龍游縣志》卷一二《災祥附》；天啟《舟山志》卷二《災祥》；康熙《松溪縣志》卷一《災祥》；乾隆《建寧縣志》卷一〇《灾異》；嘉慶《慶元縣志》卷一一《祥異》；光緒《仙居志》卷二四《災變》；民國《台州府志》卷一三四《大事略》）

大水，大雨如注，水深丈餘，壞民居無算。（同治《樂城縣志》卷三《祥異》）

鉛山、貴溪大水，公私廬舍，漂蕩殆盡。（同治《廣信府志》卷一《星野》）

暴雨，山穴蛟出，水溢，砂石塞田十之三。（同治《饒州府志》卷三一《祥異》）

蝗。（乾隆《平原縣志》卷九《災祥》；乾隆《曲阜縣志》卷二八《通編》；嘉慶《長垣縣志》卷九《祥異》）

蝗，遣使捕之。（民國《德縣志》卷二《紀事》）

將邑大水冒城，漂蕩屋舍。（弘治《將樂縣志》卷九《祥異》）

壬寅，（黃河）決開封州縣十四，經懷遠，由渦河入於淮。（《明史·河渠志》，第 2015 頁）

滛雨水溢，（青草）橋圮。（乾隆《衡陽縣志》卷二《橋梁》）

建寧、邵武、延平俱溪水暴漲，壞城垣房舍，溺死人畜甚眾。（道光《重纂福建通志》卷二七一《祥異》）

淫雨不止。既望，大水泛湧，兩岸民居漂流殆盡，民多溺死，惟縣治獨高得免。（正德《順昌邑志》卷八《祥異》）

邵、光大水冒城，蕩廬舍，漂溺男女數萬口。八月，大疫。（萬曆《邵武府志》卷六二《祥異》）

大水冒城，蕩廬舍，漂溺男女數萬口。八月，大疫。（康熙《光澤縣志》附卷《祥異》）

大水，邑之公私室廬漂蕩殆盡。（乾隆《貴溪縣志》卷五《祥異》）

暴雨水溢，沙石塞田，決黃柏橋，又決城西演武場。（康熙《鉛山縣志》卷一《災異》）

暴雨，山穴蛟出，水溢，沙石塞田，不可耕者十之三。（康熙《鄱陽縣

志》卷一五《災祥》）

大水，漂溺人畜、田廬不可勝計。（康熙《太平縣志》卷八《祥異》）

大水，湮溺人畜、田廬不可勝計。（嘉慶《蘭谿縣志》卷一八《祥異》）

大水，損田舍。（萬曆《青陽縣志》卷三《祥異》）

遼東霖雨河溢。《明實録》：七月己未，遼東霪雨彌旬，遼河、太子河水溢，浸没城垣屯堡。（民國《奉天通志》卷一二《大事》）

山東蝗。（民國《齊河縣志·大事記》）

八月

甲子，夜，有星如盞大，青赤色，有光，出東南雲中，東南行至近濁。（《明太宗實録》卷一七九，第1949~1950頁）

癸酉，旦壽星見。（《明太宗實録》卷一七九，第1950頁）

戊寅，夜，有星如盞大，青白色，光燭地，出正南雲中，東南行至雲中。（《明太宗實録》卷一七九，第1951頁）

庚辰，修永平、遵化、薊州淫雨所壞城垣。（《明太宗實録》卷一七九，第1951頁）

甲申，夜，有星如盞大，青赤色，光燭地，出織女，西入天市西垣外。（《明太宗實録》卷一七九，第1952頁）

九月

癸巳，夜，月犯東咸南第一星。（《明太宗實録》卷一八〇，第1955頁）

辛丑，夜，有二星如鷄子大。其一赤色，光燭地，出天花（廣本、抱本作"苑"），西北行至游氣；其一青白色，有光，出勾陳，西北行入紫微東蕃（廣本作"垣"）。（《明太宗實録》卷一八〇，第1957頁）

癸卯，京師地震。（《明太宗實録》卷一八〇，第1957頁）

丁未，夜，月犯畢宿。（《明太宗實録》卷一八〇，第1958頁）

甲寅，直隸淮安府言："盐城縣颶風，海水泛溢，傷民田二百十五頃有奇。"皇太子命蠲（廣本"蠲"下有"免"字）今年田租，凡（廣本"凡"下有"一"字）千一百七十餘石。(《明太宗實錄》卷一八〇，第 1958 頁)

丙辰，夜，有星大如盞，青白色，尾跡有光，出五車，東北行至近濁。(《明太宗實錄》卷一八〇，第 1958 頁)

十月

己未，夜，有星如盞大，青白色，有光，出正北游氣中，北行至近濁。(《明太宗實錄》卷一八一，第 1959 頁)

庚申，廣東都司言："碣石衛城垣為水所壞，請以軍士修築。"(《明太宗實錄》卷一八一，第 1959 頁)

甲戌，夜，月食。(《明太宗實錄》卷一八一，第 1960 頁)

乙亥，夜，有星如盞大，青白色，尾跡有光，出狐矢，東南行，後二小星隨之。(《明太宗實錄》卷一八一，第 1960 頁)

十一月

丁未，夜，有星如盞大，赤色（廣本、抱本"色"下有"光"字）燭地，出奎旁，西行入室東。(《明太宗實錄》卷一八二，第 1966 頁)

是年

夏，大水，兩岸居民漂溺，惟縣治高得免。(嘉慶《順昌縣志》卷九《祥異》)

夏，旱。(萬曆《安邱縣志》卷一下《總紀》；康熙《壽光縣志》卷一《總紀》；康熙《杞紀》卷五《繫年》)

夏，大水。(嘉靖《沙縣志》卷一《災祥》)

旱，令賀天順禱雨于東山。(康熙《休寧縣志》卷八《機祥》)

白溝河決。(康熙《定興縣志》卷一《機祥》)

大旱。(嘉慶《直隸太倉州志》卷五八《祥異》)

漢水溢，淹沒承宣布政使中府。(光緒《洋縣志》卷一《紀事沿

革表》）

水。（同治《湖州府志》卷四四《祥異》；光緒《烏程縣志》卷二七《祥異》）

大雨，水漂没廬舍。（雍正《常山縣志》卷一二《拾遺》）

衢州等七府，連金華及福寧、饒信俱溪水暴漲，壞城垣房舍，溺死人畜甚衆。（民國《衢縣志》卷一《五行》）

海復爲患，仁和縣十九、二十等都，海寧縣八、九等都地瀕海者，日淪于海。（成化《杭州府志》卷二七《水利》）

秋，大水。（同治《江山縣志》卷一二《祥異》）

夏，霪雨，彌月不止。七月既望，大水冒城郭，城中地勢惟靈佑廟最高，水没其正殿，僅餘鴟吻，勢如滔天，民居物産蕩析一空。（嘉靖《南平縣志》卷一一《祥異》）

上遣使捕蝗，免永樂十二年逋租，發粟振之。（民國《順義縣志》卷一六《雜事記》）

蝗。（光緒《大城縣志》卷一〇《五行》）

雨雹傷麥。（嘉慶《洛川縣志》卷一《祥異》）

溪水暴漲，壞城垣房舍，溺死人畜甚衆。時五月水災甫息，疫癘作，夏仍旱。七月，又發洪水，高逾前八尺。（光緒《金華縣志》卷一六《五行》）

河決開封，經懷遠，由渦河入淮。（嘉慶《懷遠縣志》卷九《五行》）

水害。七月，山蛟並出，損壞田廬甚多。（康熙《建德縣志》卷七《祥異》）

大水。（康熙《上饒縣志》卷一一《祥異》；道光《辰溪縣志》卷三八《祥異》；同治《樂平縣志》卷一〇《祥異》）

（等慈院）漂於洪水。（康熙《新修玉山縣志》卷九《寺觀》）

萬方橋，明永樂十四年圮於水。（乾隆《福建通志》卷八《橋梁》）

大水，官舍民居盡淹没。（乾隆《辰州府志》卷六《機祥》）

大水，本邑官舍、民居並文卷盡没。（乾隆《瀘溪縣志》卷二二《祥異》）

永樂十五年（丁酉，一四一七）

正月

戊子，夜，有星如盞大，青白色，光燭地，出天倉，西南行至雲中。（《明太宗實錄》卷一八四，第 1977 頁）

三月

丁未，夜，有星如盞大，流丈餘，發光如碗大，赤色，光燭地，出東方雲中，東南行至雲中。（《明太宗實錄》卷一八六，第 1996 頁）

四月

庚申，車駕次大店，北京廣平府邯鄲縣民詣行在言："縣累歲水災，田稼不收，而有司徵芻糧如故，民多流徙，乞以鈔幣（廣本、抱本作'帛'）折收。"上曰："民既乏食，鈔帛何從出？"命户部覈實蠲之。（《明太宗實錄》卷一八七，第 1999 頁）

五月

乙卯，夜，有星如盞大，青白色，有光，出正西雲中，西北行至雲中。（《明太宗實錄》卷一八八，第 2006 頁）

閏五月

戊寅，夜，有星如盞大，青白色，光燭地，出尾宿，南行至近濁，後二小星隨之。（《明太宗實錄》卷一八九，第 2009 頁）

庚辰，夜，有星如盞大，青白色，光燭地，出斗宿，西南行入箕宿。（《明太宗實錄》卷一八九，第 2009 頁）

六月

丁亥，夜，有星如鷄子大，青白色，有光，出陰德，東北行入紫微西蕃外。（《明太宗實録》卷一九〇，第 2011 頁）

辛亥，夜，有星如鷄子大，赤色，光燭地，出候星旁，西北行入貫索北是（疑當作"星"）。（《明太宗實録》卷一八九，第 2015 頁）

大水。（道光《保安州志》天部卷一《祥異》）

七月

乙丑，夜，月犯牛宿大（廣本作"火"）星。（《明太宗實録》卷一九一，第 2017 頁）

戊寅，旦，壽星見。（《明太宗實録》卷一九一，第 2019 頁）

戊寅，有星如盞大，青白色，有光，出東南雲中，西南行至游氣中。（《明太宗實録》卷一九一，第 2019 頁）

八月

辛卯，夜，月掩建星東第三星。（《明太宗實録》卷一九二，第 2022 ~ 2023 頁）

乙巳，夜，有星如鷄子大，青白色，尾跡有光，出紫微西蕃内，北行至近濁，後二小星隨之。（《明太宗實録》卷一九二，第 2024 頁）

庚戌，晝，太白見己位。（《明太宗實録》卷一九二，第 2025 頁）

彩雲見於玉屏山。（民國《新纂雲南通志》卷一八《水汽》）

九月

庚申，夜，熒惑犯在（廣本、抱本作"左"）執法。（《明太宗實録》卷一九二，第 2026 頁）

庚辰，夜，月食既（廣本無"既"字）。（《明太宗實録》卷一九二，

第 2032 頁）

庚辰，夜，有星如雞子大，青白色，有光，出天苑，西南行至雲中。（《明太宗實錄》卷一九二，第 2033 頁）

十月

丙戌（舊校改"戊"作"戌"），夜，有星如盞大，青白色，尾跡有光，起自文昌，東北行至近濁。（《明太宗實錄》卷一九三，第 2036 頁）

十一月

壬戌，夜，有星如盞大，赤色，尾跡有光，起自天津旁，西行至游氣，後一小星隨之。（《明太宗實錄》卷一九四，第 2040 頁）

十二月

甲午，夜，熒惑到房宿北第一星。（《明太宗實錄》卷一九五，第 2049 頁）

庚子，夜，有星如碗大，青白色，尾跡有光（廣本、抱本"光"下有"出"字），星宿南行至游氣。（《明太宗實錄》卷一九五，第 2049 頁）

辛丑，夜，月犯角宿南星。（《明太宗實錄》卷一九五，第 2049 頁）

是年

秋，大旱。（光緒《懷來縣志》卷四《災祥》）

冬，大雪。（光緒《四會縣志》編一〇《災祥》）

河水衝決官民居舍。（嘉靖《興濟縣志書》卷下《宦蹟》）

旱，蝗。（民國《萊蕪縣志》卷二二《大事記》）

蝗。（天啟《鳳陽新書》卷四《星土》）

旱，（徐）復高至省城祈禱，坐七層臺上案，振金牌則雷鳴，手搖小旗則電掣。時大雨傾盆，魚蝦盈街，章江水涸三尺。（康熙《南昌郡乘》卷四一《方伎》）

大旱。（乾隆《重修蒲圻縣志》卷一○《宦蹟》）

旱，大饑。（雍正《瀏陽縣志》卷一《祥異附》）

永樂十六年（戊戌，一四一八）

正月

丙辰，夜，有星如盞大，青白色，有光，出翼宿，東南行至雲中。（《明太宗實錄》卷一九六，第2054頁）

乙丑，陝西同州及澄城、部陽（廣本、抱本作"郃"）、朝邑三縣雨穀及蕎麥。（《明太宗實錄》卷一九六，第2055頁）

丙寅，夜，有掩角宿星。（《明太宗實錄》卷一九六，第2056頁）

戊寅，夜，有星如盞大，赤色，有光，出即位，西北行至下台。（《明太宗實錄》卷一九六，第2059頁）

三月

乙丑，夜，月食既。（《明太宗實錄》卷一九八，第2070頁）

丙寅，夜，月犯鈎鈐（抱本作"釣鈴"，疑爲"鈎鈐"）上星。（《明太宗實錄》卷一九八，第2070～2071頁）

四月

乙未，夜，有星如盞大，赤色，尾跡有光，出中台，西北行至近濁。（《明太宗實錄》卷一九九，第2076頁）

五月

辛酉，夜，月犯房宿北第一星。（《明太宗實錄》卷二○○，第2086頁）

六月

戊子，夜，水星犯軒轅大星。（《明太宗實錄》卷二○一，第 2089 頁）

癸卯，夜，有星如鷄子大，赤（廣本作"青"）色，有光，出紫微東蕃外，西南行入貫索。（《明太宗實錄》卷二○一，第 2090 頁）

七月

丙辰，行在工部言："滹沱河決，及滋、沙二河水溢，壞堤岸。"命有司脩築。（《明太宗實錄》卷二○二，第 2093 頁）

庚申，夜，月犯牛宿大星。（《明太宗實錄》卷二○二，第 2093 頁）

乙丑，大名府魏縣言："河決堤岸。"命修築之。（《明太宗實錄》卷二○二，第 2094 頁）

戊辰，夜，月犯木星。（《明太宗實錄》卷二○二，第 2094 頁）

河決堤岸。（民國《大名縣志》卷二六《祥異》）

己巳，勅責陝西諸司歲屢不登，有司坐視不恤，速發倉儲賑之。十二月辛丑，成山侯王通馳傳賑陝西饑。（乾隆《三原縣志》卷九《祥異》）

八月

戊寅，夜，有星如盞大，青白色，光燭地，起自天囷旁，東南行至參宿中。（《明太宗實錄》卷二○三，第 2097 頁）

丙戌，旦，壽星見。（《明太宗實錄》卷二○三，第 2099 頁）

九月

壬戌，夜，月食既（廣本無"既"字）。（《明太宗實錄》卷二○四，第 2104 頁）

壬申，夜，大（抱本作"火"）星犯壘壁陣西方第二星。（《明太宗實錄》卷二○四，第 2105 頁）

十月

戊寅，夜，有星如鷄子大，青白色，有光，出太微垣，東行至近濁。（《明太宗實錄》卷二〇五，第 2107 頁）

甲申，行在工部言："河南黃河溢決埽座四十餘丈。"命遣官脩築。（《明太宗實錄》卷二〇五，第 2107 頁）

戊子，夜，有星如盞大，青白色，有光，出正東雲中，東南行至雲中。（《明太宗實錄》卷二〇五，第 2108 頁）

壬辰，夜，月犯畢宿右股第二星。（《明太宗實錄》卷二〇五，第 2108 ~ 2109 頁）

十一月

戊申，夜，有星如彈丸，赤色，出北斗杓第二星旁，流丈餘，發光，如鷄子大，東南入節位。（《明太宗實錄》卷二〇六，第 2111 頁）

甲子，上以浙江瀕海諸縣風潮，衝激隄岸，墊溺居民，連年脩治，迄無成功，乃齋戒，遣保定侯孟瑛等以太（舊校改"太"作"大"）牢往祭東海之神。既祭，水患頓弭，咸以為聖誠所格云。（《明太宗實錄》卷二〇六，第 2111 ~ 2112 頁）

甲子，夜，金星犯壁壘（舊校改"壁壘"作"壘壁"）陣西方第二星。（《明太宗實錄》卷二〇六，第 2112 頁）

丙寅，（詔）脩浙江海門衛霖雨所壞（廣本、抱本作"壞"）城。（《明太宗實錄》卷二〇六，第 2112 頁）

蠲海康、遂溪二縣本年田租。布政司言："今夏颶風暴雨，海水漲溢，傷民禾稼，田租無徵者一千六百石。"詔悉免之。（萬曆《廣東通志》卷六《事紀》）

十二月

辛巳，夜，有星如斗大，青赤色，光燭地，起自柳宿，東行至近濁。

（《明太宗實錄》卷二○七，第2114頁）

辛丑，以陝西旱，命成山侯王通偕户部官馳傳（廣本作"往"）賑之。通等陛辭。上諭之曰："民饑餓，朝不保夕，譬之赴救水火，當速往毋緩，早至即存活亦多。爾至，彼其有司一切不急之務，悉停止之，民間事有不便者，條陳以聞。"於是，賑饑民九萬八千餘户，給米十萬四千三百餘石，鈔十二萬六千三百錠。（《明太宗實錄》卷二○七，第2116頁）

是年

水。（民國《順義縣志》卷一六《雜事記》）

大水。（乾隆《吴江縣志》卷四○《災變》；同治《湖州府志》卷四四《祥異》；光緒《烏程縣志》卷二七《祥異》）

滹沱大水，城不没者三四版，幾圮。（民國《冀縣志》卷三《滹沱河表》）

大風，縣治廳堂、門廊、廨宅悉皆傾仆，縣令縛草爲廳以居。（光緒《慈谿縣志》卷五五《祥異》）

大旱，禾苗盡槁。（萬曆《泰和志》卷九《名宦》）

夏秋旱。（順治《黟縣志》卷七《祥異》）

大水。二十年、二十一年如之。（光緒《歸安縣志》卷二七《祥異》）

永樂十七年（己亥，一四一九）

正月

丁卯，夜，有星如盞大，青白色，光燭地，出參旗，西北行入天囷。（《明太宗實錄》卷二○八，第2121頁）

二月

丁亥，户部言："山東濟南、青州二郡，及高苑、青城、鄒平諸縣水

澇，田穀少收，虧租稅一萬石，請令折輸鈔帛。"從之。(《明太宗實錄》卷二○九，第2123頁)

三月

乙丑，夜，有星如鷄子大，青白色，有光，出軫宿，西北行入太微垣內。(《明太宗實錄》卷二一○，第2130頁)

甲戌，夜，有星如盞大，青白色，光燭地，出中台西北行至近濁。(《明太宗實錄》卷二一○，第2131頁)

不雨，至于五月，首種不入。(萬曆《福寧州志》卷一六《時事》)

不雨，至於五月，首種不入。(民國《霞浦縣志》卷三《大事》)

至五月不雨，禾不克栽。(嘉靖《寧德縣志》卷四《祥異》)

五月

丙午，交阯總兵豐城侯李彬奏："誠領兵追擊，賊皆敗走，緣暑雨水溢，嵐瘴方作，請俟秋進兵。"從之。(《明太宗實錄》卷二一二，第2137頁)

壬子，夜，有星如鷄子大，青白色，有光，出正北游氣，流丈餘，發光，如碗大，西北行至雲中，後六(廣本作"没一")小星隨之。(《明太宗實錄》卷二一二，第2138頁)

六月

壬午，以水災免順天府霸州莽州縣十六年(廣本、抱本"年"下有"田"字)糧十萬四千二百七十五石。(《明太宗實錄》卷二一三，第2142頁)

壬午，夜，有星如盞大，青白色，有光，出勾陳旁，東北行至雲中。(《明太宗實錄》卷二一三，第2142頁)

七月

戊午，夜，金星犯天罇中星。(《明太宗實錄》卷二一四，第2148頁)

八月

壬午，夜，星（廣本、抱本"星"上有"有"字）如碗大，赤黃色，光燭地，起自畢宿，西南行至游氣尾跡後散。（《明太宗實錄》卷二一五，第2151頁）

癸巳，金（廣本、抱本"金"上有"夜"字）星犯軒轅大星。（《明太宗實錄》卷二一五，第2152頁）

甲午，旦，壽星見。（《明太宗實錄》卷二一五，第2152頁）

九月

丙午，夜，土星犯上將星。（《明太宗實錄》卷二一六，第2155頁）

丙辰，夜，有星，如盞大，赤色，光燭地，出壘壁陣，南行至北落（廣本作"溶"，誤）師門旁。（《明太宗實錄》卷二一六，第2159頁）

十月

丙子，夜，有星，如盞大，青白色，有光，起自弧矢旁，東南行至近濁。（《明太宗實錄》卷二一七，第2161頁）

壬辰，夜，有星如彈丸大，赤色，有光，出天鈎，東北行（廣本"行"下有"長"字）丈餘，發光，如雞子大，徐行至太子星旁。又有星如雞子大，青白色，有光，出紫薇東蕃外，東北行至近濁。（《明太宗實錄》卷二一七，第2163頁）

癸巳，夜，月犯軒轅右角星。（《明太宗實錄》卷二一七，第2163頁）

十一月

壬寅，夜，有星如彈丸大，青白色，尾（廣本、抱本"尾"下有"跡"字）有光，出軒轅尾星，東南行近天廟堂（廣本、抱本無"堂"字）旁，發光如雞子大，至雲中。（《明太宗實錄》卷二一八，第2166頁）

丁巳，甘露降孝陵松栢三日。（《明太宗實録》卷二一八，第 2169 頁）

乙丑，夜，有星如盞大，青白色，光燭地，出外廚（廣本、抱本"廚"下有"东南"二字），行至雲中。（《明太宗實録》卷二一八，第 2169 頁）

十二月

丙子，夜，有星如鷄子大，青白色，尾跡有光，出柳宿，行東南（舊校改"行東南"作"東南行"）至天廟。（《明太宗實録》卷二一九，第 2171 頁）

庚辰，夜，火星犯鈎鈐星。（《明太宗實録》卷二一九，第 2173 頁）

癸未，慶雲見。（《明太宗實録》卷二一九，第 2173 頁）

乙未，夜，有二星如鷄子大。其一青一（舊校删"一"字）白色，有光，出天園〔囷〕，南行至近濁；其一青白色，有光，出柳宿，南行入天社。（《明太宗實録》卷二一九，第 2180 頁）

是年

免去年水災田租。（民國《順義縣志》卷一六《雜事記》）

夏，大雹。（同治《番禺縣志》卷二一《前事》；宣統《南海縣志》卷二《前事補》）

大水。（萬曆《景寧縣志》卷六《災變》）

（浮橋）壞于水。（嘉靖《延平府志》卷三《橋渡》）

蝗，有鳥食之殆盡。（康熙《濬縣志》卷一《祥異》）

永樂十八年（庚子，一四二〇）

閏正月

甲戌，夜，有星如碗大，赤色，光燭地，起自居（廣本、抱本作"房"）宿，正南行至近濁。（《明太宗實録》卷二二一，第 2189 頁）

辛巳，夜，有星如盞大，青白色，有光，起自太尊旁，行至西游氣（舊校改"行至西游氣"作"西行至游氣"）。（《明太宗實錄》卷二二一，第 2190 頁）

癸未，日上生皆（廣本、抱本作"背"）氣，一道青赤色，同時生（廣本作"色"）重半暈左右珥，皆赤黃色，有白虹貫兩珥，隨生璚氣，一道黃白色。（《明太宗實錄》卷二二一，第 2190 頁）

乙酉，夜，月食。（《明太宗實錄》卷二二一，第 2190 頁）

癸巳，夜，有星如碗大，青白色，尾跡有光，起自中台，西北行至近濁。（《明太宗實錄》卷二二一，第 2191 頁）

三月

丙子，夜，有星如鷄子大，赤色，尾跡有光，出天棓，西北行入太尊旁。（《明太宗實錄》卷二二三，第 2198 頁）

癸巳，行在户部奏："廣東崖州言，昕属寧遠縣山水暴泛（廣本作'漲'），衝決田稼，漂人民，壞廬舍，已遣官覈實，其租稅宜蠲免。"又奏："昕遣官言踏視民田，有不可耕者，宜改撥旁近閒田，與之耕種。"皆從之。（《明太宗實錄》卷二二三，第 2201 頁）

十四日，智者鄉雨，瑞麥。（嘉慶《義烏縣志》卷一九《祥異》）

蠲崖州寧遠縣本年租稅。山水暴泛，衝決田稼，漂人民，壞廬舍。又遣官踏視民田，有（疑脱"不可"二字）耕者宜改撥旁近閑田開耕種，從之。（萬曆《廣東通志》卷六《事紀》）

四月

己亥，夜，有星如鷄子大，赤色，光燭地，出帛（廣本作"白"）度東南行入右旗，尾跡炸散。（《明太宗實錄》卷二二四，第 2205 頁）

五月

辛未，夜，有星如碗大，赤色，光燭地，起自壁宿，東南行至近濁。

（《明太宗實録》卷二二五，第2211頁）

六月

丙午，夜，北京地震。（《明太宗實録》卷二二六，第2216頁）

己未，夜，有星如鷄子大，赤色，有光，出西南雲中，流丈餘，發光，如盞大，西南行至南行至雲中（抱本此句作"西南行至雲中"），尾跡後散。（《明太宗實録》卷二二六，第2217頁）

壬戌，夜，有星如盞大，赤色，光燭地，出天津，西南行入河皷，尾跡後散。（《明太宗實録》卷二二六，第2217頁）

癸丑（舊校改"丑"作"亥"），夜，月犯井宿東扇南（廣本作"南扇東"）第一星。（《明太宗實録》卷二二六，第2217頁）

大水。（嘉靖《宣府鎮志》卷六《災祥考》；乾隆《宣化縣志》卷五《災祥》；康熙《龍門縣志》卷二《災祥》；康熙《西寧縣志》卷一《災祥》；乾隆《懷安縣志》卷二二《灾祥》；乾隆《蔚縣志》卷二九《祥異》；乾隆《萬全縣志》卷一《災祥》；光緒《懷來縣志》卷四《災祥》；光緒《大城縣志》卷一〇《五行》；民國《文安縣志》卷終《志餘》）

七月

辛巳，夜，月食。（《明太宗實録》卷二二七，第2220頁）

己丑，夜，木星犯天罇西北星。（《明太宗實録》卷二二七，第2221頁）

庚寅，旦，壽星見。（《明太宗實録》卷二二七，第2221頁）

乙未，夜，有星如盞大，青白色，尾跡有光，出文昌，東北行至近濁，後二小星隨之。（《明太宗實録》卷二二七，第2221~2222頁）

八月

丁酉，日有食之。（《明太宗實録》卷二二八，第2223頁）

庚子，夜，木星犯天樽東北星。（《明太宗實録》卷二二八，第2223頁）

癸丑，夜，有星如彈丸大，赤色，尾跡有光，出候（廣本作"侯"）星

旁，行丈餘，發光，如盞大，西南行入建星，尾跡炸散，四小星隨之。（《明太宗實録》卷二二八，第2224頁）

乙丑，夜，金星犯心宿後星。（《明太宗實録》卷二二八，第2224頁）

九月

丙寅，夜，有星如鷄子大，青白色，有光，出紫薇（廣本、抱本作"微"）西蕃内，正（廣本無"正"字）北行至近濁。（《明太宗實録》卷二二九，第2225頁）

甲戌，通政司左通政岳福言："浙江仁和、海寧二縣，今年夏秋霖雨風潮，壞長降等壩，淪于海者千五百餘丈。東岸赭山、嚴門山、蜀山故有海道，近皆淤塞，故西岸潮勢愈猛，為患滋大，乞以軍民脩。"從之。（《明太宗實録》卷二二九，第2226頁）

甲戌，夜，有星如鷄子大，青白色，尾跡有光，出霹靂，東南行入天倉，尾跡炸散。（《明太宗實録》卷二二九，第2226頁）

丙戌，夜，有二星如鷄子大。其一青白色，尾跡有光，出天津，南行至游氣；其一赤色，尾跡有光，出内階，西行入閣道。（《明太宗實録》卷二二九，第2227頁）

戊子，夜，月犯軒轅右角星。（《明太宗實録》卷二二九，第2228頁）

十月

庚子，夜，有星如鷄子大，赤色，尾跡有光，出五車，西北行入上台。（《明太宗實録》卷二三○，第2229頁）

己酉，夜，月犯畢宿星。（《明太宗實録》卷二三○，第2229頁）

癸亥，甘露降孝陵松柏。（《明太宗實録》卷二三○，第2231頁）

十一月

丁亥，廣東布政司言："雷州海康、遂奚（廣本、抱本作'溪'）二縣，今夏颶風暴雨，海水漲溢（廣本作'泛'），傷民禾稼，田租（廣本作'税

糧'）無徵者千六百餘石。"悉免之。（《明太宗實録》卷二三一，第2238頁）

辛卯，夜，月掩金星。（《明太宗實録》卷二三一，第2239頁）

癸巳，是月，賑山東青、萊、平渡（抱本作"度"）等府州縣被水飢民，凡十五萬三千七百三十四户，給粟四十七萬九千壹百七十石。（《明太宗實録》卷二三一，第2240頁）

十二月

壬寅，夜，月犯畢宿大星。（《明太宗實録》卷二三二，第2241頁）

癸亥，以歲旱免直隸鳳陽府所屬州縣糧七千九百九十二石。（《明太宗實録》卷二三二，第2244頁）

是年

蠲免海康、遂溪二縣本年田租。布政司上言："今夏颶風暴雨，海水漲溢，傷民害稼，田祖〔租〕無徵者一千六百石。"遂免之。（道光《遂溪縣志》卷二《紀事》）

大水。（嘉靖《隆慶志》卷八《祥異》；同治《麗水縣志》卷一四《災祥附》；光緒《延慶州志》卷一二《祥異》）

夏秋，仁和、海甯潮湧，隉淪入海者千五百餘丈。（乾隆《杭州府志》卷五六《祥異》）

（旱），知縣王失名亦禱雨，應。（康熙《長子縣志》卷三《廟祠》）

左通政岳福奏修仁和、海寧塘岸，時風潮陷四千五百餘丈。（崇禎《海昌外志·祥異》）

大雷電，以風，院煅。（光緒《忠義鄉志》卷七《書塾》）

旱。（康熙《廣德州志》卷三《祥異》）

夏秋霖雨，風潮壞仁和、海寧二縣，長安等壩海塘一千五百餘丈俱没于海。（康熙《浙江通志》卷二《祥異附》）

永樂十九年（辛丑，一四二一）

正月

己卯，夜，月食既。（《明太宗實錄》卷二三三，第2253頁）

四月

乙未，夜，有星如盞大，青白色，有光，出房宿，西南行至近濁。（《明太宗實錄》卷二三六，第2263頁）

丙辰，夜，有星如盞大，黃白色，出壁宿，東北行至近濁。（《明太宗實錄》卷二三六，第2271頁）

五月

丙戌，全州守禦千戶所言：“夏初，三江水漲，壞城四百五十六丈，串樓六百餘間，埧岸二十七丈，城門樓一座。乞量存征哨及守堡軍士脩理。”從之。（《明太宗實錄》卷二三七，第2275頁）

大水，漂溺三百餘人。（民國《泰寧縣志》卷三《祥異》）

八月

辛卯朔，日有食之。（《明太宗實錄》卷二四〇，第2285頁）

甲午，夜，有星如盞大，青白色，有光，出北斗杓，西北行至近濁。（《明太宗實錄》卷二四〇，第2285頁）

庚子，旦，壽星見。（《明太宗實錄》卷二四〇，第2285頁）

丁未，夜，月犯天囷南星。（《明太宗實錄》卷二四〇，第2286頁）

庚戌，以水災免直隸徐州永樂十八年粮四萬三千八百九十三石。（《明太宗實錄》卷二四〇，第2286頁）

九月

丁亥，夜，有星如盞大，赤色，光燭地，起自尚書，西（廣本無"西"字）北行至天津，尾疏後散。（《明太宗實録》卷二四一，第2290頁）

十月

癸卯，夜，金星犯天江中星。（《明太宗實録》卷二四二，第2292頁）

丙午，夜，有星如盞大，青白色，有光，出土司旁空（疑當作"空旁"），西南行至雲中。（《明太宗實録》卷二四二，第2292頁）

壬子，夜，月犯靈臺中星。（《明太宗實録》卷二四二，第2293頁）

十一月

甲申，夜，有星如鷄子大，青白色，有光，出井宿，西南行入參宿。（《明太宗實録》卷二四三，第2297頁）

丙戌，夜，月掩東咸東第一星。（《明太宗實録》卷二四三，第2297頁）

十二月

丁酉，夜，金星犯壘壁陣西第五星。（《明太宗實録》卷二四四，第2299頁）

壬寅，夜，有星如盞大，青白色，尾跡有光，起自天市西垣韓星旁，東南行至近濁。（《明太宗實録》卷二四四，第2299頁）

丙午，夜，月犯軒轅左角星。（《明太宗實録》卷二四四，第2300頁）

是年

水。（嘉靖《隆慶志》卷八《祥異》；光緒《延慶州志》卷一二《祥異》）

三殿災，詔求直言。（鄒）緝上疏曰："今山東、河南、山西、陝西水旱相仍，民至剥樹皮掘草根以食。老幼流移，顛踣道路，賣妻鬻子以求苟活。而京師聚集僧道萬餘人，日耗廩米百餘石，此奪民食以養無用也。"

（《明史・鄒緝傳》，第 4435~4436 頁）

自春入夏不雨，官民彷徨，詢諸父老，皆莫知所由……（祈神禱雨）是夕城鄉內外皆雨，自酉及亥，地多潢潦。歲之所獲較鄰邑加倍焉。（光緒《容縣志》卷四《古跡》）

永樂二十年（壬寅，一四二二）

正月

己未朔，日食。（《明太宗實錄》卷二四五，第 2303 頁）

丙寅，夜，月犯畢宿左股東第三星。（《明太宗實錄》卷二四五，第 2303 頁）

壬申，夜，月食。（《明太宗實錄》卷二四五，第 2303 頁）

丁丑，江西信豐千戶所言："雨水壞城垣，請命脩築。"從之。（《明太宗實錄》卷二四五，第 2304 頁）

己卯，湖廣都司言："瞿塘衛城垣為風雨所壞，請命軍士脩理。"從之。（《明太宗實錄》卷二四五，第 2304 頁）

乙酉，夜，有星如盞大，赤黃色，有光，起自翼宿，東南行至近濁。（《明太宗實錄》卷二四五，第 2305 頁）

二月

庚寅，夜，有星如盞大，赤色，光燭地，起自天市西垣外，西南行至騎官。（《明太宗實錄》卷二四六，第 2307 頁）

三月

辛酉，夜，月犯畢宿。（《明太宗實錄》卷二四七，第 2312 頁）

辛未，夜，月掩食土星。（《明太宗實錄》卷二四七，第 2312~2313 頁）

五月

己未，廣東廣州等府颶風暴雨，潮水泛溢，人溺死者三百六十餘口，漂沒廬舍千二百餘間，壞倉粮二萬五千三百餘石。事聞，皇太子令户部遣人馳馹撫問。（《明太宗實錄》卷二四九，第 2321 頁）

己未，夜，有星如盞大，青白色，有光，起自角宿，西北行至下台，尾跡炸散。（《明太宗實錄》卷二四九，第 2321 頁）

颶風暴雨，潮水泛溢，漂沒廬舍。（道光《新會縣志》卷一四《祥異》）

六月

丙申，車駕次祥雲屯北（廣本、抱本作“方”）駐蹕，有紫雲如蓋，見營南，久而不散，故賜名其地。（《明太宗實錄》卷二五〇，第 2330 頁）

庚戌，夜，有星如盞大，青白色，光燭地，出太微西垣内，西北行至河（舊校改“河”作“近”）濁。（《明太宗實錄》卷二五〇，第 2331 頁）

乙卯，是日（廣本、抱本作“月”），直隸廣平邯鄲、成安、肥鄉，真定無極、藁城，大名濬、魏；河南襄城縣霖雨傷稼。（《明太宗實錄》卷二五〇，第 2331 頁）

雨水傷稼。（乾隆《曲阜縣志》卷二八《通編》）

山東霪雨傷稼。（民國《增修膠志》卷五三《祥異》）

七月

戊午，夜，有二星如鷄子大，其一赤色，有光，出閣道西北行至雲中；其一青白色，尾跡有光，出婁宿，東南行入天倉。（《明太宗實錄》卷二五〇，第 2332 頁）

辛未，户部言：“應天府溧陽縣、揚州府寶應縣、徐州蕭縣、濟南府新城縣、青州府莒州及諸城、壽光二縣，萊州府膠州，登州府蓬萊、黃縣，開封府中牟、原武、祥符、滎澤四縣，大名府長垣縣，順天府薊州及玉田縣，永平府灤州霖雨傷稼。”皇太子令遣官巡視。（《明太宗實錄》卷二五〇，第

2333 頁）

癸亥，夜，有星如盞大，青白色，光燭地，北起自右旗，西北行至近濁。（《明太宗實錄》卷二五〇，第 2333 頁）

癸酉，皇太子免南北直隸并山東、河南郡縣被水災粮二十三萬八千三百四十石有奇，馬芻三十八萬一千三百餘束。（《明太宗實錄》卷二五〇，第 2336 頁）

丁丑，夜，月犯畢宿星。（《明太宗實錄》卷二五〇，第 2337 頁）

甲申，遼東定遼、東寧、海州、廣寧等處霖雨傷禾稼。（《明太宗實錄》卷二五〇，第 2338 頁）

免水災糧芻。（乾隆《歷城縣志》卷二《總紀》）

霖雨傷稼。（乾隆《諸城縣志》卷二《總紀上》）

大風損禾。（嘉慶《直隸太倉州志》卷五八《祥異》）

壬午，是月，遼東霖雨傷稼。（《國榷》卷一七，第 1195 頁）

八月

乙未，夜，月掩建星。（《明太宗實錄》卷二五〇，第 2340 頁）

辛丑，直隸懷來衛言："本衛南接榆林，北至長安嶺，西連宣府。近雨水壞橋道，請兼用兵民脩理。"皇太子從之。（《明太宗實錄》卷二五〇，第 2344 頁）

辛亥，旦，壽星見，其色黃赤。（《明太宗實錄》卷二五〇，第 2345 頁）

免南畿水災糧芻。（同治《上江兩縣志》卷二下《大事下》）

九月

癸亥，夜，有星如盞大，青白色，光燭地，起自文昌，東北行至近濁。（《明太宗實錄》卷二五一，第 2349 頁）

乙亥，夜，金星犯木星。（《明太宗實錄》卷二五一，第 2351 頁）

丙子，夜，有星如碗大，赤色，光燭地，起自天囷，西南行至壘壁陣，尾跡後散。（《明太宗實錄》卷二五一，第 2351 頁）

辛巳，夜，有星如盞大，青白色，光燭地，起自軍市，東南行至近濁。（《明太宗實錄》卷二五一，第2351頁）

十月

戊子，夜，有星如盞大，青白色，光燭地，起自天囷，西南行至近濁。（《明太宗實錄》卷二五二，第2353頁）

辛卯，夜，有星如盞大，赤色，光燭地，起自天狗，東南行至天廟。（《明太宗實錄》卷二五二，第2353~2354頁）

壬辰，脩泗州衛雨水所壞城垣三百六十餘丈。（《明太宗實錄》卷二五二，第2354頁）

甲辰，真定府寧晉縣典吏王珪言："今年六月、七月不雨，田禾旱傷者百六十七頃有奇。"命戶部遣官覈實免其租。（《明太宗實錄》卷二五二，第2355頁）

戊申，湖廣沔陽州奏："今秋霪雨，江水泛漲，潲没田地，溺死人民。"命戶部遣人撫視。（《明太宗實錄》卷二五二，第2355頁）

乙酉，夜，金星犯土星。（《明太宗實錄》卷二五二，第2355頁）

壬子，夜，火星退犯天街上星。（《明太宗實錄》卷二五二，第2355頁）

十一月

丁卯，夜，月犯畢宿大星。（《明太宗實錄》卷二五三，第2357頁）

十二月

癸丑，夜，有星如碗大，青白色，光燭地，起自文昌，西北行至紫微東蕃内，後三小星隨之。（《明太宗實錄》卷二五四上，第2360頁）

閏十二月

丙寅，山東登州府言："寧海等八州縣連嵗水旱，田穀不登，農民乏

食，今本府見儲粮五十萬石，乞以賑貸。"從之。(《明太宗實錄》卷二五四下，第2362頁)

甲戌，以水災免直隸鳳陽府所屬州縣粮千八百六十六石，碭山、蕭縣二縣粮二萬七千二百一十石。(《明太宗實錄》卷二五四下，第2363頁)

是年

海溢，陳兆塘壞。(民國《象山縣志》卷三〇《志異》)

象山縣海溢，隄兆塘壞。(嘉靖《寧波府志》卷一四《機祥》)

秋，大旱，大饑。(民國《平陽縣志》卷五八《祥異》)

大旱。(崇禎《吳縣志》卷一一《祥異》)

大水。(光緒《烏程縣志》卷二七《祥異》)

水災，免糧芻。(道光《巢縣志》卷六《蠲賑》)

夏秋，鳳陽河溢。(光緒《鳳陽府志》卷四下《祥異》)

大水，蠲災田租，二十一年如之。(乾隆《吳江縣志》卷四〇《災變》)

大水。二十一年如之。(同治《湖州府志》卷四四《祥異》)

永樂二十一年（癸卯，一四二三）

正月

己丑，夜，月行（抱本作"犯"）畢宿中。(《明太宗實錄》卷二五五，第2365頁)

甲辰，夜，有星如盞（廣本、抱本"盞"下有"大"字），赤黃色，光燭地，自中天雲中，西南行至近濁。(《明太宗實錄》卷二五五，第2366頁)

丙午，戶部言："山東文登縣比歲水傷田稼，乞以十八年、十九年逋租折收鈔豆。"從之。(《明太宗實錄》卷二五五，第2366頁)

庚戌，夜，木星犯上将星。（《明太宗實録》卷二五五，第2366頁）

二月

乙丑，直隸六安衛言："本衛城垣為霪雨所壞三百餘丈，乞以軍（廣本、抱本'軍'下有'士'字）修築。"從之。（《明太宗實録》卷二五六，第2370頁）

六安衛霪雨壞城。（《明史·五行志》，第472頁）

三月

癸未，江西建昌永（廣本、抱本作"守"）禦千户所言："久雨，坍塌城垣五十餘丈、城撥（廣本、抱本作'樓'）二十一座，請以軍（廣本、抱本'軍'下有'士'字）修理。"從之。（《明太宗實録》卷二五七，第2373頁）

己丑，夜，有星如盞大，青白色，光燭地，起自危宿，北行至室宿，尾跡後散。（《明太宗實録》卷二五七，第2373頁）

庚戌，夜，有火星犯積薪星。（《明太宗實録》卷二五七，第2376頁）

四月

丙辰，夜，有星如盞大，赤色，光燭地，出軫宿，西南行至近濁。（《明太宗實録》卷二五八，第2377頁）

五月

辛巳，夜，有星如盞大，赤色，有尾跡，光燭地，出織女東北行入天津，後三小星随之。（《明太宗實録》卷二五九，第2379頁）

癸未，户部尚書郭資言："河南開封府歸德、睢州、祥符、陽武、中牟、寧陵、項城、永城、澤榮（當作"滎澤"）、太康、西華、蘭陽、原武、封丘、通許、陳留、洧川、杞縣及南陽府内鄉，衛輝府新鄉、護（廣本、抱本作'獲'）嘉、汲淇、輝縣，并鳳陽府宿州去年夏秋淫雨，黄河汎溢，並傷田

稼。"命遣人按視，蠲其租稅。(《明太宗實録》卷二五九，第2379頁)

戊申，是月，嘉定州峨眉縣驟雨，溪水漲溢，漂流民三十五户，溺死百三十人。(《明太宗實録》卷二五九，第2382頁)

癸未，免去年水災田租。(光緒《五河縣志》卷八《蠲賑》)

峨眉溪水漲，溺死百三十人。(《明史·五行志》，第447頁)

六月

庚戌朔，日有食之。(《明太宗實録》卷二六〇，第2383頁)

七月

戊子，直隸懷安衛言："雨水壞城垣二百五十丈、城南土橋二座，乞以軍士修築。"從之。(《明太宗實録》卷二六一，第2386頁)

壬寅，鎮守薊州、山海等處都指揮僉事陳景先言："近山水泛漲，衝激城垣山海義院等關口九百五十餘丈，遵化喜峯口(廣本、抱本'口'下有'三百九十餘丈，永平界嶺劉家等關口'十五字)水關并潘家等關口四百八十餘丈，薊州馬蘭等關口三百八十餘丈。俱係邊境要衝，宜令附近官軍併力修築。"皇太子令隆平侯張信等督修。(《明太宗實録》卷二六一，第2389頁)

丙午，工部言："交阯順化衛近因河水暴漲，漂没府衛等衙門，壞城垣百四十餘丈，決堤岸一百餘丈，請發軍民修治。"皇太子從之。(《明太宗實録》卷二六一，第2390～2391頁)

八月

辛亥，大寧都司啟："保定左等衛所，因近雨(舊校改'因近雨'作'近因雨')坍塌城垣五百二十餘丈、敵臺六座，請集軍士修理。"皇太子從之。(《明太宗實録》卷二六二，第2393頁)

戊午，是日旦，壽星見，色赤黄鮮明。(《明太宗實録》卷二六二，第2394頁)

乙亥，南京欽天監以壽星見，遣人馳奏並啟皇太子。皇太子遣禮部侍郎

郭敢（廣本、抱本作"敦"）詣行在上表賀。（《明太宗實録》卷二六二，第 2399 頁）

丁丑，皇太子諭户部尚書郭資曰："今年南北直隸并山東郡縣水旱之處，粮芻皆無出，而有司徵索不已，甚爲朝廷斂怨，其悉蠲之。"（《明太宗實録》卷二六二，第 2399 頁）

戊寅，是月，廣東瓊州府言："颶風暴雨，海水湧溢，漂没廬舍孳畜，近海居民溺死五十二人。"（《明太宗實録》卷二六二，第 2399 頁）

丁丑，免南京水災田租。（光緒《金陵通紀》卷一〇上）

免山東郡縣水災田租。（民國《山東通志》卷一〇《通紀》）

免水災田租。（乾隆《歷城縣志》卷二《總紀》）

免南京水災田租。（民國《首都志》卷一六《大事表》）

九月

庚子，夜，有星如月大，青白色，光燭地，尾跡黄色，起自壘壁陣西方星，東南行至羽林軍。（《明太宗實録》卷二六三，第 2403 頁）

十月

丙寅，覆命駕觀獵，時風日暄霽。（《明太宗實録》卷二六四，第 2406 頁）

十一月

辛巳，車駕入居庸關，是日，天氣清朗。（《明太宗實録》卷二六五，第 2411 頁）

壬辰，夜，月食。（《明太宗實録》卷二六五，第 2413 頁）

壬辰，有星如盞大，青白色，有光，起自參宿旁，西南至天苑。（《明太宗實録》卷二六五，第 2413～2414 頁）

十二月

己酉，懷来衛城爲霖雨所壞，請命修築。從之。（《明太宗實録》卷二

六六，第 2417 頁）

辛酉，夜，有星如盞大，青白色，有光，起自翼宿，南行至近濁。
（《明太宗實錄》卷二六六，第 2418 頁）

庚午，夜，有星如盞大，青白色，光燭地，起自張宿（廣本"宿"下
有"西"字），南行至近濁（廣本、抱本"近濁"下有"星宿"字）。
（《明太宗實錄》卷二六六，第 2419 頁）

是年

諸暨大風，江潮至楓溪。宣德二年同。（萬曆《紹興府志》卷一三
《災祥》）

樂清縣旱，大饑。（乾隆《溫州府志》卷二九《祥異》）

建昌守禦所，淮安、懷來等衛，皆霪雨壞城。（《明史·五行志》，第
472 頁）

大水。（康熙《吳縣志》卷二一《祥異》；光緒《烏程縣志》卷二七
《祥異》）

大水，蠲災田租。（乾隆《吳江縣志》卷四〇《災變》）

水。（嘉慶《揚州府志》卷七〇《事略》）

江潮至楓溪。（乾隆《諸暨縣志》卷七《祥異》）

大旱，饑殍相望，（程）必達捐穀十萬八千石，賑活無算。次歲大稔，
蒙賑者來償，不受，復捐財木爲倉，以備後荒。名義倉楊文定溥記之。（乾
隆《石首縣志》卷七《人物》）

夏秋，旱蝗相繼，麥禾俱無。（光緒《宜陽縣志》卷二《祥異》；民國
《洛寧縣志》卷一《祥異》）

旱，歲饑，死者甚眾。自秋至明春不雨，晚禾無收，早禾亦不能下種，
民大饑，草根木皮食之殆盡。（嘉慶《瑞安縣志》卷一〇《災變》）

自秋至明春，不雨，晚禾無收，早秋亦不能下，民大饑，草根木皮食之
殆盡，死者枕藉於道。（光緒《永嘉縣志》卷三六《祥異》）

永樂二十二年（甲辰，一四二四）

正月

己亥，夜，有星如盞大，赤色，光燭地，起自左攝提，東南行至梗河。（《明太宗實録》卷二六七，第 2426 頁）

二月

戊辰，直隸壽州衛言：“雨水壞城垣，請命修理。”從之。（《明太宗實録》卷二六八，第 2432 頁）

三月

甲午，江西都司言：“贛州衛雨水壞城垣，請命修理。”從之。（《明太宗實録》卷二六九，第 2439 頁）

丁酉，山西振武衛鴈門守禦千户昕言：“雨水壞城垣，請命修理。”從之。（《明太宗實録》卷二六九，第 2440 頁）

四月

辛亥，夜，有星如盞大，青白色，有光，出閣道，南行入室宿。（《明太宗實録》卷二七〇，第 2447 頁）

丙辰，後軍都督（廣本、抱本“督”下有“府”字）言：“霖雨壞密（廣本、抱本‘密’下有‘雲’字）中衛及薊州衛城垣，請撥軍修理。”皇太子從之。（《明太宗實録》卷二七〇，第 2447 頁）

五月

乙亥，大名府濬縣蝗蝻生。知縣王士廉齋戒，率僚屬、耆民祠于八蜡祠。士廉以失政自責，越三日，有鳥萬數，食蝗殆盡。皇太子聞而嘉之，顧

侍臣曰："此誠意所格，人患無誠耳，苟出於誠，何求不得？"（《明太宗實錄》卷二七一，第 2451 頁）

己卯，車駕次開平，適雨，士卒有後至而沾濕者，時其地尚寒。（《明太宗實錄》卷二七一，第 2451 頁）

丙申，車駕次清平鎮，即元之應昌路，是日雨。（《明太宗實錄》卷二七一，第 2455 頁）

丙申，邑有蝗蝝傷稼，一夕可數十畝。（《明太宗實錄》卷二七一，第 2456 頁）

丙申，夜，有流星如盞大，青白色，尾跡有光，出北斗魁北行至近濁。（《明太宗實錄》卷二七一，第 2456～2457 頁）

己亥，免直隸揚州、廣平、順德并湖廣、河南荨府縣累歲水災田粮一十八萬六千三百四十二石有奇。（《明太宗實錄》卷二七一，第 2457 頁）

己亥，夜，有星如盞大，青白色，光燭地，起自東南雲中，西北行至雲中，有聲如砲。（《明太宗實錄》卷二七一，第 2457～2458 頁）

皇太子令免廣平、順德、揚州及湖廣、河南郡縣水災田租。（《明史·成祖紀》，第 104 頁）

六月

戊午，巡按直隸監察御史李光學言："通州及漷縣、香河、武清諸邑霆雨傷稼。"皇太子令戶部遣人巡視。（《明太宗實錄》卷二七二，第 2462 頁）

戊辰，南京中軍都督府言："久雨壞聚寶門城垣，請發軍修理。"皇太子從之。（《明太宗實錄》卷二七二，第 2465 頁）

己巳，夜，有星如碗大，青黑色，自壘陳（廣本、抱本"壘"下有"壁"字，"陳"作"陣"）東北行至危宿，尾跡炸散。（《明太宗實錄》卷二七二，第 2465 頁）

辛未，夜，有星如碗大，赤色，光燭地，起自造父，西南行入天市東垣，尾跡後散。（《明太宗實錄》卷二七二，第 2465 頁）

七月

丁丑，夜，有星如盞大，青白色，光燭地，起自天桴，西南行至天市西垣外，尾跡後散。（《明太宗實錄》卷二七三，第 2467 頁）

癸未，夜，有星如碗大，青白色，起自危宿，東南行至近濁。（《明太宗實錄》卷二七三，第 2467 頁）

庚寅，夜，有星如碗大，赤色，大（廣本、抱本作"有"）光，起自奎宿，東行入參宿中，尾跡炸散，眾星搖動。（《明太宗實錄》卷二七三，第 2469 頁）

辛丑，夜，有星如碗大，青赤色，光燭地，起自天囷（廣本、抱本作"囷"），東北行至近濁，尾跡炸散。（《明太宗實錄》卷二七三，第 2469 ~ 2470 頁）

黃巖潮溢，溺死八百人。（民國《台州府志》卷一三四《大事略》）

八月

庚申，夜，有星大如杯，色青白，見玉井。（《明仁宗實錄》卷一下，第 27 頁）

乙丑，夜，月犯火星。（《明仁宗實錄》卷一下，第 31 頁）

九月

甲戌，夜，有星大如雞子，色青白，見南斗魁。（《明仁宗實錄》卷二上，第 41 頁）

乙亥，夜，有星見孤矢，大如雞子，色青白。（《明仁宗實錄》卷二上，第 43 頁）

丁丑，夜，有星見天市東垣，大如雞子，色青白。（《明仁宗實錄》卷二上，第 46 頁）

戊寅，夜，有星見天津，大如杯，色青白，光燭地。（《明仁宗實錄》卷二上，第 46 頁）

庚辰，以河南黃河汎濫，溢洋（"洋"字疑衍）祥符、陳留、鄢陵、太康、陽武、原武諸縣，多傷禾稼，勅免今年稅糧馬草。仍命都察院右都御史王彰、都指揮同知李信往鎮撫軍民。上諭彰曰："卿任朝廷耳目之寄，且河南鄉邦，下情鬱不上達久矣。凡有可以利安軍民者，悉其奏來，各府、州、縣亦須周歷咨訪，庶幾得民之情。"（《明仁宗實錄》卷二上，第47頁）

甲申，夜，有星大如杯，見太微西垣內，色青白，光燭地。（《明仁宗實錄》卷二中，第53頁）

丙戌，鳳陽五河等縣奏："雨水沒田稼。"上謂戶部尚書夏原吉曰："農民勞苦，至秋成，為水所傷。既無自給，不可復徵其稅，其遣又覆實今歲粮芻，悉免之。"（《明仁宗實錄》卷二下，第63頁）

庚寅，通政使司左通政樂福言："奉命治水蘇、松、嘉、湖、杭、常六府，今歲六府田稼多為水潦沒，請寬其稅，俟來歲併徵。"上曰："今歲以郵民，故寬之，若來歲併徵，民輸亦難，其令以鈔布代輸。"（《明仁宗實錄》卷二下，第69頁）

辛卯，漳河水溢廣宗縣，傷民田稼百餘頃，有司以聞，命戶部遣人賑郵。（《明仁宗實錄》卷二下，第70頁）

丙申，夜，有星大如杯，色赤，見勾陳。（《明仁宗實錄》卷二下，第78頁）

戊戌，夜，有星大如碗，色黃白，見牛色，光燭地，有聲如撒沙石；有星大如杯，色青白，見女淋。（《明仁宗實錄》卷二下，第81頁）

丙戌，五河等縣大雨水，免其粮芻。（《國榷》卷一八，第1223頁）

十月

壬寅，命戶部蘇、松、嘉、湖等府被水災處，今歲秋粮悉令折輸布鈔，如永樂五年恤民之例，每石輸布一匹或鈔六錠。（《明仁宗實錄》卷三上，第87頁）

丙午，山東布政使司言："登、萊諸郡今歲兩〔雨〕水傷麥，其前歲所逋稅，乞令民以他物代輸。"上命戶部議所以寬貸之。戶部言："今國用不足。"上曰："君民一體，民貧豈可以不恤？宜從所言，其永樂二十年所逋稅悉蠲之；其二十一年，令以鈔代輸。"（《明仁宗實錄》卷三上，第 91 頁）

丁未，杭州府仁和縣民胡凱等言："本縣土田瀕江者連歲海潮，衝塌七十餘頃，而稅額未除。"命户部遣人閲視除豁。（《明仁宗實錄》卷三上，第 91 頁）

戊申，水没薊州、平峪等州縣田五千五百三十頃，徐州蕭、沛等州縣田七千二百九十頃有奇，事聞，詔悉蠲其今年租税。（《明仁宗實錄》卷三上，第 92 頁）

戊申，夜，有星大如杯，其色赤，見東南雲中。（《明仁宗實錄》卷三上，第 93 頁）

癸丑（抱本作"癸亥"），順德府廣宗縣奏："今歲雨水下田，傷稼頗多，乞寬其租税。"上謂户部臣曰："比登、萊諸群（疑作'郡'）雨水傷麥，已蠲其永樂二十年逋税。其二十一年所逋者，令折輸鈔。廣宗可準此例寬恤之，若使覈實而行，則民困于有司之督責，其速行之，而後令巡按御史審實，不實者罪之。自今各處有告災，悉準此例。"（《明仁宗實錄》卷三下，第 111 頁）

癸丑（抱本作"癸亥"），夜，有星大如鷄子，色青白，見天倉。（《明仁宗實錄》卷三下，第 125 頁）

甲子，夜，有星大如鷄子，色青白，見天紀。（《明仁宗實錄》卷三下，第 126 頁）

乙丑，夜，月犯内屏星。（《明仁宗實錄》卷三下，第 127 頁）

丙寅，有星大如鷄子，色赤，見郎位；有星如碗，色赤，見羽林軍，光燭地。（《明仁宗實錄》卷三下，第 127 頁）

戊辰，風寒。（《明仁宗實錄》卷三下，第 128 頁）

命户部：蘇、松、嘉等被水災處，今歲秋粮悉令折輸布鈔。（崇禎《松江府志》卷一三《荒政》）

命户部以嘉興等處被水災者，今歲秋糧悉折輸布鈔。（康熙《桐鄉縣志》卷三《邮典》）

十一月

戊寅，夜，木星入底（抱本、廣本、閣本作"氐"）宿，有星大如鷄子，色青白，見北河。（《明仁宗實錄》卷四上，第 137 頁）

己卯，夜，有星大如杯，色赤，光燭地，見東井；有星大如鷄子，色赤，見輿鬼。（《明仁宗實錄》卷四上，第 137 頁）

庚辰，夜，有二星大如鷄子。其一色赤，見天困；其一色青白，見河鼓。（《明仁宗實錄》卷四上，第 139 頁）

壬午，夜，有星大如鷄子，色青白，見外屏；有星大如杯，色青白，見蛇騰（抱本、中本作"騰蛇"）。（《明仁宗實錄》卷四上，第 142 頁）

癸未，夜，火星犯天廄。（《明仁宗實錄》卷四下，第 144 頁）

丙戌，夜，王（抱本、廣本、閣本"王"前有"夜月犯諸"四字）星，有二星大如碗，色赤，一見北斗魁（抱本脫"魁"字），一見紫蕃西蕃內（抱本、中本"紫蕃"作"紫微"，"西蕃"作"西番"）。月下，五色雲見。（《明仁宗實錄》卷四下，第 148 頁）

己丑，夜，月犯輿鬼。（《明仁宗實錄》卷四下，第 150 頁）

庚寅，夜，有二星大如鷄子，色青白，一見墳墓星，一見華盖。（《明仁宗實錄》卷四下，第 150 頁）

辛卯，夜，熒惑退犯五諸侯。（《明仁宗實錄》卷四下，第 152 頁）

壬辰，夜，有星大如鷄子，色赤，見於人星。（《明仁宗實錄》卷四下，第 153 頁）

甲午，夜，有星大如杯，色青白，光燭地，見八穀。有星大如鷄子，色赤，見危宿。（《明仁宗實錄》卷四下，第 153 頁）

乙未，夜，有星大如杯，色赤，光燭地，見於丈人。（《明仁宗實錄》卷四下，第 153 頁）

丙申，夜，有星大如杯，色青白，光燭地，見捲舌。（《明仁宗實錄》卷四下，第 154 頁）

己亥，夜，有星大如鷄子，色青白，光燭地，見北河。（《明仁宗實錄》

卷四下，第 155 頁）

庚子，勅河南布政（廣本“政”下有“使”字）司，今永城縣奏，去年七月，黃河泛濫傷稼，其被傷去處去年稅糧馬草（廣本“草”下有“等”字），悉與蠲免。（《明仁宗實錄》卷四下，第 155 頁）

庚子，夜，有星大如鷄子，色赤，見螣蛇。（《明仁宗實錄》卷四下，第 156 頁）

十二月

甲辰，夜，月犯十二國諸（廣本、抱本“諸”下有“秦”字）星。有星大如杯，色青白，見七公，光燭地。（《明仁宗實錄》卷五上，第 158 頁）

戊申，夜，有星大如鷄子，色青白，見天津。（《明仁宗實錄》卷五上，第 162 頁）

癸丑，常州府宜興、武進等縣奏：“今歲田土水災無收者九百五（廣本、抱本‘五’下有‘十’字）頃有奇。”命户部蠲其粮稅。（《明仁宗實錄》卷五下，第 177 頁）

戊午，夜，月犯軒轅星。（《明仁宗實錄》卷五下，第 187 頁）

戊午，有星大如鷄子，色青白，見室宿。（《明仁宗實錄》卷五下，第 187 頁）

己未，夜，有星大如杯，色青白，見天園〔困〕。（《明仁宗實錄》卷五下，第 187 頁）

庚申，夜，月犯内屏星。（《明仁宗實錄》卷五下，第 187 頁）

壬戌，自昏（舊校改“昏”作“昏”）至一更，有黑氣生西北，長五丈，濶一尺。（《明仁宗實錄》卷五下，第 188 頁）

壬戌，月犯平道星。（《明仁宗實錄》卷五下，第 188 頁）

是年

漳水溢。（民國《廣宗縣志》卷一《大事紀》）

淫雨傷麥禾，南畿饑。（光緒《金陵通紀》卷一〇上）

霪雨傷麥禾。（乾隆《平原縣志》卷九《災祥》）

秋，大旱，大饑。（民國《平陽縣志》卷五八《祥異》）

春，不雨，大饑。（嘉靖《溫州府志》卷六《災變》）

山東霪雨傷麥禾。（民國《山東通志》卷一〇《通紀》）

水。（乾隆《吳江縣志》卷四〇《災變》）

仁宗洪熙年間

（一四二五）

洪熙元年（乙巳，一四二五）

正月

丁丑，夜，月犯外屏。（《明仁宗實錄》卷六上，第202頁）

庚辰，衣人（廣本、抱本作"夜火"）星留井宿。有星大如雞子，色黄白，見壁室。（《明仁宗實錄》卷六上，第205頁）

卒巳（抱本作"辛巳"），夜，月犯諸王星。（《明仁宗實錄》卷六上，第206頁）

壬午，以過冬不雪，勅公侯伯五府都督、六部尚書侍郎、都察院都御史曰："朕以眇躬托於臣民之上，優憫元元，勤于夙夜，而自冬迄今，時雪不降，来年無遂，吾農柰何?"（《明仁宗實錄》卷六上，第207頁）

丙戌，夜，有星大如雞子，色青白，見角宿。（《明仁宗實錄》卷六下，第217頁）

丁亥，夜，月犯内屏。（《明仁宗實錄》卷六下，第217頁）

己丑，夜，有星大如鷄子，赤色，見北斗。（《明仁宗實錄》卷六下，第219頁）

庚寅，夜，有星大如雞子，色青白，見軫宿。（《明仁宗實錄》卷六下，

第 222 頁）

乙未，日有左右珥，色赤赤（抱本"赤赤"作"赤"）黃，白虹貫之。（《明仁宗實錄》卷六下，第 224～225 頁）

丙申，夜，有星大如雞子，色青白，見氐宿。有星大如碗，色青白，見貫索，光燭地。（《明仁宗實錄》卷六下，第 225 頁）

己亥，夜，有星大如雞子，色赤，見軒轅。（《明仁宗實錄》卷六下，第 228 頁）

癸未，以京師一冬不雪，詔諭修省。（《明史·五行志》，第 459 頁）

二月

乙巳，夜，有星火〔大〕如杯，色青白，見東雲南中（當作"東南雲中"）。（《明仁宗實錄》卷七上，第 232 頁）

戊申，夜，月犯諸王星。（《明仁宗實錄》卷七上，第 233 頁）

己酉，夜，有星大如杯，色赤，見正東雲中。（《明仁宗實錄》卷七上，第 233 頁）

辛亥，有星大如雞子，色赤，見五車。（《明仁宗實錄》卷七上，第 235 頁）

乙卯，遂遣成國公朱勇諭："……今冬作之初（廣本、抱本作'今東作之初'），兩〔雨〕澤不降，春耕不遂，以何粒民（舊校改'以何粒民'作'何以粒民'）？愛（疑當任'爰'）禱于（廣本、抱本'于'下有'神'字）以祈甘霈，曾不踰日，雨及公弘（抱本作'雨及公私'）……"（《明仁宗實錄》卷七上，第 236 頁）

丁巳，夜，有星大如杯，色赤，見天鈎。（《明仁宗實錄》卷七下，第 237 頁）

戊午，夜，有星大如鷄子，色青白，見太微垣五帝內座。（《明仁宗實錄》卷七下，第 238 頁）

戊午，南京地震。（《明仁宗實錄》卷七下，第 238 頁）

己未，夜，有星大如杯，色青白，光燭地，見天囷（舊校改"囷"作"困"）。（《明仁宗實錄》卷七下，第 238 頁）

己未，有星大如雞子，色青白，光燭地，見天囷。（《明仁宗實録》卷七下，第 238～239 頁）

己未，有星大如鷄子，色青白，見心宿。（《明仁宗實録》卷七下，第 239 頁）

己未，月食土星。（《明仁宗實録》卷七下，第 239 頁）

庚申，南京地震。（《明仁宗實録》卷七下，第 239 頁）

辛酉，夜，有星火（抱本作"大"）如雞子，色青白，見紫微西藩（廣本、抱本作"蕃"）外，月犯天江。（《明仁宗實録》卷七下，第 240 頁）

壬戌，南京地震。（《明仁宗實録》卷七下，第 240 頁）

癸亥，夜，有星大如雞子，色青白，見西北雲中。（《明仁宗實録》卷七下，第 241 頁）

乙丑，南京地震。（《明仁宗實録》卷七下，第 243 頁）

丙寅，南京地震。（《明仁宗實録》卷七下，第 244 頁）

丁卯，有恭（廣本、抱本作"暴"）風至，自東南。（《明仁宗實録》卷七下，第 244 頁）

戊辰，衣〔夜〕有星大如雞子，色青白，見宗正。（《明仁宗實録》卷七下，第 25 頁）

己巳，衣〔夜〕南京地震。（《明仁宗實録》卷七下，第 245 頁）

己巳，一星大如雞子，色赤，見北河。（《明仁宗實録》卷七下，第 245 頁）

己巳，一星大如杯，色青白，見五車，光燭地。（《明仁宗實録》卷七下，第 245 頁）

己巳，一星大如碗，色赤，見井色（廣本、抱本作"宿"），光燭地。（《明仁宗實録》卷七下，第 245 頁）

三月

癸酉，五色雲見。（《明仁宗實録》卷八上，第 248 頁）

癸酉，夜，有星大如杯，色青白，見正南雲中，光燭地。（《明仁宗實録》卷八上，第 248 頁）

癸酉，有星大如雞子，色赤，見帝座。（《明仁宗實錄》卷八上，第248頁）

甲戌，夜，有星大如椀，色青白，見角宿，光燭地。（《明仁宗實錄》卷八上，第250頁）

甲戌，有星大如雞子，色赤，見騎官。（《明仁宗實錄》卷八上，第250～251頁）

甲戌，是日，南京地震者三。（《明仁宗實錄》卷八上，第251頁）

乙亥，夜，有三星大如雞子，色青白，一見翼宿，一見屏內，一見天布（舊校改"布"作"市"）西垣。（《明仁宗實錄》卷八上，第251頁）

丁丑，上以災異屢見而進言者鮮，勅諭文武群臣（廣本"臣"下有"曰"字）："今自冬不雪，春亦少雨，陰陽愆和，必有其咎……"（《明仁宗實錄》卷八上，第252頁）

戊寅，夜，南京地震。（《明仁宗實錄》卷八上，第253頁）

乙卯，黃巖縣累奏："歲旱潦，民多散徒（抱本作'徙'）。去秋，雨水漂民居五百餘家，凡溺死八百餘人。"命戶部遣官馳赴賑恤。（《明仁宗實錄》卷八上，第254頁）

乙卯，夜，南京地震。（《明仁宗實錄》卷八上，第254頁）

庚辰，五色雲見。（《明仁宗實錄》卷八上，第255頁）

庚辰，夜，南京地震。（《明仁宗實錄》卷八上，第255頁）

辛巳，南京地震。（《明仁宗實錄》卷八上，第255頁）

癸未，夜，南京地震。（《明仁宗實錄》卷八上，第256頁）

甲申，夜，月犯平道星。（《明仁宗實錄》卷八上，第256頁）

甲申，南京地震。（《明仁宗實錄》卷八上，第256頁）

乙酉，夜，金星犯昂〔昴〕宿月星。（《明仁宗實錄》卷八上，第256頁）

乙酉，南京地震。（《明仁宗實錄》卷八上，第256頁）

丙戌，南京地震。（《明仁宗實錄》卷八上，第256～257頁）

丙戌，夜，有二星大如雞子，色赤，一見近尾，一見營室。（《明仁宗實錄》卷八上，第257頁）

丁亥，南京地震。（《明仁宗實録》卷八上，第 258 頁）

丁亥，夜，有星大如鷄子，色青白，見氐宿。（《明仁宗實録》卷八上，第 258 頁）

戊子，夜，南京地震。（《明仁宗實録》卷八上，第 258 頁）

己丑，夜，南（抱本"南"下有"京"字）地震。（《明仁宗實録》卷八下，第 260 頁）

癸巳，夜，有星大如鷄子，色青白，見軫宿。（《明仁宗實録》卷八下，第 265 頁）

癸巳，月犯十二諸國代（抱本作"大"）星。（《明仁宗實録》卷八下，第 265 頁）

癸巳，南京地震。（《明仁宗實録》卷八下，第 265 頁）

甲午，夜，有星大如鷄子，色青白，見天市東垣外。（《明仁宗實録》卷八下，第 266 頁）

甲午，南京地震。（《明仁宗實録》卷八下，第 266 頁）

乙未，五（色）雲見。（《明仁宗實録》卷八下，第 267 頁）

丁酉，夜，有星大如鷄子，色青白，見漸臺。（《明仁宗實録》卷八下，第 272 頁）

戊戌，夜，南京地震。（《明仁宗實録》卷八下，第 272 頁）

四月

庚子，夜，有星大如碗，色青白，見正北雲中，光燭地。（《明仁宗實録》卷九上，第 276 頁）

壬寅，夜，有二星，大如鷄子，色青白，一見西北雲中，一見正西雲中。（《明仁宗實録》卷九上，第 279 頁）

癸卯，日生暈，色赤黄，圓而濃厚。（《明仁宗實録》卷九上，第 280 頁）

癸卯，夜，火星入鬼宿，犯西壯（廣本、抱本作"北"）星。（《明仁宗實録》卷九上，第 280 頁）

癸卯，有星大如鷄子，色青白，見酒旗。（《明仁宗實録》卷九上，第280頁）

甲辰，夜，有星大如杯，色赤，見翼宿。（《明仁宗實録》卷九上，第281頁）

乙巳，南京地震。（《明仁宗實録》卷九上，第281頁）

丙午，南京地震。（《明仁宗實録》卷九上，第285頁）

丁未，自辰至巳，日生左右珥，色赤黄，白虹貫之，復生交暈，色如之，比午而圓，色益濃厚。（《明仁宗實録》卷九上，第285頁）

丁未，夜，南京地震。（《明仁宗實録》卷九上，第285頁）

戊申，夜，南京地震。（《明仁宗實録》卷九上，第288頁）

己酉，夜，月犯内屏星。（《明仁宗實録》卷九下，第289頁）

乙卯，夜，有星大如杯，色青白，見太微東垣。（《明仁宗實録》卷九下，第294頁）

丙辰，夜，金星犯井宿。（《明仁宗實録》卷九下，第294頁）

戊午，夜，有星大如鷄子，色赤，見勾陳。月犯狗星。（《明仁宗實録》卷九下，第294頁）

庚申，南京地震。（《明仁宗實録》卷九下，第294頁）

癸亥，夜，有星大如杯，色赤，見星（廣本、抱本作"心"）宿，光燭地，有星大如鷄子，色青白，見天升。（《明仁宗實録》卷九下，第297頁）

丁卯，直隸大名府開州奏："去歲今歲皆霖雨傷稼，民所獲僅供田賦，其户部（廣本'部'作'田口'，抱本作'口'）塩粮，乞以鈔代輸。"户部言："如其所奏，將國用不足。"上曰："國以民為本，宜從之。"行其（疑當作"在"）户部言："玉田縣民饑，薊州倉儲粟有餘。"命發賑之。（《明仁宗實録》卷九下，第300～301頁）

旱，蝗。（萬曆《安邱縣志》卷一下《總紀》；康熙《壽光縣志》卷一《總紀》；康熙《杞紀》卷五《繫年》）

旱，蝗，免租税之半。（嘉慶《昌樂縣志》卷一《總紀》；光緒《臨朐縣志》卷一〇《大事表》）

久雨，水潦傷人稼。（同治《靖安縣志》卷一六《祥異》）

夏四五月，南昌府屬久雨，水潦傷稼。命行在户部蠲其租。（康熙《南昌郡乘》卷五四《祥異》）

五月

庚午，午刻，風雹。（《明仁宗實録》卷一〇，第 303 頁）

辛未，夜，南京地震。（《明仁宗實録》卷一〇校勘記，第 154 頁）

壬申，夜，有二星大如雞子，其一色青白，見氐宿；其一色赤，見軫宿。（《明仁宗實録》卷一〇校勘記，第 154～155 頁）

癸酉，南京震地（舊校改"震地"作"地震"）。（《明仁宗實録》卷一〇，第 304 頁）

甲戌，夜，有星大如雞子，色青白，見天津。（《明仁宗實録》卷一〇，第 304 頁）

丁丑，夜，有星大如雞子，色赤，見尾宿。（《明仁宗實録》卷一〇，第 305 頁）

戊寅，夜，有星大如雞子，色青白，見尾宿。（《明仁宗實録》卷一〇，第 305 頁）

己卯，夜，星金（舊校改"星金"作"金星"）犯輿鬼，有星大如雞子，色赤，見牛宿。（《明仁宗實録》卷一〇，第 305 頁）

辛巳，自辰至未，日生暈，色赤黄周匝。（《明仁宗實録》卷一〇，第 307 頁）

辛巳，南昌大雨傷稼，蠲其租。（《國榷》卷一八，第 1256 頁）

大水抵縣儀門。（同治《祁門縣志》卷三六《祥異》）

祁門大水，抵縣儀門。（道光《徽州府志》卷一六《祥異》）

颶風，水漲。（康熙《南海縣志》卷三《災祥》）

六月

甲寅，南京地震。（《明宣宗實録》卷二，第 35 頁）

己卯，昏刻，有流星大如雞彈，色赤，有光，出心宿，西南行至雲中。（《明宣宗實錄》卷二，第 41 頁）

戊午，上御西角門，是日，雨。行在工部尚書吳中奏："沙河、青（抱本作'清'）河等處舊架木橋，以便往來。今大雨，時行潦水將作，恐為所漂，宜且撤之，俟雨止復舊。"（《明宣宗實錄》卷二，第 43 頁）

庚申，夜，有流星大如雞彈，色赤，有光，出天弁，東南行至雲中。（《明宣宗實錄》卷二，第 46 頁）

辛酉，陝西布政司奏："諸衛軍士歲給冬衣布花，皆於夏稅內折收分給，催徵已久，未給尚多。蓋緣今歲民間春夏少雨，蟲蝝害稼，民食艱難，猝難措辦。舊例每布一疋折鈔十五貫，綿（北大本、抱本作'棉'，下一處同）花一斤折鈔二貫。今欲於官錢內每布一疋，折與鈔五十貫，綿花一斤折與鈔六貫，庶幾少紓民急，而軍士得用。"上謂尚書夏原吉曰："軍民皆可憫，舊未給者，且准折鈔，後當如例給布花。"（《明宣宗實錄》卷二，第 46 頁）

辛酉，昏刻，有流星大如杯（北大本作"杯"），色青白，有色（北大本作"光"），出明堂，西南行至近濁。（《明宣宗實錄》卷二，第 47 頁）

辛酉，曉刻，有流星大如碗，色赤，尾跡有光，出正北雲中，西北（北大本、抱本無"北"字）行至雲中。（《明宣宗實錄》卷二，第 47 頁）

壬戌，夜，有流星大如盃，色青白，有光，出壁南行至近濁。（《明宣宗實錄》卷二，第 49 頁）

癸亥，日生背氣，色青赤鮮明。（《明宣宗實錄》卷二，第 52 頁）

十五日，黃巖縣大雨，水高平地五六尺，傷禾稼六百二十頃。（民國《台州府志》卷一三四《大事略》）

漳、滏二水溢。（民國《廣平縣志》卷一二《灾異》）

大雨連月。（同治《湖州府志》卷四四《祥異》）

大雨沒田。（光緒《歸安縣志》卷二七《祥異》）

大雨，水高平地五六尺，傷禾稼六百二十頃。（光緒《黃巖縣志》卷三八《變異》）

大雨連月，長興低田沒。（同治《長興縣志》卷九《災祥》）

湖州大雨連月，烏程等縣低田皆没。（乾隆《烏程縣志》卷一六《雜記》）

驟雨，白河溢，衝決河西務、白浮、宋家等口堤岸。臨漳漳、滏二河決堤岸二十四。真定滹沱河大溢，没三州五縣田。（《明史·五行志》，第447頁）

七月

戊辰，順天府通州、武清、固安、潞縣各奏："六月二十二日，驟雨，河溢衝決河西務、白浮、宋家等口堤岸。"（《明宣宗實録》卷三，第68頁）

戊辰，夜，有流星大如雞弹，色赤，尾跡有光，出羽林軍，南行至雲中。（《明宣宗實録》卷三，第69頁）

己巳，日生暈上，隨生背氣，及左右珥，色皆黄赤鮮明。（《明宣宗實録》卷三，第71頁）

己巳，夜，有流星大如雞弹，色青白，尾跡有光，出五車，東北行至雲中。（《明宣宗實録》卷三，第71頁）

庚午，夜，有流星大如雞弹，色赤，尾跡有光，出閣道，東南行入壁。（《明宣宗實録》卷三，第73頁）

癸酉，保定府容城縣奏："六月以來，霖雨不止，白溝河人（抱本、廣本、閣本作'水'）暴漲，衝決堤岸，下田苗稼俱傷，請發人脩治。"（《明宣宗實録》卷三，第77頁）

癸酉，上諭尚書吳中曰："田苗方盛，而水潦為灾，不早治（北大本'治'下有'之'字），其害不已，即令軍民協力脩築。"（《明宣宗實録》卷三，第77頁）

癸酉，南京地震。（《明宣宗實録》卷三，第77頁）

甲戌，上念霖雨傷稼，遣中官雷春祭大小神青之神（北大本、抱本作"祭大小青龍之神"），祈霽。明日，霽，復遣春祭謝之。（《明宣宗實録》卷三，第77頁）

甲戌，命安遠候〔侯〕柳升簡都指揮二人督軍，脩京城街渠。時久雨，

行道皆溢，故命之。(《明宣宗實錄》卷三，第 77 頁)

甲戌，水決盧溝橋東狼窩口河岸一百餘丈。(《明宣宗實錄》卷三，第 78 頁)

戊寅，今歲雨少，夏麥薄收。(《明宣宗實錄》卷三，第 87 頁)

戊寅，南京地震。(《明宣宗實錄》卷三，第 90 頁)

己卯，浙江烏程縣知縣黃棨宗奏：「永樂二十二年五月，苦雨，下田盡傷。時通政司左通政岳福以聞，蒙免所徵秋糧。至七、八月間，雨潦尤甚，潕沒田稼一千六百一十一頃九十余畝，該糧五萬三千九百九十石有奇，小民辦納為難，乞候今年秋成通徵。」從之。(《明宣宗實錄》卷三，第 91 頁)

己卯，夜，有流星大如雞彈，色赤，尾跡有光，出勾陳，西南行入紫微東藩。(《明宣宗實錄》卷三，第 91 頁)

庚辰，夜，有流星大如雞彈，色青白，有光，出勾陳，西北行至近濁。(《明宣宗實錄》卷三，第 94 頁)

壬午，昏刻，有流星大如碗，色青白，光燭地，出閣道，東北行至近濁。(《明宣宗實錄》卷三，第 96 ~ 97 頁)

乙酉，夜，有流星大如雞彈，色赤，尾跡有光，出天津，東北行至雲中。(《明宣宗實錄》卷四，第 101 頁)

戊子，河南臨漳縣奏：「六月大雨，漳、滏二河皆（北大本‘皆’下有‘泛’字）漲，衝決三家等村堤岸二十四處。」上命行在工部即發所在軍民修築。(《明宣宗實錄》卷四，第 106 ~ 107 頁)

己丑，上諭行在工部尚書吳中等曰：「天壽山營造民夫勤勞，可移文原籍有司，免其戶丁徭役，事畢仍舊。」又諭中曰：「雨潦暴漲，朕慮各處並河堤岸多衝決，今秋稼垂成，民食所係，速（北大本、抱本‘速’上有‘宜’字）遣人嚴督有司巡視，衝決者即時修築。」(《明宣宗實錄》卷四，第 107 頁)

己丑，日生左右四珥，色黃赤鮮明。(《明宣宗實錄》卷四，第 109 頁)

辛卯，真定府奏：「六月以來霖雨，滹沱等河皆漲，衝決堤岸，定、晉、深三州，藁城、無極、饒陽、新樂、寧晉五縣低田皆沒。」上命行在戶部遣

人勘視。（《明宣宗實録》卷四，第 112～113 頁）

壬辰，夜，有流星大如盃，色赤，光照地，起五車，東北行至北斗魁炸散。（《明宣宗實録》卷四，第 116 頁）

癸巳，行在户部奏："直隸鎮江丹徒縣民戚丑閩、莫勝七等言，所種官田五十五頃七十餘畞，濱江，爲風潮衝決入江，該税粮二千一百餘石，官府仍旧徵納。"上命除之。顧謂尚書夏原吉曰："民艱苦不止于此，比來各處數言，入秋霖雨，水潦泛溢，潦没田苗寔多。此是天灾流行，人难力，宜令所司覆勘。若果成灾，税粮皆當斟酌减免，毋重困民。"（《明宣宗實録》卷四，第 117～118 頁）

癸巳，夜，有流星大如雞弹，色赤，尾跡有光，起天倉（抱本、廣本、閣本作"槍"），西北行至雲中。（《明宣宗實録》卷四，第 118 頁）

甲午，北京會同舘奏："雨壞堂屋墻垣。"（《明宣宗實録》卷四，第 119 頁）

甲午，浙江黄巖縣知縣劉道成奏："本縣所属二十餘都田低下，率多水潦，四十餘都田高，溝港浅隘，恒慮旱乾。旧于海際築閘一十八所，土壩一十餘處，啓閉以時，預防旱潦，後皆頽壞。永樂間，本府增設通判一員，專理農務，重加脩理（抱本作'治'），甚爲民便。比以汰冗員去，而本縣公務益繁，提督不周，兾值連崴洪水，海潮衝蕩者多。乞旧仍增設府官一員，專理農事，每崴秋成後，興工脩築，庶以便民。"從之。（《明宣宗實録》卷四，第 119 頁）

乙未，夜，有流星大如盃，色青白，尾跡有光，起羽林軍，東南行至近濁。（《明宣宗實録》卷四，第 121 頁）

丙申，北京順天、河間、保㝎三府，順義、懷柔、肅寧、任丘、静海、慶都、清苑、雄八縣及永平府灤州各奏："今年夏秋多雨，河水泛溢，潦没田苗。"命户部遣人勘視。（《明宣宗實録》卷四，第 123 頁）

丙申，昏刻，有流星大如盃，色赤，有光，起壁東南，行至近濁。（《明宣宗實録》卷四，第 123 頁）

甲戌，上閔雨傷稼，遣中官雷春禱而霽，時水決蘆溝河。（《國榷》卷

一九，第 1261 頁）

海潮泛溢。（光緒《常昭合志稿》卷四七《祥異》）

渾河決，順天、河間、保定皆水。（乾隆《獻縣志》卷一八《祥異》）

容城白溝河漲，傷禾稼。渾河決廬溝橋東狼窩口，順天、河間、保定、灤州俱水。（《明史·五行志》，第 447 頁）

閏七月

戊戌，夜，有流星大如盃，色青白，光燭地，起天倉，東南行至天園〔囷〕。（《明宣宗實錄》卷五，第 125 頁）

辛丑，夜，有流星大如雞彈，色青白，有光，起羽林軍，西行至壘壁陣。（《明宣宗實錄》卷五，第 130 頁）

壬寅，夜，有流星大如碗，色青赤，光燭地，起天倉，東南行至天庾。（《明宣宗實錄》卷五，第 131 頁）

癸卯，夜，有流星大如雞彈，色赤，光燭地，出牛，西南行至雲中。又有流星大如雞彈，色青白，有光，出壘壁陣，西行至近濁。（《明宣宗實錄》卷五，第 135 頁）

甲辰，夜，有流星大如雞彈，色青白，有光，起內階，北行至近濁。又有流星大如雞彈，色赤，有光，出天囷，東北行至雲中。（《明宣宗實錄》卷五，第 135～136 頁）

己酉，昏刻，有流星大如雞彈，色青白，有光，起梗河，西至行游氣。（《明宣宗實錄》卷五，第 142 頁）

壬子，昏刻，西北生白虹一道，有流星大如盃，色青赤，有光，起霹靂，東南行至羽林軍。（《明宣宗實錄》卷五，第 145 頁）

戊午，雨壞齊化、正陽、順承等門城垣，命行在工部修治。（《明宣宗實錄》卷六，第 169 頁）

戊午，夜，有流星大如雞彈，色青白，有光，出大陵，東北行至雲中。（《明宣宗實錄》卷六，第 169 頁）

己未，夜，有流星大如雞彈，色青白，尾跡有光，起天津，西南行至瓠

爪（北大本、抱本作"瓜"）。（《明宣宗實錄》卷六，第170頁）

壬戌，夜，有流星大如雞彈，色赤，有光，出北河（北大本、抱本作"河北"），東北行至游氣。（《明宣宗實錄》卷六，第173頁）

京師大雨，壞正陽、齊化、順成等門城垣。（《明史·五行志》，第472頁）

八月

己巳，巡按陝西監察御史張約奏："五、六月中，寧夏等衛雨水，傷麥豆，所收子粒不及半。"上命行在戶部量與減稅。（《明宣宗實錄》卷七，第185～186頁）

辛未，行在戶部奏："鎮江府金壇縣水災，官民田二千二百頃八十二畝皆無收，其粮二萬八百四十八石有奇，請除免。"上曰："田無收，則民無食，尚可徵粮乎？"即與開豁。（《明宣宗實錄》卷七，第187～188頁）

壬申，夜，有流星大如雞彈，色赤，尾跡有光，起北斗杓（北大本、抱本作"柄"），西北行至雲中。（《明宣宗實錄》卷七，第191頁）

丁丑，山西布政司奏："今年七月以來，太原府沁、潞二州，徐溝、太谷、祈（疑當作'祁'）、屯留四縣屢雹，傷稼者八百五十五頃。"上命行在戶部遣人驗視，蠲除稅粮。（《明宣宗實錄》卷七，第200～201頁）

丁丑，夜，有流星大如雞彈，色青白，尾跡有光，出織女，東南行入天市西垣。（《明宣宗實錄》卷七，第201頁）

戊寅，夜，有流星大如盃，色青白，有光，起天苑，東北行至近濁。（《明宣宗實錄》卷八，第204頁）

己卯，直隸常州府奏："武進、宜興、江陰、無錫四縣去歲水澇，田穀無收，民缺食者二萬九千五百五十餘戶，已劝富民分借米麥二萬九千九百〈九百〉九十一石有奇，賑之。"上諭戶部臣曰："富民尚能恤貧，況國家乎？卿等慎毋輕用厲民之政。"（《明宣宗實錄》卷八，第205頁）

壬午，昏刻，有（北大本、抱本"有"下有"流"字）星大如雞彈，色青白，尾跡有光，出外屏，東南行至近濁。（《明宣宗實錄》卷八，第

206 頁）

丙戌，昏剋，有流星大如雞彈，色青白（北大本、抱本作"赤"），尾跡有光，起天倉，西南行至近濁。（《明宣宗實錄》卷八，第 212 頁）

丁亥，夜，有流星大如雞彈，色赤，有光，起外屏西，北行至室。月有暈，色倉白，圍（北大本、抱本作"團"）圓濃厚，畢、觜、參、井四宿及五車（北大本、抱本"車"下有"皆"字）在內。（《明宣宗實錄》卷八，第 213 頁）

庚寅，夜，有流星大如雞彈，色赤，尾跡有光，起五車，西北（抱本無"北"字）行至文昌。（《明宣宗實錄》卷八，第 214 頁）

辛卯，曉剋，月犯軒轅南莕四星，月在西。（《明宣宗實錄》卷八，第 216 頁）

壬辰，夜，有流星大如盃，色青白，有光，起外屏，西南行至天倉。（《明宣宗實錄》卷八，第 216 頁）

癸巳，太白晝見。（《明宣宗實錄》卷八，第 216 頁）

甲午，夜，有流星大如雞彈，色赤，有光，出畢，東南行至雲中。（《明宣宗實錄》卷八，第 220 頁）

乙未，順天府通州、真乏典陽知縣（抱本、廣本、閣本"典"作"曲"，"知"作"諸"）奏："民欠戶口食鹽米者，奉部符責懲（北大本作'徵'），民夛逃竄，且近時霖雨傷稼，租賦不足，民食不給食鹽米，乞折鈔。"上從之。命行在戶部凡他州縣有被水者，皆准此例。（《明宣宗實錄》卷八，第 222 頁）

九月

丁酉，夜，有流星大如碗，色青赤，有尾跡光（北大本、抱本作"尾跡有光"）燭地，後有三小星隨之，起外屏，南行至土司空炸散。（《明宣宗實錄》卷九，第 225 頁）

辛丑，夜，有星如雞彈（北大本、抱本"有"下有"流"字，"星"下有"大"字），色青白，有光，出勾陳，西北行入天槍〔倉〕。又有流星

大如盃，色赤，光燭地，起天倉，西南行至近濁。（《明宣宗實錄》卷九，第225頁）

乙巳，昏刻，月犯壘壁陣。（《明宣宗實錄》卷九，第227頁）

丙午，山東登州府奏："萊陽縣秋雨，傷稼一千二百一十九頃有奇。"命行在戶部蠲除稅粮。（《明宣宗實錄》卷九，第228頁）

戊申，左通政岳福奏："蘇、松、嘉、湖諸郡春夏多雨，禾稼損傷（北大本作'傷損'）。"上命行在戶部遣官覆視被災者，蠲其稅。（《明宣宗實錄》卷九，第231頁）

戊申，山西布政司奏："樂平、介休二縣及遼州夏初多雨，没官民田稼二百九頃，桑一千三百三十株。"命行在戶部蠲其租稅。（《明宣宗實錄》卷九，第231頁）

己酉，長蘆都轉運盐使司石碑塲奏："今年六月多雨，河水泛溢，淹没本塲盐九千一百八十一引，惟存三千九百七十八引。"上曰："此非人力所能支。"命行在戶部除其課。（《明宣宗實錄》卷九，第232頁）

己酉，昏刻，有流星大如雞彈，色青白，有光，出壘壁陣東星，西南行至北落師門。（《明宣宗實錄》卷九，第233頁）

乙卯，行在工部奏："密雲中衛城比因雨潦頹壞者七百餘丈，請以所管及旁近衛所軍士協力修築。"從之。（《明宣宗實錄》卷九，第245頁）

乙卯，日生暈及左右珥，色淡，上生背氣一道，色青赤鮮明。（《明宣宗實錄》卷九，第246頁）

戊午，夜，有流星大如雞彈，色青白，有光，出壘壁陣西星（北大本無"西星"二字），西南行至雲中。又有星大如雞彈，色青白，有光，出墳墓，西南行至雲中。（《明宣宗實錄》卷九，第250頁）

庚申，夜，有流星大如雞彈，色青白，尾跡有光，出天厨，西北行至近濁。（《明宣宗實錄》卷九，第254頁）

甲子，夜，有流星大如盃，色青白，尾跡，光燭地，起內厨，穿北斗，西北行至近濁。又有流星大如雞彈，色青白，尾跡有光，出天舡，東北行至近濁。（《明宣宗實錄》卷九，第256頁）

久雨，壞密雲中衛城。（《明史·五行志》，第 472 頁）

十月

己巳，夜，有流星大如雞彈，色青白，尾跡有光，出河鼓，西南行至游氣。（《明宣宗實錄》卷一〇，第 264～265 頁）

辛未，夜，太白犯平道，太白在西。（《明宣宗實錄》卷一〇，第 266 頁）

丁丑，夜，有流星大如雞彈，色青白，有光，起畢，西北行至游氣。（《明宣宗實錄》卷一〇，第 269 頁）

戊寅，夜，南京地震。（《明宣宗實錄》卷一〇，第 271 頁）

辛巳，夜，月食在畢。太白犯亢南第二星，太白在南。五鼓，有流星，大如雞彈，色青（北大本作"赤"）白，有光，出弧矢，南行至近濁。（《明宣宗實錄》卷一〇，第 277 頁）

壬午，夜，有流星大如雞彈，色赤有光，出氐，東北行至游氣。（《明宣宗實錄》卷一〇，第 277 頁）

癸亥，日上生背氣一道，色青赤，左右珥色黃赤鮮明。（《明宣宗實錄》卷一〇，第 278 頁）

甲申，日上生璚氣一道，色青赤鮮明。（《明宣宗實錄》卷一〇，第 279 頁）

乙酉，直隸廣平府安成（抱本、廣本、閣本作"成安"）、邯鄲二縣奏："民所養牝馬及駒及馬六百二十餘匹病死，有司責償甚急。今年水患，民皆艱食，乞俟來歲秋成買償。"從之。（《明宣宗實錄》卷一〇，第 281 頁）

乙酉，昏刻，有流星大如盃（北大本作"盞"），色赤，尾跡有光，起五車，東行至游氣。（《明宣宗實錄》卷一〇，第 281 頁）

戊子，直隸常州府無錫縣奏："今年春夏連雨，河水泛溢，沒低田二百一十一頃有奇。"上命行在戶部遣人驗視以聞。（《明宣宗實錄》卷一〇，第 287～288 頁）

庚寅，夜，有流星大如盃，色青白，光燭地，起中台，東北行至下台炸散。（《明宣宗實錄》卷一〇，第 290 頁）

壬辰，日上生背氣一道，生（北大本、抱本作"色"）青赤鮮明。

（《明宣宗實錄》卷一〇，第 292 頁）

十一月

甲辰，浙江湖州府奏："令（抱本作'今'）年七月連雨，没烏程、歸安、長興三縣低田六百三十四頃，無收。"上命户部遣人驗視。（《明宣宗實錄》卷一一，第 299 頁）

丙午，夜，有流星大如雞彈，色赤有光，出太微西恒（北大本作"垣"）内，東南行入天廟。（《明宣宗實錄》卷一一，第 300 頁）

丙午，曉刻，太白犯填星，太比在白（舊校改"太比在白"作"太白在北"）。（《明宣宗實錄》卷一一，第 300 頁）

丁未，日生暈及左右珥，色黄赤，同時上生背氣一道，色青赤鮮明。（《明宣宗實錄》卷一一，第 300 頁）

戊申，夜，有（北大本"有"下有"流"字）星大如雞彈，色赤（北大本作"青"），尾跡有光，出天船，正北行至近濁。（《明宣宗實錄》卷一一，第 301 頁）

戊申，南京地震。（《明宣宗實錄》卷一一，第 301 頁）

甲寅，日生背氣一道，色青赤，隨生左右珥，色黄赤鮮明。（《明宣宗實錄》卷一一，第 308 頁）

乙卯，月犯内屏星。（《明宣宗實錄》卷一一，第 310 頁）

辛酉，夜，填星犯鍵閉，填星在上。（《明宣宗實錄》卷一一，第 314 頁）

壬戌，直隸寧國府宣城縣，江西南昌、建昌二府及宜黄、臨川二縣各奏："今年四月、五月久雨，水潦傷稼。"上命行在户部遣人驗視，蠲除税租。（《明宣宗實錄》卷一一，第 314 頁）

甲子，南京地震。（《明宣宗實錄》卷一一，第 317 頁）

十二月

丙寅，南京地震。（《明宣宗實錄》卷一二，第 319 頁）

己巳，南京地震。（《明宣宗實錄》卷一二，第 321 頁）

癸酉，南京地震。(《明宣宗實録》卷一二，第 323 頁)

甲戌，夜，有流星大如盃，色青白，有光，起參，東南行至近濁。(《明宣宗實録》卷一二，第 324 頁)

庚辰，南京地震。(《明宣宗實録》卷一二，第 327 頁)

庚辰，夜，月有暈，色倉白，圍圓濃厚，太微、西垣、軒轅及井、鬼、柳三宿皆在暈内。(《明宣宗實録》卷一二，第 327 頁)

辛巳，夜，南京地震。(《明宣宗實録》卷一二，第 328 頁)

丙戌，保定府完縣民六百餘人詣闕言："今夏久雨，田苗多灾，歲納盐粮、丁絹、芻豆，乞蠲兑。"上命行在户部臣曰："今年水潦，民多艱食，而六百餘人之訴，寧不惻然？爾即計議當免者即免，勿重困之。"(《明宣宗實録》卷一二，第 333 頁)

丙戌，順天等府通州、武清等(抱本"等"下有"州"字)縣民四百九十八(抱本無"八"字)人奏："原畜孳牧種馬及駒，自洪熙元年以來多病死，每户有死一匹二匹者，有司責償甚急。緣今年六(北大本作'七')月以來，雨潦傷稼，民皆缺食，乞候来歲秋成後買償。"從之。(《明宣宗實録》卷一二，第 333～334 頁)

辛卯，神武中衛、興州後屯衛、宣府左衛、濟州衛各奏："六月以來，多雨，水潦，傷屯(抱本、廣本、閣本'屯'上有'軍'字)田穀二十五頃。"命户部遣人驗視，免其子(抱本、廣本、閣本"子"下有"粒"字)。(《明宣宗實録》卷一二，第 339 頁)

辛卯，夜有流星大如雞弹，色黄赤，有光，出子星旁，東南行至游氣。(《明宣宗實録》卷一二，第 339 頁)

是年

夏，蘇、松、嘉、湖積雨傷稼。(嘉慶《松江府志》卷八〇《祥異》)

夏，積雨傷稼。(同治《上海縣志》卷三〇《祥異》；光緒《蘇州府志》卷一四三《祥異》；民國《南匯縣續志》卷二二《祥異》；民國《吳縣志》卷五五《祥異考》)

夏，水傷稼。（同治《南康府志》卷二三《祥異》）

積雨傷稼。（光緒《嘉善縣志》卷三四《祥眚》）

真定河溢，没三州五縣田。（民國《冀縣志》卷三《河流》）

大水。（乾隆《吳江縣志》卷四〇《災變》；乾隆《震澤縣志》卷二七《災祥》）

夏，順天、河間、保定、灤州俱水。（光緒《東光縣志》卷一一《祥異》）

夏，霖雨，滹沱河溢，低田盡没。（乾隆《饒陽縣志》卷下《事紀》）

夏，水傷稼，蠲租。（同治《建昌縣志》卷一二《祥異》）

夏，大水，深於永樂間，壅塞田地，漂没廬舍。（同治《萬安縣志》卷二〇《祥異》）

夏，颶風，大水，無年。（乾隆《番禺縣志》卷一八《事紀》）

漳、滏并溢，决臨漳三家村隄岸二十四處。（民國《冀縣志·漳水變遷表》）

旱。（萬曆《汶上縣志》卷七《災祥》）

宣宗宣德年間

（一四二六至一四三五）

宣德元年（丙午，一四二六）

正月

丙申朔，日上生黃氣一道，隨生冠氣一道，色黃赤。（《明宣宗實錄》卷一三，第 345 頁）

癸卯，日上生背氣一道，色青赤鮮明。（《明宣宗實錄》卷一三，第 348 頁）

甲辰，夜，南京地震（廣本作"鎮"）。（《明宣宗實錄》卷一三，第 348 頁）

丙午，昏刻，月犯五諸侯（禮本"侯"下有"東"字）第一星。（《明宣宗實錄》卷一三，第 349 頁）

丙午，是夜，月有暈，圍圓濃厚，并南北河、五車皆在暈内。（《明宣宗實錄》卷一三，第 349 頁）

庚戌，日生璚氣，色青赤，已而生交暈，色黃赤，俱鮮明。氐刻（廣本、抱本作"昏刻"），月犯内屏星。（《明宣宗實錄》卷一三，第 353 頁）

甲寅，日上生背氣一道，色青赤鮮明。（《明宣宗實錄》卷一三，第358 頁）

丁巳，夜，南京雷。（《明宣宗實錄》卷一三，第 361 頁）

大旱，自正月不雨，至六月。（民國《麻城縣志前編》卷一五《災異》）

二月

乙丑朔，夜，有流星大如雞彈，色黃白，有光，起畢，西北行至近濁。（《明宣宗實錄》卷一四，第 373 頁）

戊辰，夜，有流星大如雞彈，色青白，有光，起翼，東南行至游氣。（《明宣宗實錄》卷一四，第 374 頁）

庚午，浙江台州府黃巖縣奏："去年六月十九日大雨，晝夜不止，水溢平地五六尺，傷田稼六百三十六頃有奇。"上命户部蠲其稅糧。（《明宣宗實錄》卷一四，第 375～376 頁）

壬申，夜，有流星大如盃，色青白，光燭地，起玄戈旁，東北（廣本作"西北"）行至輦道。（《明宣宗實錄》卷一四，第 377 頁）

癸酉，夜，月犯五諸侯。有流星大如盃，色青白，有光，後有二小星隨之，出織女，西行入貫索炸散。又有流星大如盃，色青白，有光，出箕，南行至雲中。（《明宣宗實錄》卷一四，第 377 頁）

丁丑，昏刻，月犯太微垣，次將月在南。夜有流星大如雞彈，色青白，有光，起河鼓，東北行至近濁。（《明宣宗實錄》卷一四，第 380 頁）

戊寅，夜，南京地震。（《明宣宗實錄》卷一四，第 381 頁）

己卯，旦，日生左右珥，色黃赤。晚，日生交暈及左右珥，上重半暈背氣各一道。昏刻，月生左右珥，色蒼白，有白虹貫珥。（《明宣宗實錄》卷一四，第 382～383 頁）

庚辰，夜，月犯亢。（《明宣宗實錄》卷一四，第 384 頁）

辛巳，夜，有流星大如盃，色青白，有光，起參旗，西行至近濁。（《明宣宗實錄》卷一四，第 385 頁）

壬午，河東陝西都轉運鹽使司奏："所隸鹽池周廻百餘里，護池隄堰一百二十處，及墙垣、更鋪近年為雨所壞，請依洪武中舊例，令蒲、解二州，安邑等縣民夫修築。"上諭行在工部臣曰："方春農務為急，未可使民，令

俟秋成後為之。"（《明宣宗實錄》卷一四，第 386 頁）

乙酉，夜，有流星大如雞彈，色黃赤，出天江，東南行至雲中。（《明宣宗實錄》卷一四，第 387 頁）

丁亥，日上生背氣一道，色青赤鮮明。（《明宣宗實錄》卷一四，第 388 頁）

戊子，夜，北方有黑雲一道，東西竟天。（《明宣宗實錄》卷一四，第 388 頁）

己丑，夜，有流星大如雞彈，色赤有光，起南斗，東南行至近濁。（《明宣宗實錄》卷一四，第 389 頁）

甲午，昏刻，有流星大如盃，色青白，有尾，光燭地，出天棓，東行入天津。五鼓，有流星，大如雞彈，色赤，尾跡有光，起北斗，西北行至游氣。（《明宣宗實錄》卷一四，第 390 頁）

三月

丁未，上以春雨頻降，退朝召行在戶部尚書夏原吉等諭之曰："朕初承大統，政化未洽，念自古國家未有不由民之富庶，以享太平，亦未有不由民之困窮，以致禍亂。是以夙夜祗畏，用圖政理，所冀天時協和，年穀（當作"穀"）豐熟。去年冬多雪，今春益以雨澤，似覺秋來可望。然一歲之計在春，尚慮小民阽於饑寒，困於徭役，不能盡力農畝，其移文戒飭郡邑，省徵徭役，勸課農桑，貧乏不給者，發倉廩賑貸之。"（《明宣宗實錄》卷一五，第 406～407 頁）

戊申，夜，月犯氐西南星，月在北。（《明宣宗實錄》卷一五，第 407 頁）

己酉，夜，有流星大如雞彈，色青白，有光，起大陵，正北行至近濁。（《明宣宗實錄》卷一五，第 407 頁）

庚戌，曉刻，填星犯鍵閉。（《明宣宗實錄》卷一五，第 408 頁）

壬子，夜，月犯南斗。（《明宣宗實錄》卷一五，第 410 頁）

丁巳，夜，有流星大如雞彈，色赤有光，起壁宿，西北行至閣道。（《明宣宗實錄》卷一五，第 415 頁）

庚申，夜，有流星大如雞彈，色青白，尾跡有光，出閣道，東北行至雲中。（《明宣宗實錄》卷一五，第 417 頁）

四月

辛未，夜，南京地震。（《明宣宗實錄》卷一六，第 427 頁）

乙亥，夜，有流星大如雞彈，色赤有光，出心西，南行至雲中。（《明宣宗實錄》卷一六，第 430~431 頁）

丙子，浙江台州府黃巖縣奏："永樂二十二年七月內，颶風大作，海潮怒溢，漂没人民廬舍七千八百四十三戶，老幼溺死者八百餘口，渰没官民田二百五十六頃四十畝有奇，其年稅糧無從徵納，乞蠲免。"從之。（《明宣宗實錄》卷一六，第 431 頁）

丁丑，夜，有流星大如雞彈，色青白，有光，出軫，西南行至雲中。（《明宣宗實錄》卷一六，第 432 頁）

戊寅，山東濟南府樂安州及陽信、商河、海豐、樂陵四縣，兗州府滋陽、汶上二縣各奏："自去年秋冬迄今，雨雪不降，麥苗俱槁，秋田未種。"上命行在戶部遣官驗視，蠲其稅糧。（《明宣宗實錄》卷一六，第 435~436 頁）

戊寅，夜，月食。（《明宣宗實錄》卷一六，第 436 頁）

辛巳，山東清理軍伍大理寺卿湯宗奏："濟南、兗州、東昌、青州四府自去年七月至今年三月，皆無雨雪，麥苗焦槁，民多艱食。今工部派買顏料甚急，土無出產，乞暫停止，以待秋成。"（《明宣宗實錄》卷一六，第 437 頁）

癸未，夜，西北有虹一道，色蒼白鮮明。（《明宣宗實錄》卷一六，第 439 頁）

甲申，行在戶部奏："直隸揚州府通判并海門縣民告田多瀕海，自永樂九年以來，為海潮衝決，凡八百八十二頃六十畝，應徵稅粮六千八百六十二石七斗，絲二十七斤，租鈔六貫有奇，陪納艱難，乞除豁。"從之。（《明宣宗實錄》卷一六，第 440 頁）

甲申，曉刻，有流星大如杯，色青白，有光，起閣道，東南行至近濁。（《明宣宗實錄》卷一六，第 440 頁）

丙戌，山東東昌府清平縣奏："去歲亢旱，田穀薄收，今新穀未登，民飢者眾。本縣倉見貯米麥二千八百三十五石，請以驗口賑給。"上命戶部如其言，速出濟之。（《明宣宗實錄》卷一六，第 441 頁）

丙戌，夜，有流星大如雞彈，色赤，尾跡有光，起天弁，東北行至左旗。（《明宣宗實錄》卷一六，第 441 頁）

己丑，夜，有流星大如雞彈，色青白，有光，出北斗柄，出西北行至雲中。（《明宣宗實錄》卷一六，第 442 頁）

壬辰，日生暈，色黃赤，周匝濃厚。（《明宣宗實錄》卷一六，第 445 頁）

五月

丙申，夜，有流星大如雞彈，色青白，尾跡有光，起亢，西北行至平星。五鼓，有流星大如雞彈，色青白，有光，出昴，西南行入斗没。（《明宣宗實錄》卷一七，第 450 頁）

癸卯，日生右珥，色黃赤鮮明。（《明宣宗實錄》卷一七，第 458 頁）

乙巳，曉刻，有流星大如雞彈，色赤有光，起天蒼〔倉〕，東南行至雲中。（《明宣宗實錄》卷一七，第 459 頁）

丁未，昏刻，辰星犯鬼西南星。（《明宣宗實錄》卷一七，第 462 頁）

庚戌，夜，有流星大如雞彈，色青白，有光，起卷舌，東北行至五車。（《明宣宗實錄》卷一七，第 464 頁）

辛亥，夜，有流星大如雞彈，色赤有光，起大角，西北行入太微西垣。（《明宣宗實錄》卷一七，第 465 頁）

甲寅，浙江磐石衛颶風驟雨，壞城樓公廨倉廠，人多壓死，湖水暴漲入城，漂没錢糧、卷籍、軍器。（《明宣宗實錄》卷一七，第 467 頁）

甲寅，昏刻，有流星大如盂，色赤有光，起亢，西南行入雲中炸散。（《明宣宗實錄》卷一七，第 467 頁）

乙卯，夜，有流星大如碗，色青白，光燭地，後三小星隨之（抱本、廣本、閣本"之"下有"起亢"二字），東南行至濁。（《明宣宗實錄》卷一七，第 467 頁）

丙辰，浙江溫州府永嘉、樂清二縣颶風急雨，自旦至暮，水潦驟溢，壞府縣廨宇、倉庫、祀典、壇廟及民廬舍，人壓溺死者甚眾。（《明宣宗實錄》卷一七，第468頁）

丁巳，夜，有流星大如雞彈，色赤，尾跡有光，起斗，正南行至近濁。（《明宣宗實錄》卷一七，第469頁）

庚申，昏刻，有流星大如盃，色青白，光燭地，起房，西南行至雲中炸散。（《明宣宗實錄》卷一七，第470頁）

蕪湖久雨，江溢，潧民田一百五十八頃有奇。（嘉慶《蕪湖縣志》卷一八《禨祥》）

六月

癸亥朔，夜，有流星大如盃，色青白，尾跡有光，起中台，西南行至近濁。（《明宣宗實錄》卷一八，第473頁）

甲子，山西崞、繁峙二縣，江西南豐、廣昌、永寧三縣，四川蓬溪縣，山東即墨縣，河南裕州，直隸廬州府英山縣，安慶府望江縣各奏："累歲水旱相仍，田穀不登，民無儲粟，日食野菜。已發官倉糧米，及勸諭富民分粟賑之。"（《明宣宗實錄》卷一八，第474頁）

乙丑，直隸保定府淶水縣、真定府新河縣、河間府興濟縣、廣平府威縣各奏："去歲水旱薄收，今夏新穀未登，民多乏食，乞將各縣存留倉糧，驗口賑恤。"上命行在戶部，如所言給之。（《明宣宗實錄》卷一八，第474頁）

丁卯，夜，五鼓，有流星大如雞彈，色赤，光燭地，出車府，東北行入閣道。（《明宣宗實錄》卷一八，第475頁）

戊辰，夜，有流星大如碗，色赤，光燭地，起紫微東蕃外，入紫微垣。（《明宣宗實錄》卷一八，第475頁）

庚午，夜，月犯氐西南星。（《明宣宗實錄》卷一八，第478頁）

癸酉，夜，有流星大如雞彈，色青白，有光，起天囷，東南行至游氣。（《明宣宗實錄》卷一八，第479~480頁）

丙子，日上有背氣一道，色青赤，生右珥，色黃赤鮮明。（《明宣宗實錄》卷一八，第 482 頁）

丁丑，夜，有流星大如雞彈，色赤，尾跡有光，出正北游氣中，西北行至游氣。（《明宣宗實錄》卷一八，第 482 頁）

己卯，夜，有流星大如雞彈，色青白，有光，起北斗，西北行至雲中。（《明宣宗實錄》卷一八，第 484 頁）

庚辰，昏刻，有流星大如盃，色赤，光燭地，起天鉤，西南行入天市垣。（《明宣宗實錄》卷一八，第 486 頁）

壬午，順天府壩州及固安、永清二縣，保定府新城縣各奏蝗蝻。（《明宣宗實錄》卷一八，第 487 頁）

壬午，日生左右珥，色黃赤鮮明。（《明宣宗實錄》卷一八，第 488 頁）

癸未，夜，有蒼白雲一道，東西竟（廣本作"經"）天，有流星大如盃，色青白，光燭地，起螣蛇，西南行至雲中。五鼓，有流星大如盃，色青白，尾跡有光，後二小星隨之，出右旗（廣本作"珥"），西行入（廣本作"至"）雲中。（《明宣宗實錄》卷一八，第 488 頁）

乙酉，夜，有流星大如雞彈，色赤，尾跡有光，出勾陳，北行至近濁。（《明宣宗實錄》卷一八，第 488 頁）

丙戌，夜，有流星大如碗，色青白，有光，起天紀，北行至游氣。（《明宣宗實錄》卷一八，第 489 頁）

丁亥，日生暈，色黃赤，周匝濃厚。（《明宣宗實錄》卷一八，第 490 頁）

戊子，河南布政司奏："安陽、臨漳二縣蝗。"上謂尚書夏原吉等曰："近者，有司數言蝗蝻，此亦可憂，姚崇捕蝗終不為災，但患捕之不早耳。卿宜遣人馳驛分捕，有司巡視，但遇蝗生，須早撲滅，毋遺民患。"（《明宣宗實錄》卷一八，第 490 頁）

大水。（民國《文安縣志》卷終《志餘》）

六、七月，江水大漲，襄陽、穀城、均州、鄖縣，緣江民居漂没者半。（《明史·五行志》，第 447 頁）

六、七月，江水大漲，襄陽、穀城、均州，緣江民居漂没者半。（乾隆

《襄陽府志》卷三七《祥異》）

六、七月，漢江水大漲，緣江民居漂没者半。（同治《榖城縣志》卷八《祥異》）

七月

癸巳，京師地震，東南起，有聲，往西北止。（《明宣宗實錄》卷一九，第 494 頁）

乙未，以山東無麥，詔免今年夏稅，曰：“朕為天下生民主，孳孳夙夜，圖惟利安。夫窮而不卹，豈為父母之道？山東今年自春涉夏，雨澤不降，麥不遂成，人用艱食，深可矜念。凡山東所屬郡縣新被旱傷去處，悉免今年夏稅，有司務存寬卹，勿有所擾，用副朕卹民之心。”（《明宣宗實錄》卷一九，第 495～496 頁）

乙未，五鼓，有流星大如雞彈，色赤有光，出室宿，西行入河鼓。曉刻，中天生蒼白雲一道，廣二尺餘，東西竟天。（《明宣宗實錄》卷一九，第 497 頁）

癸卯，南京地震，起西北，隨止。（《明宣宗實錄》卷一九，第 502 頁）

乙巳，夜，南京地震，起西北，隨止。（《明宣宗實錄》卷一九，第 505 頁）

丙午，南京地震有聲，起西北，隨止。（《明宣宗實錄》卷一九，第 505 頁）

辛亥，保定府安肅縣、順天府順義縣、真定府新樂縣各奏蝗蝻生，命行在户部遣官馳驛督民撲捕。（《明宣宗實錄》卷一九，第 509 頁）

癸丑，昏刻，東南天鳴，如風水相搏，夜有流星大如雞彈，色青白，有光，出天大將軍，東行至雲中。（《明宣宗實錄》卷一九，第 510 頁）

乙卯，夜，東南天鳴，如瀉水，久乃止。（《明宣宗實錄》卷一九，第 512 頁）

丙辰，行在户部奏：“蘇州府吳江、崑山、長洲三縣去年六月至閏七月，霪雨為災，低田渰没，禾苗盡傷。今覆勘已實，凡田二千二百六十餘頃，計糧一十一萬五千五百九十二石有奇。”命悉蠲之。（《明宣宗實錄》卷一九，第 513 頁）

己未，河南布政司奏：“六月至七月，連雨不止，黄、汝二河溢，開封府之鄭州及陽武、中牟、祥符、蘭陽、滎澤、陳留、封丘、鄢陵、原武九縣，南陽府之汝州，河南府之嵩縣，多漂流廬舍，潏沒田稼。"（《明宣宗實録》卷一九，第 514 頁）

己未，夜，有流星大如盃，色赤，光燭地，起天鈎，西南行至雷電炸散。（《明宣宗實録》卷一九，第 514 頁）

庚申，夜，有流星大如雞彈，色青白，有光，出壘壁陣，南入土司空沒。（《明宣宗實録》卷一九，第 516 頁）

黄河溢，漂没田廬無算。（民國《中牟縣志·祥異》）

漢水漲，均州鄖縣沿江居民漂没者半。（同治《鄖陽志》卷八《祥異》）

河溢。（乾隆《滎澤縣志》卷一二《祥異》）

河溢原武，漂没廬舍田稼。（乾隆《原武縣志》卷一〇《祥異》）

水漲。（同治《竹谿縣志》卷一六《水旱》）

漢水漲，沿漢居民漂没甚衆。（同治《鄖西縣志》卷二〇《祥異》）

八月

癸亥，昏刻，東南天鳴，如瀉水，久乃止。（《明宣宗實録》卷二〇，第 524 頁）

甲子，昏刻，東南天鳴，如風水相搏。四鼓，有流星大如雞彈，色赤，尾跡有光，起危，西南行入羽林軍。（《明宣宗實録》卷二〇，第 525 頁）

乙丑，昏刻，東南天鳴，如風水相搏。（《明宣宗實録》卷二〇，第 526 頁）

丙寅，夜四鼓，南京地震，起西北，隨止。曉，復震。（《明宣宗實録》卷二〇，第 527 頁）

丁卯，昏刻，東南天鳴，南京地震，起西北，隨止。（《明宣宗實録》卷二〇，第 528 頁）

戊辰，昏刻，東南天鳴，如雨陣迭至，往西南，久乃息。南京地震，起西北，隨止。（《明宣宗實録》卷二〇，第 529 頁）

己巳，昏刻，月掩斗第四星。（《明宣宗實録》卷二〇，第 530 頁）

辛未，東南天鳴，聲如萬鼓。（《明宣宗實録》卷二〇，第533頁）

壬申，夜，有流星大如盃，色青白，有光，起天倉，東南行至近濁。（《明宣宗實録》卷二〇，第533頁）

癸酉，昏刻，中天有青氣三道，長如匹練，東南行。東南方天鳴，如風水相搏，久乃息。四鼓，有流星大如雞彈，色赤，尾跡有光，起室，西南行入天倉。（《明宣宗實録》卷二〇，第534頁）

甲戌，東南有白氣一道，如決堤。（《明宣宗實録》卷二〇，第534頁）

戊寅，昏刻，中天有青雲，狀如杵，南有黑雲，狀如覆船。（《明宣宗實録》卷二〇，第538頁）

己卯，日上有背氣一道，色青赤，隨生左右珥，色黄赤鮮明。四鼓，東南天鳴，如風水相搏，久乃止。（《明宣宗實録》卷二〇，第538頁）

庚辰，東南有白雲，狀如羣羊驚走，既滅，有黑氣，狀如死蛇，須臾，分兩段。（《明宣宗實録》卷二〇，第539頁）

辛巳，東南有青氣，狀如人义〔叉〕手揖拜。（《明宣宗實録》卷二〇，第540頁）

丁亥，天久不雨，自班師之明日連雨，道途泥濘。（《明宣宗實録》卷二〇，第546頁）

丁亥，南京地震，起（廣本"起"下有"自"字）西北，隨止。（《明宣宗實録》卷二〇，第546頁）

己丑，日上生皆氣，色青赤鮮明。（《明宣宗實録》卷二〇，第546頁）

戊辰，昏刻，天鳴，如雨陣迭至。南京地震。（《國榷》卷一九，第1300頁）

辛巳，樂安城中有黑氣，如死灰。（《明史·五行志》，第456頁）

九月

壬辰，昏刻，填星犯鍵閉。（《明宣宗實録》卷二一，第549頁）

乙未，夜，有流星大如盃，色青白，尾跡有光，出天市西垣，西行至濁。（《明宣宗實録》卷二一，第550頁）

丁酉，曉刻，正東天鳴，如風水相搏。（《明宣宗實錄》卷二一，第551頁）

戊戌夜，有流星大如雞彈，色赤有光，起胃，西北行至閣道。（《明宣宗實錄》卷二一，第552頁）

己亥，夜，有流星大如雞彈，色青白，有光，起天苑，西南行至游氣。（《明宣宗實錄》卷二一，第552頁）

辛丑，直隸淮安府奏："安東、沭陽二縣六月以來，雨水潦没田畝（廣本作'田畝盡被潦没'），禾稼無收。"命巡按御史驗視以聞。（《明宣宗實錄》卷二一，第554~555頁）

甲辰，昏刻，有流星大如雞彈，色赤有光，起奎，東北行至天大將軍。（《明宣宗實錄》卷二一，第558頁）

丙午，日上五色雲見。（《明宣宗實錄》卷二一，第558頁）

戊申，巡按江西監察御史許勝奏："五月、六月久旱無雨，陂塘多涸，瑞州等府田稼俱已焦稿。"上命行在户部驗畝蠲租。（《明宣宗實錄》卷二一，第560頁）

戊申，夜，有流星大如雞彈，色赤，尾跡有光，出天苑，西南行至濁。曉刻，月行天街中。（《明宣宗實錄》卷二一，第560頁）

己酉，夜，有流星大如雞彈，色青白，有光，出斗，西南行至濁。曉刻，月犯諸王東第二星。（《明宣宗實錄》卷二一，第561頁）

癸丑，巡按湖廣監察御史劉鼎貫奏："襄陽府之襄陽、穀城二縣，及均州鄖縣，六、七月以來，霖雨不止，江水泛漲，緣江民居田稼多被漂没。"命行在户部遣人撫視。（《明宣宗實錄》卷二一，第566頁）

甲寅，夜，有流星大如盃，色青白，光燭地，起天倉，西南行至墳墓炸散。（《明宣宗實錄》卷二一，第566頁）

乙卯，夜，有流星大如盃，色青白，光燭地，起東北雲中，西北行入北斗炸散。（《明宣宗實錄》卷二一，第567頁）

丙辰，行在工部奏："昨直隸宿州言，本州西河符離橋因水漲衝壞，今水消，宜令仍舊修建，如力不足，則令軍衛有司協助。"從之。（《明宣宗實

録》卷二一，第 567 頁）

左通政岳福奏：蘇、松、嘉、湖諸郡春夏久雨，禾稼損傷。（崇禎《松江府志》卷一三《荒政》）

大雨水。（同治《香山縣志》卷二二《祥異》）

命行在户部遣官覆視蘇、松諸府被春夏雨災，蠲其税。（康熙《江南通志》卷二三《蠲卹》）

十月

辛酉朔，日有左珥，色黄赤鮮明。（《明宣宗實録》卷二二，第 571 頁）

癸亥，昏刻，有流星大如碗，色赤，有尾，光燭地，起危，東南行至雲中。（《明宣宗實録》卷二二，第 572 頁）

甲子，夜，有流星大如雞彈，色青白，尾跡有光，出弧矢，東南行至雲中。（《明宣宗實録》卷二二，第 573 頁）

丁卯，夜，有流星大如雞彈，色青白，尾跡有光，起畢，西南行至游氣。（《明宣宗實録》卷二二，第 574 頁）

戊辰，昏刻，太白犯斗杓第二星。（《明宣宗實録》卷二二，第 576 頁）

己巳，夜，有流星初出如彈丸，行丈餘，光大如盃（廣本作“盞”），色青白，出離宮，西行至雲中。（《明宣宗實録》卷二二，第 577 頁）

庚午，夜，有掩壘壁陣東方第二星。（《明宣宗實録》卷二二，第 577 頁）

辛未，夜，有流星大如盃，色青白，有光，起文昌，東北行至游氣。（《明宣宗實録》卷二二，第 579 頁）

甲戌，夜，有流星大如雞彈，色赤有光，起軍市，東北行至游氣。（《明宣宗實録》卷二二，第 580 頁）

乙亥，夜，有流星大如雞彈，色青白，尾跡有光，出壘壁陣，西南行至濁。（《明宣宗實録》卷二二，第 583 頁）

丁丑，行在户部奏：“浙江杭州府仁和、海寧二縣，官民田二千一百六十三頃有奇，累歲被風潮衝齧入江，其秋糧舊額宜除豁。户絶官民田蕩七十三頃八十畝有奇，宜召民承種，如民田例減徵。”從之。（《明宣宗實録》卷

二二，第 584~585 頁）

己卯，夜，大雷電雨。（《明宣宗實錄》卷二二，第 586 頁）

丁亥，夜，有流星大如盃，色赤，光燭地，起內屏，東北行至游氣。（《明宣宗實錄》卷二二，第 590 頁）

大雨水。（嘉靖《廣州志》卷四《事紀》）

大霖雨。（萬曆《南海縣志》卷三《災祥》）

十一月

甲午，昏刻，月犯十二國代星。（《明宣宗實錄》卷二二，第 592 頁）

丁酉，日有左（抱本、廣本、閣本“左”下有“右”字）珥，色青赤鮮明。（《明宣宗實錄》卷二二，第 595 頁）

丁酉，夜，南京地震。（《明宣宗實錄》卷二二，第 595 頁）

戊戌，曉刻，辰星犯填星。（《明宣宗實錄》卷二二，第 595 頁）

辛丑，湖廣常德府武陵縣，漢陽府漢川縣，武昌府江夏、嘉魚、蒲圻、大冶四縣，荊州府江陵、監利、石首、松滋、公安、枝江六縣，岳州府華容、平江二縣，澧州安鄉縣，長沙府長沙、湘潭、湘陰、善化、益陽、瀏陽六縣各奏：“自六、七月以來，亢旱不雨，禾稼盡傷，人民乏食。”命湖廣布政司、按察司及巡按御史撫安賑濟。（《明宣宗實錄》卷二二，第 597 頁）

癸卯，昏刻，有流星初如盃，色青白，隨大如碗，起東南雲中，東南行丈餘炸散。（《明宣宗實錄》卷二二，第 597 頁）

乙巳，昏刻，太白犯壘壁陣西第一星。（《明宣宗實錄》卷二二，第 598 頁）

己酉，夜，有流星大如碗，色青白，光燭地，起梗河，東北行至游氣。（《明宣宗實錄》卷二二，第 599 頁）

庚戌，夜，有流星大如盃，色青白，光燭地，起外屏，西南行至土司空旁。（《明宣宗實錄》卷二二，第 599 頁）

甲寅，夜，有流星大如雞彈，色青白，尾跡有光，出太微西垣，東南（抱本作“西”）行至雲中。（《明宣宗實錄》卷二二，第 600 頁）

丙辰，昏刻，太白犯壘壁陣星，北方有蒼白雲一道，廣三尺餘，東西竟天。（《明宣宗實錄》卷二二，第 601 頁）

丁巳，夜，中天有黑雲一道，貫北斗南北竟天，東行至濁。（《明宣宗實錄》卷二二，第 601 頁）

十二月

戊辰，河東陝西都轉運鹽使司奏："所轄鹽池周圍隄堰，往歲為雨潦所壞，嘗奏准以蒲解、安邑諸州縣民修治，緣人少役重難完。今歲雨多，又壞新築二堰，溪水入池，虧損鹽利。乞勅山西布政司、平陽府各遣官，乘今農隙，起丁夫修築。"從之。（《明宣宗實錄》卷二三，第 609 頁）

己巳，夜，有流星大如碗，色赤有光，出卷舌，東行過東井，墮地有聲如雷。（《明宣宗實錄》卷二三，第 609 頁）

庚午，日上生冠氣一道，及生左右珥，色黃赤，隨（廣本作"尋"）生背氣一道，色青赤，皆鮮明。（《明宣宗實錄》卷二三，第 611 頁）

丙子，夜，月掩熒惑。（《明宣宗實錄》卷二三，第 616 頁）

丁丑，月生左右珥，色蒼白。（《明宣宗實錄》卷二三，第 617 頁）

戊寅，夜，熒惑犯軒轅南第四星。（《明宣宗實錄》卷二三，第 617 頁）

是年

春夏雨，禾稼損傷。（同治《湖州府志》卷四四《祥異》）

魏縣大水，詔發廩貸之。（民國《大名縣志》卷二六《祥異》）

汝河溢汝州嵩縣，漂没廬舍田稼。（乾隆《嵩縣志》卷六《祥異附》）

大雨水，無秋，蠲田租。（道光《震澤鎮志》卷三《災祥》）

徐州旱，以夏時請遣官賑徐州。（民國《銅山縣志》卷四《紀事表》）

水災，蠲田税。（民國《太倉州志》卷二六《祥異》）

夏秋，漢江水大漲，沿江居民漂没者半。（光緒《光化縣志》卷八《祥異》）

湖廣夏秋旱。（道光《永州府志》卷一七《事紀畧》）

春夏恒雨，禾稼損傷。（民國《雙林鎮志》卷一九《災異》）

命行在戶部遣官復視嘉、湖被春夏雨災者，蠲其稅。（光緒《嘉興府志》卷二三《蠲卹》）

夏，大旱。（康熙《湖廣武昌府志》卷三《祥異》；乾隆《湖南通志》卷一四二《祥異》）

旱。（嘉靖《漢中府志》卷九《災祥》；康熙《城固縣志》卷二《災異》；乾隆《興安府志》卷二四《祥異》；乾隆《洵陽縣志》卷一二《祥異》；嘉慶《白河縣志》卷一四《附祥異》；道光《續修寧羌州志》卷三《祥異》；光緒《鳳縣志》卷九《祥異》）

大雨，淹田畝。（嘉靖《靖安縣志》卷六《祥異》）

大水。（光緒《黃梅縣志》卷三七《祥異》）

大旱，民多散亡。（乾隆《樂至縣志》卷八《雜記上》；道光《安岳縣志》卷一五《祥異》）

江大溢。（嘉靖《馬湖府志》卷七《雜志》）

大旱，人多散亡。（萬曆《營山縣志》卷八《災祥》）

大水，無秋。（崇禎《吳縣志》卷一一《祥異》）

荊屬夏秋皆旱。（同治《長陽縣志》卷七《災祥》）

夏秋江水大漲，沿江民居漂没者半。（光緒《續輯均州志》卷一三《祥異》）

南京地震九。（同治《上江兩縣志》卷二下《大事下》；民國《首都志》卷一六《大事表》）

夏，江西旱。湖廣夏秋旱。（《明史·五行志》，第 482 頁）

直省州縣二十九饑。（《明史·五行志》，第 508 頁）

宣德二年（丁未，一四二七）

正月

庚寅朔，曉刻，有流星大如杯，色赤，尾跡有光，起正南雲中，東南行

至雲中。（《明宣宗實録》卷二四，第 627 頁）

甲午，夜，有流星大如雞彈，色青白，有光，出太微西垣，東南行入角。（《明宣宗實録》卷二四，第 628 頁）

丙申，昏刻，太白犯外屏西第（廣本作"南"）二星。（《明宣宗實録》卷二四，第 630 頁）

辛丑，昏刻，雲陰雨作，東南方電雷聲隆隆，響周四方。（《明宣宗實録》卷二四，第 631 頁）

癸卯，四川重慶府永川縣奏："去年旱災，民今缺食者七千四百四十八户一萬一千二百八十口。若待奏奉明降，然後賑濟，實恐後時，已支縣倉米五千六百四十石，計口給散，秋成還官。"上謂行在户部臣曰："倉廪儲畜，本以為民，彼能從權濟民，更勿責其專擅。"（《明宣宗實録》卷二四，第 631~632 頁）

癸卯，夜，熒惑犯月。（《明宣宗實録》卷二四，第 633 頁）

乙巳，四川成都府郫縣，潼川州射洪縣，河南汝寧府遂平縣，浙江杭州府餘杭縣，江西建昌府南豐、廣昌二縣皆奏："去年霖雨水潦傷稼，人民饑困，已借官倉粮賑濟，期秋成，如數償官，各上所借粮數。"上曰："必俟奏報而賑，則無及矣。"其悉從之。（《明宣宗實録》卷二四，第 634 頁）

乙巳，湖廣長沙府醴陵、湘鄉、湘潭、茶陵、寧鄉五縣，辰州府漵浦縣，常德府沅江縣各奏："去年夏秋無雨，田禾旱傷。"上命行在户部遣人覆視，除其租税。（《明宣宗實録》卷二四，第 634 頁）

丁未，夜，月犯平道。（《明宣宗實録》卷二四，第 639 頁）

庚戌，夜，有流星大如碗，色青白，尾跡有光，起北極，西北行至近濁。（《明宣宗實録》卷二四，第 640 頁）

癸丑，浙江湖州府奏："烏程、歸安、長興三縣前歲水潦，渰没官民田六百三十四頃三十五畝，計粮一萬六千五百七十餘石。"上命行在户部免徵。（《明宣宗實録》卷二四，第 644 頁）

癸丑，夜，南京地震。（《明宣宗實録》卷二四，第 644 頁）

戊午，昏刻，南京地震，有声如雷。（《明宣宗實録》卷二四，第 647 頁）

二月

己未朔，夜，南京地震。（《明宣宗實録》卷二五，第 649 頁）

辛酉，夜，有流星大如雞彈，色青白，有光，起軫，南行至近濁。（《明宣宗實録》卷二五，第 650 頁）

癸亥，直隸河間府獻縣奏："單橋朽壞，春水將漲，恐阻往来。緣工役繁重，非一邑所能，請如舊例，以附近府衛軍夫協力修建。"從之。（《明宣宗實録》卷二五，第 652～653 頁）

癸亥，昏刻，有流星大如雞彈，色青白，色（"色"字疑衍）尾跡有光，出王良，西北行至近濁。五鼓，有流星大如雞彈，色青白，有光，出下台，西北行至雲中。（《明宣宗實録》卷二五，第 653 頁）

乙丑，夜，有流星大如雞彈，色青白，有光，出天紀，東行至近濁。（《明宣宗實録》卷二五，第 655 頁）

庚午，夜，有流星大如雞彈，色青白，有光，起角，東南行至庫樓。五鼓，有流星大如雞彈，色黄白，尾跡有光，出軫，東南行至濁。（《明宣宗實録》卷二五，第 657 頁）

甲戌，南京地震。（《明宣宗實録》卷二五，第 658 頁）

戊寅，夜，南京地震。（《明宣宗實録》卷二五，第 661 頁）

己卯，夜，南京地震。（《明宣宗實録》卷二五，第 661 頁）

己卯，有流星大如雞彈，色青，尾跡有光，出天棓，東北（《聖政記》作"南"）行至近濁。五鼓，有流星大如碗，色青白，有（抱本、廣本、閣本"有"下有"尾"字）光燭地，出天鈎，正東行至近濁。（《明宣宗實録》卷二五，第 661～662 頁）

庚辰，夜，有流星大如雞彈，色青白，尾跡有光，出軒轅，西南行入柳。（《明宣宗實録》卷二五，第 663 頁）

辛巳，夜，有流星大如盃，色青白，有光，起天津，東南行至天桴。（《明宣宗實録》卷二五，第 664 頁）

癸未，夜，南京地震。（《明宣宗實録》卷二五，第 665 頁）

乙酉，夜，南京地震。（《明宣宗實錄》卷二五，第 669 頁）

丙戌，夜，有流星大如雞彈，色赤有光，起亢，西行至游氣。（《明宣宗實錄》卷二五，第 670 頁）

戊子，夜，南京地震。（《明宣宗實錄》卷二五，第 670 頁）

三月

庚寅，夜，有流星大如雞彈，色青白，尾跡有光，出尾，南行至游氣。（《明宣宗實錄》卷二六，第 674 頁）

辛卯，昏刻，南方有蒼白雲一道，起天囷，東掃翼軫。（《明宣宗實錄》卷二六，第 675 頁）

辛卯，南京地震。（《明宣宗實錄》卷二六，第 675 頁）

丙申，夜，有流星大如雞彈，色青白，有光，起斗杓，東北行至建星。（《明宣宗實錄》卷二六，第 677 頁）

丁酉，湖廣布政司奏：“去年旱潦相仍，民多艱食，今行在工部採辦竹木等料，不免勞費，乞賜停止。”上以示尚書吳中請量減。上曰：“民窮如此，爾必欲困之，何也?”其悉止之。（《明宣宗實錄》卷二六，第 677 頁）

癸卯，夜，月食。（《明宣宗實錄》卷二六，第 682 頁）

乙巳，昏刻，南京地震。（《明宣宗實錄》卷二六，第 683 頁）

丁未，免直隸豐、沛二縣民（廣本無“民”字）水災田糧一萬五千六十餘石，穀草五千五百四十餘束。（《明宣宗實錄》卷二六，第 685 頁）

己酉，曉刻，有流星大如盃，色青白，有光，出東南雲中，東北行至近濁。（《明宣宗實錄》卷二六，第 689～690 頁）

癸丑，夜，有流星大如雞彈，色赤有光，出王良，西北行入文昌。（《明宣宗實錄》卷二六，第 695 頁）

乙卯，江西九江府彭澤、德化二縣，陝西鞏昌府隴西縣，直隸安慶府望江縣，湖廣襄陽府均州各奏：“去年水旱，民皆缺食，已借官倉粮給濟，秋成償官。”具以其數聞。（《明宣宗實錄》卷二六，第 696～697 頁）

乙卯，夜，有流星大如鷄彈，色赤有光，起翼，西北行至游氣。（《明

宣宗實録》卷二六，第 697 頁）

四月

庚申，夜，有流星大如雞彈，色赤有光，起中台，西南行至明堂。（《明宣宗實録》卷二七，第 702 頁）

癸亥，夜，有流星大如雞彈，色青白，有光，出軫，西南行至濁。（《明宣宗實録》卷二七，第 702 頁）

戊辰，夜，有流星大如雞彈，色青白，有光，起氐，西南行至近濁。（《明宣宗實録》卷二七，第 712 頁）

己巳，夜，有流星大如杯盃，色青白，有光，出危，東北行至濁。（《明宣宗實録》卷二七，第 714 頁）

乙亥，夜，有流星大如盃，色青白，有光，起翼，西南行至濁。（《明宣宗實録》卷二七，第 717 頁）

曉刻，月犯太白。（《明宣宗實録》卷二七，第 721 頁）

五月

壬辰，夜，有流星大如雞彈，色黄白，尾跡有光，出敗爪，東行至雲中。（《明宣宗實録》卷二八，第 725 頁）

甲午，夜四更，有流星大如盃，色青白，光燭地，起北斗魁，東北行至雲中炸散。（《明宣宗實録》卷二八，第 726 頁）

戊戌，日生左右珥，色黄赤，隨生背氣一道，色青赤，皆鮮明。（《明宣宗實録》卷二八，第 729 頁）

戊戌，夜，有流星大如盃，色青白，有尾，光燭地，出文昌，西南行至雲中。（《明宣宗實録》卷二八，第 729 頁）

甲辰，大名府魏縣奏："縣民三千五百九十一户，水灾饑窘，借給官倉米麥九千一百六十石二斗（廣本'六十石二斗'作'六十六石五斗'）賑之，皆俟秋熟償官。"（《明宣宗實録》卷二八，第 732 頁）

乙巳，夜，有流星大如盃，色赤，光燭地，起羽林軍，東行至雲中炸

散。（《明宣宗實錄》卷二八，第 733 頁）

辛亥，夜，有流星大如雞子（抱本、廣本、閣本作"彈"），色赤，尾跡有光，起貫索，西南行至平星。（《明宣宗實錄》卷二八，第 737 頁）

六月

庚申，夜，有流星大如雞彈，色赤有光，起宗人，西北行至濁。（《明宣宗實錄》卷二八，第 741 頁）

戊寅，日生左右珥，色黃赤鮮明。（《明宣宗實錄》卷二八，第 752 頁）

癸未，昏刻，流星大如雞彈，色青白，有光，出進賢，西北行入五帝座。夜有流星大如雞彈，色赤，尾跡有光，起奎，東南行至外屏。五鼓，有流星大如雞彈，色青白，尾跡有光，出帝星傍，東北行至雲中。（《明宣宗實錄》卷二八，第 753~754 頁）

甲申，夜，有流星大如雞彈，色赤有光，起牽牛，西南行至（廣本"至"下有"近"字）濁。（《明宣宗實錄》卷二八，第 754 頁）

丙戌，日生左右珥，色青赤鮮明。（《明宣宗實錄》卷二八，第 755 頁）

水，民大饑。（萬曆《南海縣志》卷三《災祥》）

七月

丁亥朔，夜，有流星大如雞彈，色青白，尾跡有光，出天倉，東南行至近濁。（《明宣宗實錄》卷二九，第 757 頁）

戊子，夜，有流星大如盃，色青白，尾跡有光，出鱉星，西南行至近濁。（《明宣宗實錄》卷二九，第 758 頁）

己丑，夜，有流星大如雞彈，色赤，尾跡有光，出庶子旁，西北行至濁。（《明宣宗實錄》卷二九，第 758 頁）

壬辰，夜，有流星大如雞彈，色青白，尾跡有光，出斗，南行至雲中。又有流星大如雞彈，色赤，尾跡有光，出北斗杓，西北行入梗河。（《明宣宗實錄》卷二九，第 758 頁）

癸巳，夜，太白犯東井。（《明宣宗實錄》卷二九，第 759 頁）

乙未，夜，月上生背氣一道，色蒼白鮮明。（《明宣宗實錄》卷二九，第 760 頁）

癸卯，順天府霸州文安、大成二縣蝗。（《明宣宗實錄》卷二九，第 766 頁）

丙午，昏刻，有流星大如雞彈，色赤有光，起文昌，東北行至八穀。（《明宣宗實錄》卷二九，第 768 頁）

庚戌，日生右珥，色青赤鮮明。（《明宣宗實錄》卷二九，第 771 頁）

壬子，行在戶部奏："直隸蘇州府崑山縣今年夏久雨，渰沒官民田稼一千八百六十三頃有奇，鎮江府金壇縣雨，渰沒官民麥田一千一百二十頃有奇，湖廣長沙府攸縣旱，傷田禾一千五百九十八頃有奇。"上命遣人驗實，蠲其稅糧。（《明宣宗實錄》卷二九，第 771 頁）

乙卯，直隸河間府獻縣、真定府晉州饒陽縣奏："河水衝決宮儉口及窯堤口，黃潦漫流，田禾渰沒。"（《明宣宗實錄》卷二九，第 773 頁）

八月

丙辰朔，夜，有流星大如雞彈，色青白，尾跡有光，出參旗，西南行入天囷。太白犯輿鬼西南星。（《明宣宗實錄》卷三〇，第 775 頁）

丁巳，曉刻，太白犯輿鬼。（《明宣宗實錄》卷三〇，第 775 頁）

庚申，夜，有流星大如雞彈，色赤有光，起營室，西南行至壘壁陣。（《明宣宗實錄》卷三〇，第 777 頁）

甲子，直隸徐州，保定府深澤、博野、束鹿、蠡縣，河間府河間縣各奏："七月積雨連旬，河水泛溢，衝決隄岸，渰沒禾稼。"山西布政司蒲、澤、解、絳、霍五州，沁水、岳陽、平陸、臨晉、猗氏、曲沃、安邑、襄陵、芮城、稷山、垣曲、翼城、太平、河津、聞喜、汾西、趙城、永和、浮山、臨汾、榮河、萬泉、夏二十三縣，河南府靈寶縣各奏："五、六月亢陽不雨，田穀旱傷。"上命行在戶部遣人驗視，蠲其租稅。（《明宣宗實錄》卷三〇，第 779～780 頁）

乙亥，曉刻，太白犯軒轅大星。（《明宣宗實錄》卷三〇，第 785 頁）

丙子，曉刻，月犯天街北星。（《明宣宗實錄》卷三〇，第 786 頁）

丁丑，夜，有流星大如盃，色青白，有光，起奎，東南行至天苑炸散。（《明宣宗實録》卷三〇，第787頁）

戊寅，夜，有流星大如雞彈，色青白，尾跡有光，出天倉，東南行至雲中。（《明宣宗實録》卷三〇，第788頁）

庚辰，夜，有流星大如雞彈，色青白，有光，起羽林軍，東南行至濁。（《明宣宗實録》卷三〇，第790頁）

壬午，曉刻，月犯軒轅南第二星。（《明宣宗實録》卷三〇，第790頁）

乙酉，夜，有流星大如雞彈，色青白，有光，出昴，東北行入五車。又有流星大如雞彈，色赤有光，出營室，東南行入南河。（《明宣宗實録》卷三〇，第792~793頁）

積雨，河溢，淹没禾稼。（同治《徐州府志》卷五下《祥異》）

甲子，以河溢，免徐州被災者税糧。（民國《銅山縣志》卷四《紀事表》》）

地震十。南畿旱。秋八月，免南京被災税糧。（民國《首都志》卷一六《大事表》）

九月

丁亥，夜，有流星大如雞彈，色赤，尾跡有光，起壁，東南行至天苑旁。（《明宣宗實録》卷三一，第795頁）

戊子，夜，有流星大如雞彈，色青白，尾跡有光，出營室，西北行至雲中。（《明宣宗實録》卷三一，第795頁）

辛卯，行在工部奏："自通州至山海橋梁路道為雨潦所壞，驛站、房宇亦多損漏，請遣錦衣衛能幹官一員，馳驛往督軍衛有司量撥軍民修治。"上曰："此聞錦衣衛官差遣在外，多貪虐屬民，只遣工部廉能官，庶幾不擾。"（《明宣宗實録》卷三一，第796頁）

甲午，夜，月犯十二國代星。（《明宣宗實録》卷三一，第797頁）

丁酉，夜，有流星大如碗，色青白，有光，出天紀，後有二小星隨之，西北行至游氣炸散。又有流星大如杯，色青白，有光，起文昌，東北行至近

濁。曉刻，太白犯右執法。（《明宣宗實錄》卷三一，第 804 頁）

壬寅，夜，有流星大如雞彈，色青白，有光，起漸臺，西行至天紀。
（《明宣宗實錄》卷三一，第 808 頁）

癸卯，陝西鳳翔府扶風、岐山、鳳翔、寶雞、麟遊、汧陽、郿七縣，西
安府高陵、武功、醴泉三縣各奏：“自四月至七月不雨，田穀枯槁。”上命
行在戶部及陝西布政司、按察司加意撫民，驗缺賑糧。（《明宣宗實錄》卷
三一，第 809 頁）

壬子，直隸大名府長垣縣，開州保定府祁州及徐州豐、沛、蕭三縣各
奏：“七月内連雨，穀豆皆傷。”鳳陽府宿州奏：“六月，西河水溢，瀦近河
田土，積久不消，農種無穫。”上命行在戶部遣人驗視，蠲其租稅。（《明宣
宗實錄》卷三一，第 813 頁）

十月

乙卯朔，日生左右珥，色青赤鮮明。（《明宣宗實錄》卷三二，第
815 頁）

丁巳，昏刻，有流星大如盃，色赤，尾跡有光，出女牀，東北行入閣
道。五鼓，有流星大如碗，色赤，光燭地，起北河，西南行至參旗。（《明
宣宗實錄》卷三二，第 815 頁）

戊午，直隸太平府蕪湖縣奏：“今年五月久雨，江水泛溢，瀦官民田一
百五十八頃有奇。”命行在戶部遣人覆視，蠲除租稅。（《明宣宗實錄》三
二，第 815～816 頁）

戊午，夜，有流星大如雞彈，色青白，尾跡有光，出狼星旁，西南行至
濁。五鼓，有流星大如雞彈，色赤，尾跡有光，出紫微東蕃，西北行至濁。
又有流星大如盃，色青赤，有尾，光燭地，出軒轅，西南行入星宿。（《明
宣宗實錄》卷三二，第 816 頁）

辛酉，夜，有流星大如盃，色赤有光，起天柱，西北行至天厨。（《明
宣宗實錄》卷三二，第 817 頁）

壬戌，夜，有流星大如盃，色青白，尾跡有光，出勾陳，後有一小星隨

之，西北行入天棓。（《明宣宗實録》卷三二，第 818 頁）

癸亥，夜，有流星大如盃，色黃白（廣本作"青"），有光，起畢，西行至奎。（《明宣宗實録》卷三二，第 818 頁）

甲子，巡撫陝西少師隆平侯張信、行在户部尚書郭敦言："西安等府洮岷等衛，自永樂二十一年至宣德元年，逋欠税糧、米麥、布絹、綿花諸色課程，皮張、茶鹽、馬草動計五六百萬。諸府縣今歲多旱，秋田無收，徵輸實難，乞令所欠布絹仍徵本色，米麥、馬草皆折收鈔及他物，准作官軍俸糧，或收貯待用。其宣德元年税糧等項皆徵本色，宣德二年無災之處，一體徵收，有災之處，糧草乞賜蠲免。"上悉從之。（《明宣宗實録》卷三二，第 819 頁）

丁卯，日生暈，已而上生背氣一道，色青赤鮮明。昏刻，有流星大如雞彈，色赤有光，起婁，東南行至近濁。（《明宣宗實録》卷三二，第 822 頁）

癸酉，夜，有流星大如雞彈，色赤有光，起太微垣，東北行至游氣。（《明宣宗實録》卷三二，第 825 頁）

甲戌，夜，月掩五諸侯東第二星。（《明宣宗實録》卷三二，第 825 頁）

乙亥，巡按山東監察御史李素奏："東昌等府高唐等州所屬地方，自七月初至八月終不雨。"又陝西西安府咸陽、鄠屋、興平三縣，淮安府安東、清河二縣各奏："今年自春歷秋不雨，田穀槁死。"命行在户部下有司寬恤。（《明宣宗實録》卷三二，第 826 頁）

丙子，夜，有流星大如雞彈，色黃赤，有光，起壁，西北行至車府。（《明宣宗實録》卷三二，第 827 頁）

丁丑，日未出，有紅雲一道，起正東濁，西南行。（《明宣宗實録》卷三二，第 828 頁）

辛巳，夜，有流星大如盃，色赤有光，起閣道，西北行至近濁。（《明宣宗實録》卷三二，第 830 頁）

十一月

丙戌，曉刻，辰星犯氐東北星，光芒相接。（《明宣宗實録》卷三三，第

838～839 頁）

癸巳，曉刻，有流星大如雞彈，色赤，有色（廣本、抱本作"光"），起角，東北行至天市東垣。（《明宣宗實錄》卷三三，第 842 頁）

乙未，日下，五色雲見。（《明宣宗實錄》卷三三，第 843 頁）

庚子，夜，有流星大如雞彈，色青白，有光，起氐，東南（廣本作"北"）行至游氣。（《明宣宗實錄》卷三三，第 847 頁）

甲辰，湖廣衡陽縣奏："今年六月初八（廣本作'一'）日大雨，至十四日止，江水泛溢，漂流居民（舊校改'居民'作'民居'），潯没田稼。"命行在户部，行在布政司、按察司督府縣優恤。（《明宣宗實錄》卷三三，第 854 頁）

甲辰，夜，有流星大如雞彈，色青赤（廣本作"白"），有尾，光燭地，出閣道，西北行至雲中。（《明宣宗實錄》卷三三，第 854～855 頁）

十二月

癸亥，夜，有流星大如碗，色青赤，光燭地，起奎，西北行至天津炸散。（《明宣宗實錄》卷三四，第 863～864 頁）

辛未，昏刻，有流星大如雞彈，色赤有光，起須女，西北行至游氣。（《明宣宗實錄》卷三四，第 867 頁）

甲戌，夜，月生交暈，隨生左右珥，又生白虹，貫兩珥，色皆蒼白。（《明宣宗實錄》卷三四，第 868～869 頁）

丁丑，上御奉天門，謂行在户部尚書夏原吉等曰："今年陝西亢旱，秋田無收，其軍屯子粒、民間秋糧俱已蠲免。比聞軍民之中，多因缺食流離，豈可不恤？其令有司開倉賑濟，仍於南京運絹五萬匹、綿布十萬疋，令隆平侯等用心拯救，勿令失所。"（《明宣宗實錄》卷三四，第 869 頁）

是年

春，旱，饑，勸富者貸民粟。（民國《德縣志》卷二《紀事》）

夏，南京旱。秋八月，免其稅糧。（光緒《金陵通紀》卷一〇上）

大雨水。（民國《麻城縣志前編》卷一五《災異》）

旱。（民國《鄉寧縣志》卷八《大事記》）

郿大旱，民飢。（乾隆《鳳翔府志》卷一二《祥異》）

大旱，民饑。（雍正《郿縣志》卷七《事紀》；乾隆《商南縣志》卷一一《祥異》；乾隆《直隸商州志》卷一四《災祥》；嘉慶《山陽縣志》卷一一《祥異》；同治《雒南縣志》卷一○《災祥》）

以海患詔免田租。（乾隆《海寧縣志》卷一二《灾祥》）

秋，霖雨害稼。（光緒《德平縣志》卷一○《祥異》）

春，旱，饑，勸富者貨民粟。（乾隆《德州志》卷二《紀事》）

夏，旱。冬十一月，赦免明年稅糧三之一。（乾隆《曲阜縣志》卷二八《通編》）

（城）又為河水所衝。（乾隆《甘肅通志》卷七《城池》）

徐州積雨，河溢，淹沒禾稼。（民國《銅山縣志》卷一四《河防攷》）

仁和、海寧以江患，奉詔免田租。（康熙《杭州府志》卷一二《郵政》）

江潮至楓溪。（光緒《諸暨縣志》卷一八《災異》）

大風。（光緒《諸暨縣志》卷一八《災異》）

湖廣旱。（民國《湖北通志》卷七五《災異》）

夏秋旱。（乾隆《湖南通志》卷一四二《祥異》）

地震。（同治《上江兩縣志》卷二下《大事下》；民國《首都志》卷一六《大事表》）

南畿旱，秋八月，免南京被災稅糧。（民國《首都志》卷一六《大事表》）

水，三年如之。（乾隆《吳江縣志》卷四○《災變》）

宣德三年（戊申，一四二八）

正月

庚寅，夜，有流星大如雞彈，色青白，有光，起張，東南行至翼。

（《明宣宗實錄》卷三五，第 877 頁）

癸巳，夜，有流星大如雞彈，色青白，有光，起軫，東南行至庫樓。

（《明宣宗實錄》卷三五，第 878 頁）

甲午，夜，有流星大如雞彈，色青白，有光，起角，東南行至游氣。

（《明宣宗實錄》卷三五，第 878 頁）

己亥，日生左右珥，黃赤鮮明。（《明宣宗實錄》卷三五，第 882 頁）

癸卯，夜，有流星大如盃，色青白，有光，起天廚，西北行至濁。

（《明宣宗實錄》卷三五，第 884 頁）

甲辰，日生背氣一道，色青赤鮮明。（《明宣宗實錄》卷三五，第 884 頁）

二月

甲寅，行在通政使司奏：“雲南大姚縣知縣高紫童考滿至京，言中途遇風壞舟，奏牘牌册多為水汙，然無所在官司文憑照証，當正以不謹之罪。”上曰：“雲南至京，水陸萬里，風濤之險，出於不測，豈人力所能制？此不必罪。”（《明宣宗實錄》卷三六，第 893 頁）

己未，夜，有流星大如雞彈，色青白，有光，起東井，西南行至玉井。

（《明宣宗實錄》卷三六，第 897 頁）

壬戌，夜，有流星大如斗，色赤，光燭地，起右攝提，有聲如雷。後有五小星隨之，至近濁炸散。（《明宣宗實錄》卷三六，第 900 頁）

甲子，徙置靈州千戶所於城東。先是，寧夏總兵官寧陽侯陳懋奏：“河水衝決至城下，請徙於城東。”命俟來春用工，至是城成，遂徙之。（《明宣宗實錄》卷三六，第 901 頁）

乙丑，夜，有流星大如雞彈，色赤有光，起天廟，西南行至天相炸散。

（《明宣宗實錄》卷三六，第 904 頁）

己巳，山東濟南府德州奏：“貧民一千一百五十二戶，因歲旱饑，已勸富民貸粟濟之。”上以示行在戶部臣曰：“富民能恤貧，食禄者豈當坐視民窮而不恤？爾等更須加意。”（《明宣宗實錄》三七，第 910 ~ 911 頁）

丁丑，行在禮部奏：“爪哇國使臣亞烈、張顯文等言率家屬來朝，至廣東惠州暴風壞舟，母妻等四人皆溺死，權瘞海濱，乞官為造墳。”上惻然曰：“不憚險遠，舉家來朝，其誠可嘉，而死於風濤，情又可憫。”其令惠州府致祭及治喪葬。（《明宣宗實錄》卷三七，第919頁）

戊寅，昏刻，有流星大如盃，色赤，有尾光照地，起郎位，東北行至梗河。（《明宣宗實錄》卷三七，第920頁）

壬午，浙江臨海縣民奏：“本縣舊有胡讒（疑當作“巉”）諸閘，積水灌田，比因大水壞閘，而金鰲、大浦、湖涑、翠嶼等河，遂皆壅塞，或遇天旱，禾稼不收，糧稅多欠，乞為開築。”上曰：“水利為政急務，使民自訴于朝，此守令不得人。爾工部即下郡縣，令秋收發民用工，仍行天下，凡水利當興者，命有司即行，不許坐視不理。”（《明宣宗實錄》卷三七，第924頁）

三月

癸未朔，夜，有流星大如雞彈，色赤，尾跡有光，起文昌，南行至太微西垣外。（《明宣宗實錄》卷三九，第959頁）

乙酉，夜，有流星大如雞彈，色青白，有光，出參，西行入參旗。（《明宣宗實錄》卷三九，第960頁）

庚寅，日生交暈及左右珥，背氣戟氣，色青赤，交暈，色黃赤，皆鮮明。（《明宣宗實錄》卷三九，第969頁）

壬辰夜，有流星大如碗，色青白，光燭地，起郎將旁，東北行至貫索。（《明宣宗實錄》卷三九，第971頁）

丁酉，日生暈，隨生交暈，黃赤鮮明及戟氣二道。（《明宣宗實錄》卷四〇，第979頁）

辛丑，夜，有流星大如雞彈，色赤，尾跡有光，出天市東垣，西行至雲中。（《明宣宗實錄》卷四〇，第982頁）

丁未，夜，有流星大如椀，色青白，光燭地，起勾陳，東北行至八穀。（《明宣宗實錄》卷四〇，第990頁）

四月

癸丑朔，昏刻，有流星大如盃，色黃赤，尾跡有光，出關丘，南行入弧矢。（《明宣宗實錄》卷四一，第994頁）

戊午，夜，月犯五諸侯。（《明宣宗實錄》卷四一，第1002頁）

甲子，行在戶部奏：「保定、河間二府，祁州唐縣等二十四州縣人戶二萬七千八百八十餘戶，被水災田地一萬二千五百九十八頃八十餘畝，應納洪熙元年糧六萬八千五百五十餘石，草一百二（廣本作'三'）十三萬八千四百餘束，乞除豁，以蘇民窮。」命除之。（《明宣宗實錄》卷四一，第1007頁）

丙寅，以旱遣成國公朱勇祭大小青龍之神，文曰：「今夏氣已屆，農務正殷，自冬歷春，雨澤不降，百姓嗷嗷，憂在艱食。朕為民主，夙夜靡寧，惟神早霈甘霖，遄邇沾足，庶幾下土，永戴神功。」（《明宣宗實錄》卷四一，第1008頁）

丙寅，山西解州、潞州奏：「天旱民饑，多流移他境者。」上覽奏惻然，謂尚書夏原吉曰：「比聞山西久不雨，朕心不安，今果奏至，其即遣人賑濟，且撫綏其民，無令失所。」又曰：「聞旱災之地，頗闕弭災之要，修省在朕，卿亦當敬謹勉盡乃職。」（《明宣宗實錄》卷四一，第1008頁）

壬申，巡按江西監察御史許勝奏：「江西南昌府所轄之地，有瑞河一道，兩岸低窪多良田。洪武間有言於朝者，遣官按視，發民修築隄岸，水不為患。比年洪水泛溢，岸之頹圮者二十餘處，又豐城縣安沙繩灣圩岸計三千六百一十丈，永樂間因水衝決，改修一百三十餘丈，於民甚便。比因久雨，江漲隄壞，其受利之民雖並力修築，恐不能集事。乞勅所轄上司，委官於農隙之時，發民協力修理。」從之。（《明宣宗實錄》卷四一，第1012~1013頁）

辛巳，北京順德府邢臺縣奏：「去歲天旱，五穀薄收，民多缺食，已開倉給貸，俟秋成還官。」（《明宣宗實錄》卷四一，第1021~1022頁）

閏四月

丙戌，夜，有流星大如盃，色青白，尾跡有光，起紫微垣內，東北行至

（抱本"至"下有"近"字）濁。（《明宣宗實録》卷四二，第1027頁）

癸巳，昏刻，有流星大如雞彈，色青白，有光，出氐，東南行至（抱本"至"下有"近"字）濁。（《明宣宗實録》卷四二，第1031頁）

庚子，以久旱，復遣成國公朱勇祭大小青龍神，祝曰："自冬不雪，春亦無雨，四郊嗷嗷，咸以為憂。蓋於今不雨，民之歲計，無所仰給。朕為民上，深用弗寧，惟神著靈於斯，其来已久，敷降霈澤神之能事，旱勢恢焚，何忍坐觀？兹再懇祈必垂矜惻，早施甘霖，遠邇之田，咸得霑足，民遂所養神亦有依。"（《明宣宗實録》卷四二，第1033頁）

壬寅，山西布政司奏："平陽府蒲、解、隰、絳、吉、霍、澤、潞八州，臨汾、河津、翼城、曲沃、太平、萬泉、岳陽、鄉寧、浮山、絳、襄陵、趙城、聞喜、芮城、石樓、榮〔榮〕河、汾西、猗氏、蒲洪、洞垣、曲、臨晉、稷山、大寧、安邑、平陸、永和、靈石、夏、沁水、陽城、陵川、黎城三十三縣，自去年九月不雨，至今年三月，麥豆焦枯，人民缺食，雖令有司賑恤，尚不聊生。"上命行在户部遣官按視，蠲其租税，仍命二司加意撫恤，凡他處有糧，悉移賑之。（《明宣宗實録》卷四二，第1036～1037頁）

癸卯，山山（疑當作"山西"）平陽府襄陵縣典史李志奏："蒙布政司差運秋糧五千石，輸雲川衛倉已納三千四百石，餘一千六百石，歲旱民貧，無從徵納，乞賜除免。"從之。（《明宣宗實録》卷四二，第1038頁）

己酉，曉刻，歲星犯壘辟（抱本、禮本作"壁"）陣西方第六星，歲星在上。（《明宣宗實録》卷四二，第1040頁）

庚戌，夜，有流星大如雞彈，色赤，尾跡有光，起弧瓜，西南行至心。（《明宣宗實録》卷四二，第1042頁）

丙寅，邵陽、武岡、湘鄉大雨水，壞田稼。（《國榷》卷二〇，第1347頁）

不雨，至六月，及雨，大水，淹没禾稼。（光緒《嘉善縣志》卷三四《自四目祥眚》）

浙江自四月不雨，至六月乃雨，夏六月，杭州大水。（光緒《杭州府志》卷八四《祥異》）

浙江自四月不雨，至六月及雨，大水，淹没禾稼。（雍正《浙江通志》卷一〇九《祥異》）

五月

甲寅，夜，有流星大如雞彈，色青白，有光，起亢，西南行至濁。（《明宣宗實錄》卷四三，第1044～1045頁）

乙卯，夜，有流星大如盃，色赤，光燭地，起大角，西南行至濁。（《明宣宗實錄》卷四三，第1045頁）

丙寅，湖廣寶慶府邵陽縣，及武崗州長沙府湘鄉縣，皆暴風雨七晝夜，山水驟漲，平地高六七尺，潡没廬舍田稼，漂溺人民。（《明宣宗實錄》卷四三，第1050頁）

丁卯，夜，有流星大如盃，色赤，光燭地，起危，東北行至雷電炸散。（《明宣宗實錄》卷四三，第1051頁）

戊辰，巡按山西監察御史沈福奏：“山西平陽府蒲、解、臨汾等州縣，自去年九月至今年三月不雨，二麥皆槁，人民乏食，盡室逃徙。河南州縣就食者十萬餘口，宜令布政司、按察司委官招撫復業。”上謂尚書夏原吉曰：“山西旱饑如此，既流河南，招之豈能遽復？昨有言者，已令賑濟存恤，宜再下所在有司，如倉儲不足，則勸諭富民分貸濟之，毋令失所，俟秋成招撫復業。”（《明宣宗實錄》卷四三，第1052～1053頁）

庚午，湖廣永寧衛奏：“大水壞城四百丈。”上命俟農務畢修理。（《明宣宗實錄》卷四三，第1055頁）

壬申，直隸真定府趙、定、冀三州，真定、平山、獲鹿、井陘、阜平、欒城、藁城、靈壽、無極、元氏、曲陽、行唐、新河、隆平、高邑、贊皇、臨城、新樂一十八縣，及順德府平鄉、內丘、唐山、沙河、鉅鹿五縣，廣平府肥鄉、邯鄲、永平三縣各奏：“自去年十月至今年夏不雨，麥苗枯死無收，今徵夏稅艱於辦納。”上謂行在戶部臣曰：“旱無麥而欲徵稅，民何從出？今郡縣言者甚眾，其悉免徵，且思所以寬貸之，毋令失所。”（《明宣宗實錄》卷四三，第1062頁）

永寧衛大水，壞城四百丈。（乾隆《宣化府志》卷三《灾祥附》）

石門、慈利大水，山崩江漲，舟行樹梢，居室畜產漂没幾盡，民避高山，旬日乃平。（萬曆《澧紀》卷一《災祥》）

霖雨，山水大漲，壞橋。（民國《三河縣新志》卷六《橋樑》）

六月

甲申，行在工部奏：“北京渾河水溢，衝决盧溝河堤百餘丈，今水勢日增，傷民田稼，請令北京行部行都督府役軍民葺修。”上曰：“此不可緩，令晝夜併力用工。”（《明宣宗實錄》卷四四，第1077頁）

丙戌，陝西布政司奏：“西安府同州、耀州、蒲城、郃陽、韓城、澄城、白水、高陵、涇陽縣，延安府鄜州中部、甘泉、宜川、宜君、膚施、洛川、保安縣，鞏昌府秦州自正月至五月不雨，豆麥旱傷。”命行在户部勘實除税。（《明宣宗實錄》卷四四，第1078頁）

庚寅，上諭行在工部臣曰：“緣河堤岸，每歲多是預防，今年雨多，潦水泛溢，必傷田禾，宜遣官督軍衛有司巡視，稍有潰决，即用修築。其他卑薄之處，亦令增高培厚，庶不為患。”（《明宣宗實錄》卷四四，第1079頁）

辛卯，順天府武清、固安二縣言：“霖雨連旬，洪水衝决河西務，及當渠里秦家口堤岸，傷民田禾。”上命二縣民及屯軍合力疏修。（《明宣宗實錄》卷四四，第1081頁）

辛卯，夜，有流星大如雞彈，色赤有光，出奚仲，南行入天桴。（《明宣宗實錄》卷四四，第1081頁）

癸巳，上諭行在户部臣曰：“霖雨久不止，水潦泛溢。今城中薪芻湧貴，凡有運載入城者，悉免抽分，違者罪之。”（《明宣宗實錄》卷四四，第1081頁）

甲午，山西布政司奏：“太原府石、平定、忻、保德、代、岢嵐六州，交城、祈〔祁〕、文水、清源、寧鄉、樂平、太谷、臨、嵐、徐溝、太原、榆次、興陽、曲壽、陽、定襄、静樂、盂、崞、五臺、河曲、繁峙二十二縣，大同府朔州馬邑、懷仁、山陰三縣，澤州高平縣，潞州潞城、屯留、壺關、長子、襄垣五縣，遼州并和順、榆社二縣，沁州并武鄉縣，汾州并孝義、平遥、介休三縣，春夏不雨，麥穀旱死，人民乏食。"上謂行在戶部臣曰："今諸郡縣告饑者眾，朕朝夕拳拳，卿等亦當與朕同慮，即遣官馳往，發廩勸分以濟之，凡有可以救荒之術，熟議以聞。"（《明宣宗實錄》卷四四，第 1081～1082 頁）

丁酉，霖雨，通州河溢，水及城趾（抱本作"址"），深一丈餘，城壞者一百三十餘丈。（《明宣宗實錄》卷四四，第 1083 頁）

己亥，夜，有流星大如盃，色青白，有光，起即位，西北行至濁。（《明宣宗實錄》卷四四，第 1084 頁）

辛丑，行在戶部尚書夏原吉奏："主事孫冕自浙江還，言蘇、松、嘉、湖、杭諸郡，今夏苦雨，江水泛溢，田稼多渰没。"上命即遣人往與大理卿胡槩周視水災之處，以聞。又謂原吉曰："水旱為災，所係甚大，卿有所聞，當悉為朕言之。"（《明宣宗實錄》卷四四，第 1086～1087 頁）

辛丑，夜，有流星大如雞彈，色赤，尾有光，出紫微東蕃，西行入文昌。又有流星大如盃，色赤有光，出五車，西北行至雲中。（《明宣宗實錄》卷四四，第 1087 頁）

癸卯，夜，有流星大如盃，色青白，尾跡有光，出天市東垣，後有五小星隨之，北行入紫微東蕃外。（《明宣宗實錄》卷四四，第 1089 頁）

甲辰，巡按北直隸監察御史張瑩奏："五月、六月連雨不已，河決堤岸，溺死軍民，壞通州、良鄉等處官民屋宇，及渰没宛平、大興、順義、大城、保定、文安、永清、寶坻、香河、霸州并保定等府，新城等縣田苗。"上諭尚書夏原吉等曰："災不虛至，必有其咎，宜勉思寬恤之道。"（《明宣宗實錄》卷四四，第 1089～1090 頁）

丙午，直隸大名府滑縣民奏："運官豆七千六百石至通州，已輸倉者五千餘石，餘皆在舟，忽風雨暴至，舟覆，并操舟者七人皆溺死，乞免陪輸。"上謂行在戶部臣曰："人且溺死，豆可問乎？其免之。"（《明宣宗實錄》卷四四，第 1092 頁）

己酉，命北京行部行都督府修神武、義勇、武成、永清、錦衣、金吾、

燕山諸衛倉，皆以久雨頹壞也。（《明宣宗實錄》卷四四，第1094～1095頁）

庚戌，日上生背氣一道，色青赤，隨生重半暈，及生左右珥，色黃赤，皆鮮明。（《明宣宗實錄》卷四四，第1095頁）

初三，隕霜，禾稼盡殺。（順治《黃梅縣志》卷二《災異》）

隕霜殺稼。（光緒《黃岡縣志》卷二四《祥異》；民國《麻城縣志前編》卷一五《災異》）

大水。（嘉靖《宣府鎮志》卷六《災祥考》；康熙《龍門縣志》卷二《災祥》；康熙《西寧縣志》卷一《災祥》；康熙《文安縣志》卷八《事異》；雍正《懷來縣志》卷二《災異》；乾隆《蔚縣志》卷二九《祥異》；乾隆《懷安縣志》卷二二《灾祥》；乾隆《宣化縣志》卷五《災祥》；道光《保安州志》卷一《祥異》）

杭州大水。（乾隆《海寧縣志》卷一二《灾祥》）

大水傷稼。（崇禎《吳縣志》卷一一《祥異》）

杭州大水。（康熙《仁和縣志》卷二五《祥異》）

渾河水溢，決蘆溝河堤百餘丈。（《明史·五行志》，第447頁）

七月

壬子，夜，有流星大如雞彈，色青白，尾跡有光，出北斗魁，西北行至雲中。（《明宣宗實錄》卷四五，第1098頁）

乙卯，順天府三河縣奏：“本縣錯橋東通遼海，西達京師，今年五月霖雨，山水暴漲，壞橋，甃石皆決，驛使往來不便，乞撥軍夫工匠於華山石廠取石修砌，庶幾可成。”從之。（《明宣宗實錄》卷四五，第1099頁）

丙辰，順天府豐潤、玉田、平峪、昌平、東安、密雲、懷柔七縣，涿州房山縣，通州潞、三河二縣，河間府河間、靜海、獻、任丘、肅寧五縣，真定府深州及晉州，饒陽、元氏、高邑三縣，保定府祈〔祁〕州及雄、完、蠡、定興、清苑、博野、容城、安肅、滿城、新城十縣，安州新安縣，易州淶水縣，永平府灤州及盧龍、昌黎、遷安三縣，大名府開州及長垣、南樂、濬、清豐、滑、魏六縣，廣平府成安縣，湖廣岳州府華容縣，及南直隸和州各奏："今年五、六月苦雨，山水泛漲，衝決堤埂，潐没田稼。"上召六部尚書蹇義等以奏示之，諭之曰："天降災祥在德，朕覽之懍然，卿等皆當勉思恤民之道，必在務實，毋事虛文。"（《明宣宗實錄》卷四五，第1099～1100頁）

戊午，總兵官都督譚廣奏："宣府懷安、懷來、永寧、萬全、左、右諸衛城垣并各處臺墩、橋樑，近因久雨傾頹，請以各衛軍士修築。"從之。（《明宣宗實錄》卷四五，第1101頁）

己未，夜，有流星大如盃，色黃白，光燭地，起五車，西北行至文昌。（《明宣宗實錄》卷四五，第1102頁）

庚申，行在工部奏："太常寺言徐王墳祠及祠祭署周垣因雨傾塌，祠内帳幔亦多損敝。"命如舊修製。（《明宣宗實錄》卷四五，第1102頁）

辛酉，行在工部奏："北京文明等門城垣，及永平、遵化、薊州、密雲等處城池，喜峯等口關牆，皆因雨潦傾壞。"命軍衛有司修治永平諸處，令都督僉事陳景先董其役。（《明宣宗實錄》卷四五，第1103頁）

壬戌，廣西總兵官都督僉事山雲奏："今年五月淫雨，江漲，柳州衛城壞五十九丈，守禦融縣左千户所城壞二百八十七丈，城門、城樓亦皆摧。外皆臨賊境，已督軍嚴備。然修城重役，非軍力所能獨完，乞令有司以民夫協助。"從之。（《明宣宗實錄》卷四五，第1104頁）

癸亥，命行在工部修治都城外至居庸關橋梁道路之因雨傾塌者。（《明宣宗實錄》卷四五，第1104頁）

乙丑，夜，有流星大如盃，色赤有光，起紫微垣内，東北行至東井炸散。（《明宣宗實錄》卷四五，第1106頁）

壬申，霸州民詣闕言："雨潦傷出禾，人民乏食，有司坐買蒲草、土硝等物，乞暫停止。"上諭行在六部臣曰："水災民饑，又以此不急之物重困之，可乎？其一應科辦悉停免。"（《明宣宗實錄》卷四五，第1109～1110頁）

乙亥，昏刻，有流星大如雞彈，色青白，尾跡有光，出紫微垣東蕃外，西北行至濁。曉刻，熒惑犯積屍。（《明宣宗實錄》卷四五，第1113頁）

丙子，夜，有流星大如盃，色赤，有尾，光燭地，起貫索，西北行至雲

中。又有流星大如碗，色赤，光燭地，起宗人，西南行至濁。（《明宣宗實錄》卷四五，第1113頁）

大名府屬州縣大水，饑。（民國《大名縣志》卷二六《祥異》）

大水，饑。（光緒《南樂縣志》卷七《祥異》）

水。（光緒《正定縣志》卷八《災祥》）

某日，烈風甚雨，（玉皇殿）閣遂傾。（道光《崑新兩縣志》卷一〇《寺觀》）

北畿七府俱水。（《明史·五行志》，第447頁）

直省州縣十五饑。（《明史·五行志》，第508頁）

八月

丁亥，昏刻，有流星大如雞彈，色青白，有光，起箕，西南行至雲中。（《明宣宗實錄》卷四六，第1122頁）

己丑，夜，有流星大如雞彈，色赤，尾跡有光，出天倉，南行至濁。（《明宣宗實錄》卷四六，第1122頁）

庚寅，湖廣常德府奏：“龍陽、武陵二縣，五月以來，霖雨不止，湖水漲漫，衝決隄岸，漂流民居，渰没田苗。”命布政司委官撫恤。（《明宣宗實錄》卷四六，第1124頁）

甲午，夜，月食。（《明宣宗實錄》卷四六，第1126頁）

丁酉，總督香河等縣屯種指揮同知李三等奏：“今年五月以來，天雨連旬，河水泛漲，渰没屯地二百六十八頃，禾稼無收。”命行在户部蠲其子粒。（《明宣宗實錄》卷四六，第1131頁）

壬寅，巡按直隷監察御史林文秩言：“蘇州府吳江、常熟等縣，松江府華亭縣久雨，山水衝決圩岸，渰没田苗。”命行在户部驗數蠲租。（《明宣宗實錄》卷四六，第1132頁）

乙巳，夜，有流星大如雞彈，色赤，尾跡有光，出北斗魁，西北行至濁。五鼓，有流星大如盃，色赤，光燭地，起北河，北行至北斗魁。（《明宣宗實錄》卷四六，第1135～1136頁）

黃河溢，由陳至項，淹沒城郭民廬殆盡，改遷今治。（民國《項城縣志》卷三一《祥異》）

巡按直隸監察御史林文秩言："蘇州府吳江、常熟等縣，松江府華亭縣久雨，山水衝決圩岸，潪沒田苗。"命行在户部驗數蠲租。（崇禎《松江府志》卷一三《荒政》）

九月

戊午，夜，月掩壘壁陣西第二星。（《明宣宗實錄》卷四七，第 1142 頁）

乙亥，直隸金壇、當塗二縣各奏："今年五月、六月，積雨不止，河水漲溢，潪沒低田禾稼。"命行在户部覈實，蠲其租税。（《明宣宗實錄》卷四七，第 1148～1149 頁）

丙子，順天府潮縣奏："近霖雨潪沒禾稼，民困乏食，官府責買銅鐵銀硃等物，艱於辦納。"命悉免之。（《明宣宗實錄》卷四七，第 1149 頁）

丙子，河南開封之鄭州，祥符、陳留、榮〔滎〕陽、榮〔滎〕澤、陽武、臨潁、鄢陵、杞、中牟、洧川十縣，湖廣沔陽州及監利縣各奏："今年七月、八月久雨，江水泛溢，低田悉潪沒無收。"上命行在户部遣人覆視免秋租。（《明宣宗實錄》卷四七，第 1149 頁）

戊寅，行在工部尚書吳中奏："今年雨多，河水泛溢，衝決近郊橋道，請發民修治（廣本作'理'）。"上曰："及時成橋樑，則民不病涉，其亟為之。"（《明宣宗實錄》卷四七，第 1150 頁）

河溢，開封府之鄭州、祥符、陳留一十縣免其租。（雍正《河南通志》卷一四《河防》）

十月

辛巳，直隸常州府進秈米，且言："今歲雨暘順調，田穀茂盛。"上謂尚書胡濙曰："今年各處多奏水災，深慮百姓艱食，常州獨言豐熟，頗慰朕心。"濙對曰："陛下愛民，常願豐稔，聖心所欲，天必從之。"上曰："天果從之，豈有他處水潦之患，亦是為善未至，不能格天也。自今朕與卿等更

當勉之。"（《明宣宗實錄》卷四七，第1152頁）

壬午，夜，有流星大如盃，色赤，尾跡有光，出太微東垣，東行至濁。（《明宣宗實錄》卷四七，第1152頁）

乙酉，夜，有流星大如盃，色赤，尾跡有光，出昴，西行至濁。（《明宣宗實錄》卷四七，第1155～1156頁）

丙戌，夜，有流星大如盃，色青白，光燭地，起紫微垣內，東北行至濁。（《明宣宗實錄》卷四七，第1156頁）

戊子，夜，有流星大如盃，色赤，有尾，光燭地，出天津，後有二小星隨之，西北行至濁。曉刻，熒惑犯太微西垣上將。（《明宣宗實錄》卷四七，第1157頁）

己丑，昏刻，月犯外屏西第三星，月在南。（《明宣宗實錄》卷四七，第1157頁）

壬辰，夜，月犯昴。（《明宣宗實錄》卷四七，第1159頁）

癸巳，曉刻，月生五色雲鮮明。（《明宣宗實錄》卷四七，第1159頁）

乙未，巡撫蘇、松等處大理寺卿胡槩奏："各部累差郎中、主事等官，催督蘇、松及浙江諸郡造紙、買銅鐵等物。今年蘇、松及紹興等府水潦民飢，乞停買諸物，所差官員悉取回京。"上命六部除軍需所有外，餘悉停止，所差官各令還京。（《明宣宗實錄》卷四七，第1159頁）

戊戌，大雪。（《明宣宗實錄》卷四七，第1160頁）

己亥，夜，有流星大如盃，色青白，光燭地，起螣蛇，西行至濁。（《明宣宗實錄》卷四七，第1162頁）

庚子，日生左右耳，色黃赤鮮明。（《明宣宗實錄》卷四七，第1162頁）

乙巳，巡按山西監察御史沈福言："澤州、心水、蒲靈石等處，八月早霜，禾稼不實，民食艱難，皆採拾自給。"上命行在戶部議賑恤之。（《明宣宗實錄》卷四七，第1163頁）

十一月

辛亥，中書舍人陸伯綸言："蘇州府常熟縣七浦塘與楊誠湖連接東西，相距百里，灌溉常、崑山二縣田，計納稅糧二十餘萬石。七浦塘因潮往來，河港淤塞，水不通流，致連年禾稼枯瘁無收，乞今〔令〕受利人戶，出力開悛〔浚〕。"從之。(《明宣宗實錄》卷四八，第 1165 頁)

辛亥，湖廣武岡州、江西星子縣各奏："去歲水潦不收，今年春夏民皆缺食，已發預備倉糧賑之。"悉具數聞。(《明宣宗實錄》卷四八，第 1166 頁)

己未，夜，有流星大如雞彈，色赤，尾跡有光，出軒轅，西北行至雲中。(《明宣宗實錄》卷四八，第 1169 頁)

乙丑，曉刻，太白犯罰星。(《明宣宗實錄》卷四八，第 1171 頁)

丙寅，日生左珥，色黃赤鮮明，昏刻，歲星犯壘壁陣西第六星。(《明宣宗實錄》卷四八，第 1171 頁)

戊辰，夜，有流星大如碗，色赤有光，出天苑，東南行至濁。(《明宣宗實錄》卷四八，第 1173 頁)

丁丑，夜，有流星大如雞彈，色黃赤，有光，起輿鬼，東北行至游氣。(《明宣宗實錄》卷四八，第 1180 頁)

十二月

己卯，日生交暈，色黃赤鮮明。(《明宣宗實錄》卷四九，第 1181 頁)

甲申，山西平陽府奏："霍、絳、吉、隰、臨汾、翼城、永和、汾西、蒲、浮山、鄉寧、大寧、石樓、襄陵、太平、萬泉、稷山、河津、岳陽、安邑、猗氏、絳、垣曲、趙城、臨晉二十五州縣春夏不雨，種不及時，至八月中(廣本作'終')嚴霜，菽豆旡，田無收穫，百姓飢困。"上謂尚書郭敦曰："宜速遣人賑恤，凡各處災傷之處，皆寬徭緩賦，以蘇息之。"(《明宣宗實錄》卷四九，第 1182 頁)

丁酉，日上生背氣一道，色青赤鮮明。(《明宣宗實錄》卷四九，第 1190 頁)

壬寅，夜，有流星大如雞彈，色赤，尾(抱本、廣本、閣本"尾"下有"跡"字)有光，起外屏，西南行至(廣本"至"下有"近"字)濁。(《明宣宗實錄》卷四九，第 1193 頁)

是年

隴右大旱，饑。（乾隆《直隸秦州新志》卷六《災祥》；道光《兩當縣新志》卷六《災祥》）

大水，麻寮所平地瀦為潭，漂民畜無算。（民國《慈利縣志》卷一八《事紀》）

大旱，饑。（萬曆《寧遠縣志》卷四《災異》；天啟《同州志》卷一六《祥祲》；雍正《武功縣後志》卷三《祥異》；雍正《高陵縣志》卷四《祥異》；乾隆《臨潼縣志》卷九《祥異》；嘉慶《洛川縣志》卷一《祥異》；宣統《涇陽縣志》卷二《祥異》）

又旱。（道光《續修寧羌州志》卷三《祥異》；光緒《鳳縣志》卷九《祥異》；民國《漢南續修郡志》卷二三《祥異》）

陝西大旱，饑。（嘉靖《陝西通志》卷四〇《災祥》；光緒《永壽縣志》卷一〇《述異》）

畿內水澇，田禾少收，故寬假之，以示優恤。（康熙《定州志》卷五《事紀》）

畿內百姓多言今畿水澇，田禾少收。（光緒《獲鹿縣志》卷五《世紀》）

以水澇，田禾少收，量加優卹。（乾隆《行唐縣新志》卷一六《事紀》）

河溢。（乾隆《滎澤縣志》卷一二《祥異》）

河溢開封之鄭州，漫流及杞。（乾隆《杞縣志》卷二《祥異》）

河溢鄭州，漫流及尉為災。（道光《尉氏縣志》卷一《祥異附》）

黃河汎漲，舊項城廓民廬衝没殆盡，後乃改遷今治焉。（萬曆《項城縣志》卷七《災變》）

旱，饑。（乾隆《白水縣志》卷一《祥異》）

大旱，江水涸。（萬曆《階州志》卷一二《災祥》）

水。（乾隆《吳江縣志》卷四〇《災變》）

化成橋即五溪橋，在縣西二十里……宣德三年洪水衝壞。（萬曆《青陽縣志》卷一《橋梁》）

暴風雨七晝夜，山水驟長，平地高六尺。（同治《湘鄉縣志》卷五下《祥異》）

秋，大水。（乾隆《直隸易州志》卷一《祥異》）

南京地屢震。（光緒《金陵通紀》卷一〇上）

南京地震。（同治《上江兩縣志》卷二下《大事下》；民國《首都志》卷一六《大事表》）

以河患，徙靈州千户所於城東。（《明史·河渠志》，第 2015 頁）

宣德四年（己酉，一四二九）

正月

庚戌，南京地震。（《明宣宗實錄》卷五〇，第 1199 頁）

庚戌，夜，有流星大如雞彈，色赤有光，起天市垣內帝座，東行至濁。（《明宣宗實錄》卷五〇，第 1199 頁）

甲寅，夜，南京地震。（《明宣宗實錄》卷五〇，第 1200 頁）

丁巳，夜，北京地震。（《明宣宗實錄》卷五〇，第 1200 頁）

癸亥，夜，月食。（《明宣宗實錄》卷五〇，第 1202 頁）

丙寅，有流星大如盃，色赤有尾，從東南起經中天，往西北方没。（《明宣宗實錄》卷五〇，第 1204 頁）

辛未，南京地震。（《明宣宗實錄》卷五〇，第 1208 頁）

乙亥，夜，有流星大如雞彈，色青白，尾跡有光，出參旗，西行至濁。（《明宣宗實錄》卷五〇，第 1210 頁）

南京地震。（光緒《金陵通紀》卷一〇上）

地又震。（同治《上江兩縣志》卷二下《大事下》；民國《首都志》卷一六《大事表》）

二月

庚辰，夜，有流星大如雞彈，色青白，尾跡有光，出軫，南行入庫樓。（《明宣宗實錄》卷五一，第1214~1215頁）

壬午，夜，有流星大如雞彈，色赤有光，出軫，東南行入庫樓。（《明宣宗實錄》卷五一，第1216頁）

癸未，夜，有流星大如鷄彈，色赤，尾跡有光，出天市西垣，西行入心。（《明宣宗實錄》卷五一，第1217頁）

乙酉，南京地震。（《明宣宗實錄》卷五一，第1218頁）

戊戌，夜，北京地震。（《明宣宗實錄》卷五一，第1230頁）

壬辰，夜，月食。（《明宣宗實錄》卷五一，第1222頁）

乙未，昏刻，有流星大如鷄彈，青白色（抱本作"色青白"），尾跡有光，出東井，西南行至雲中。（《明宣宗實錄》卷五一，第1225頁）

三月

丁未朔，夜，有流星大如盌，色青白，光燭地，起張，西北行至游氣。（《明宣宗實錄》卷五二，第1241頁）

戊申，夜，有流星大如雞彈，色青白，尾跡有光，出貫索，東行至雲中。（《明宣宗實錄》卷五二，第1242頁）

癸亥，昏刻，熒惑犯靈臺。（《明宣宗實錄》卷五二，第1252頁）

戊辰，昏刻，熒惑犯太微垣上將。（《明宣宗實錄》卷五二，第1254頁）

己巳，夜，有流星大如盃，色青白，光燭地，起中樓，南行入雲中。（《明宣宗實錄》卷五二，第1255頁）

辛未，徙密雲中衛石匣驛。先是，驛舍為水衝決，衛奏其地正當潮、塔二河合流之處，不可復置，去東北一里許，有地高曠，請徙于彼。上命行在兵部遣人覆視為宜，遂從之。（《明宣宗實錄》卷五二，第1257頁）

癸酉，夜，有流星大如雞彈，色赤，尾跡有光，出織女。後有一小星隨之，東北行入天津。（《明宣宗實錄》卷五二，第1258頁）

四月

戊寅，陝西按察司僉事胡亨言："延安府綏德、膚施、延川、延長、宜川、清澗、甘泉、吳堡、米脂、安定、洛川、中部十二州縣，去歲春夏亢旱，及秋霜早，田皆無收，今當耕種之時，民多缺食，已令有司發廩賑之。"各具數上聞。（《明宣宗實錄》卷五三，第 1269 頁）

庚辰，陝西綏德州奏："去年旱災，州民艱食，及今尤甚，而上司賦役浩繁，如運糧運茶之類，民不堪命，乞稍寬之。"上覽奏，以示行在戶部尚書郭敦等曰："卿等寧不與朕同憂乎？恤民力，當如救焚，豈可以緩？運糧可酌量使之，運茶之類，一切停止。"（《明宣宗實錄》卷五三，第 1271 頁）

甲申，命遷伊王府山川壇于河南府城之東南。為（抱本、廣本、閣本"為"上有"初城壇在城南"）洛水所決，王請改建，乃令有司為改擇，候農隙為之。（《明宣宗實錄》卷五三，第 1272 頁）

辛卯，上以久旱無雨，遣太子太保成國公朱勇祭大、小青龍之神。……祭畢。大雨數日乃止。（《明宣宗實錄》卷五三，1278 頁）

辛卯，行在工部言："去年蘆溝河決，淤沒禾稼，壞南海子墻垣及慶豐諸閘，用工修築，久而未就，今請命廷臣往督之，庶幾早完。"（《明宣宗實錄》卷五三，第 1279 頁）

丙申，昏刻，熒惑犯右執法。（《明宣宗實錄》卷五三，第 1284 頁）

戊戌，昏刻，熒惑犯右執法。（《明宣宗實錄》卷五三，第 1285 頁）

庚子，夜，南京地震，曉刻復震。（《明宣宗實錄》卷五三，第 1286 頁）

癸卯，夜，有流星大如盃，色赤有光，起天市垣，西南行至陣車。（《明宣宗實錄》卷五三，第 1287 頁）

五月

丙午朔，昏刻，有流星大如雞彈，色赤（廣本作"青"），尾跡有光，出輦道，東北行入天津。（《明宣宗實錄》卷五四，第 1289 頁）

丁未，夜，有流星大如雞彈，色青白，尾跡有光，出北落師門旁，東南

行至雲中。（《明宣宗實錄》卷五四，第 1289 頁）

己酉，永清縣奏蝗蝻生。上問左右曰："永清有蝗，未知他縣何似？"錦衣衛指揮李順對曰："今四郊禾黍皆茂，獨聞永清偶有蝗耳。"上曰："蝗生必滋蔓，不可謂偶有。"命行在户部速遣人馳往督捕，若滋蔓，即馳驛來聞。（《明宣宗實錄》卷五四，第 1289 頁）

甲寅，行在工部奏："密雲中衛城垣頹壞，前奉勅軍衛有司相兼修築，今都指揮蔣貴催促民夫，用工甚急，緣雨水已隆，切恐速成，不能堅久。"上命罷役，俟秋成后用工。（《明宣宗實錄》卷五四，第 1292～1293 頁）

乙丑，福建福清縣民奏："縣之光賢里，官民田百餘頃，舊有隄六百餘丈，以陣（抱本、禮本作'障'）海水。因隄壞田荒，永樂中，縣民嘗奏請築堤，工部移文，令農隙用工，至今有司未曾興築，民不得耕。"上命行在工部責有司修築，因諭尚書吳中曰："陂地隄堰，民賴其利，外無賢守令舉其政。爾宜申飭郡縣，務及時修浚，慢令者罪之。"（《明宣宗實錄》卷五四，第 1299 頁）

壬申，是月，成安縣大雨，漳、滏二河溢，傷稼，免田租。（《國榷》卷二一，第 1371 頁）

大水。（同治《滑縣志》卷一一《祥異》）

六月

己卯，夜，有流星大如盃，色赤有光，起天廩，東北行至濁。（《明宣宗實錄》卷五五，第 1308 頁）

壬午，日生左右珥，色黃赤鮮明。（《明宣宗實錄》卷五五，第 1311 頁）

戊子，夜，月生五色雲鮮明。（《明宣宗實錄》卷五五，第 1314 頁）

乙未，昏刻，有流星大如鷄彈，色赤，尾跡有光，出營室，西南行入建星。（《明宣宗實錄》卷五五，第 1318 頁）

戊戌，昏刻，有流星大如鷄彈，色黃赤，尾跡有光，出紫微東蕃，北行入勾陳。（《明宣宗實錄》卷五五，第 1319 頁）

辛丑，昏刻，有流星大如鷄彈，色赤，尾跡有光，出北斗魁，南行入亢。五鼓，有流星大如鷄彈，色青（抱本作"赤"）白，有光，起參旗，東

行至濁。(《明宣宗實錄》卷五五，第 1324 頁)

癸卯，順天府通州、涿州、霸州，并東安、武清、良鄉三縣各奏蝗蝻生。命行在户部遣屬官，都察院遣御史同往督捕。(《明宣宗實錄》卷五五，第 1326 頁)

蝗。(乾隆《三河縣志》卷七《風物》)

順天州縣蝗。(《明史·五行志》，第 437 頁)

七月

丙午，順天府固安縣奏："縣南吳家口堤岸為水衝決三十餘步，恐傷苗稼，請用民修築。"從之。(《明宣宗實錄》卷五六，第 1327 頁)

己未，直隸河間府獻縣奏："本縣柳林口堤岸為水衝決，計一十丈有奇，水勢驟急，奔注漫散，長豐、榮鄉、三堤口等村，潛没軍民田苗，乞命河間衛及有司發軍民，協力修築。"從之。(《明宣宗實錄》卷五六，第 1335~1336 頁)

辛酉，夜，有流星大如雞彈，色黃（廣本作"青"）白，尾跡有光，出羽林軍，南行至濁。(《明宣宗實錄》卷五六，第 1337 頁)

乙丑，夜，月掩昴。(《明宣宗實錄》卷五六，第 1339 頁)

丙寅，昏刻，有流星大如盃，色青赤，起東北，流三丈（抱本作"尺"）餘，分為二星，後有一小星隨之，行至西北没。(《明宣宗實錄》卷五六，第 1339 頁)

丁卯，夜，有流星大如盃，色青白（廣本作"赤"），尾跡（廣本"跡"下有"有"字）光燭地，起輦道，西南行至斗。(《明宣宗實錄》卷五六，第 1339~1340 頁)

八月

乙未，昏刻，有流星大如雞彈，色青白，尾跡有光，出尾，東南行入羽林軍。(《明宣宗實錄》卷五七，第 1366 頁)

丙申，陝西臨洮衛儒學生員張敘言："國家設預備倉積粟，以防水旱，有益於民甚大。比典守者以粟給民，不以時徵還官，或侵盜為己用，甚至倉廒多為風雨摧敗，一遇饑饉，民無所仰。乞令有司查究原儲糧數及未還官者，徵收入倉，庶使國有蓄積，民無饑餒。"從之。（《明宣宗實錄》卷五七，第1367頁）

丁酉，夜，有流星大如雞彈，色青白，有光，起天苑，西南行至濁。（《明宣宗實錄》卷五七，第1367頁）

己亥，昏刻，有流星大如雞彈，色青白，尾跡有光，出五車，東北行至濁。（《明宣宗實錄》卷五七，第1368～1369頁）

庚子，昏刻，有流星大如雞彈，色赤，尾跡有光，出貫索，西行丈餘，光大如盃，入濁。（《明宣宗實錄》卷五七，第1369～1370頁）

九月

辛亥，夜，有流星大如雞彈，色赤有光，出紫微東蕃，西北行至北斗魁。（《明宣宗實錄》卷五八，第1378頁）

癸丑，夜，有流星大如雞彈，色赤有光，出南河，東南行至濁。（《明宣宗實錄》卷五八，第1380頁）

乙卯，山東布政司奏："東昌、濟南二府，高唐州并平原、夏津、陵三縣自春初至五月中不雨，田苗旱傷。"命行在户部遣人驗視蠲租。（《明宣宗實錄》卷五八，第1382～1383頁）

丙辰，昏刻，熒惑犯天江南第二星。（《明宣宗實錄》卷五八，第1383頁）

丁巳，山西萬泉縣丞王琦奏："萬泉山石之地，去年少雨，耕種無收，今春至夏亦旱，間種菽皆不長，民多艱食，稅糧無徵（廣本作'收'）。"上以奏示户部掌部事太子太師郭資，進曰："山西他郡縣未有奏旱饑者，當遣官察視。"上曰："旱澇之災，天用儆朕，有司所言，勿用致疑，即量免其租稅，仍令有司善撫恤之。"（《明宣宗實錄》卷五八，第1384頁）

己未，夜，有流星大如盃，色青白，光燭地，起北河，南行至東井。（《明宣宗實錄》卷五八，第1386頁）

甲子，夜，有流星大如盃，色青（廣本作"赤"）白，有光，起天倉，東南行至雲中。（《明宣宗實錄》卷五八，第1390頁）

丙寅，夜，有流星大如雞彈，色青白，尾跡有光，出參，東南行至狼星旁。（《明宣宗實錄》卷五八，第 1390 頁）

戊辰，昏刻，有流星大如雞彈，色青白，尾跡有光，出五車，西北行至雲中。（《明宣宗實錄》卷五八，第 1392 頁）

己巳，昏刻，有流星大如雞彈，色赤，尾跡有光，出南斗魁，後有小二（舊校改"小二"作"二小"）星隨之，東行至北（舊校改"東行至北"作"東北行至"）落師門旁。夜有流星，大如盃，色青（廣本作"赤"）白，尾跡有光，起北落師門旁，南行至濁。（《明宣宗實錄》卷五八，第 1392 頁）

癸酉，夜，有流星大如盃，色赤，光照地，起卷舌，西北行入華蓋。（《明宣宗實錄》卷五八，第 1393 頁）

大旱，傷稼。（民國《臨海縣志稿》卷四一《祥異》）

十月

甲戌朔，夜，有流星大如盃，色黃赤，有尾，光燭地，起五車，西北行至文昌。（《明宣宗實錄》卷五九，第 1395 頁）

乙亥，夜，有流星大如雞彈，色青白，尾跡有光，出牽牛，南行至濁。（《明宣宗實錄》卷五九，第 1395～1396 頁）

丙子，夜，有流星大如碗，色青白，光燭地，出外屏，西南行至羽林軍炸散。（《明宣宗實錄》卷五九，第 1397 頁）

戊寅，昏刻，有流星大如雞彈，尾跡有光，出北落師門旁，西行至雲中。（《明宣宗實錄》卷五九，第 1400 頁）

庚辰，五鼓，有流星大如碗，色青白，有光，出北斗杓，北行至濁。（《明宣宗實錄》卷五九，第 1401 頁）

戊子，夜，有流星大如盃，色青白，有光，起羽林軍，西南行至濁。又有流星大如盃，色赤有光，出文昌，西北行至濁。（《明宣宗實錄》卷五九，第 1406 頁）

丙申，夜，有流星大如雞彈，色青白，尾跡有光，出後星旁，東行至濁。（《明宣宗實錄》卷五九，第 1408 頁）

辛丑，夜，有流星大如雞彈，色青白，有光，出五車，西北行至濁。（《明宣宗實録》卷五九，第 1409 頁）

十一月

乙巳，夜，有流星大如雞彈，色青白，尾跡有光，出勾陳，北行至濁。（《明宣宗實録》卷五九，第 1410～1411 頁）

丁未，夜，有流星大如鷄彈，色赤，尾跡有光，出天棓，西北至濁。（《明宣宗實録》卷五九，第 1411 頁）

戊申，運糧指揮盧貞奏："率軍士漕運，因風浪壞船，滯留在途，今天氣已寒，乞於近河倉分收貯為便。"上謂行在户部曰："河冰將合，糧船難行，其已過武清者，令扵通州倉收，未至者，扵武清倉收。"（《明宣宗實録》卷五九，第 1413 頁）

庚午，南京地震。（《明宣宗實録》卷五九，第 1416 頁）

辛亥，夜，有流星大如雞彈，色青白，有光，出畢，東行至游氣。（《明宣宗實録》卷五九，第 1416 頁）

壬子，直隸廣平府成安縣奏："本縣四月、五月苦雨，漳、滏二河泛溢，渰没田苗一百二十八頃有奇。"上命行在户部覆視，免其秋租。（《明宣宗實録》卷五九，第 1417 頁）

甲寅，宣府總兵官都督譚廣奏："緣邊墩隘為雨所壞，今冬令難修，恐賊窺伺入寇，欲分緣邊諸衛神銃手之半與各衛，馬隊相燕分佈西陽河至龍門口諸屯堡，以備不虞。"從之。（《明宣宗實録》卷五九，第 1417 頁）

庚申，曉刻，月犯輿鬼。（《明宣宗實録》卷五九，第 1419 頁）

甲子，夜，有流星大如雞彈，色赤有光，出天園〔囷〕，南行至濁。月犯右執法。（《明宣宗實録》卷五九，第 1419～1420 頁）

丙寅，夜，月犯角。（《明宣宗實録》卷五九，第 1420 頁）

庚午，直隸大名府内黄縣奏："六、七月間，連雨不止，河水漫溢，渰没田苗一千九百三十八頃八十一畝。"上命行在户部蠲除田租。（《明宣宗實録》卷五九，第 1423 頁）

庚午，曉刻，月犯天江南星。（《明宣宗實録》卷五九，第 1423 頁）

十二月

乙亥，北京地震。（《明宣宗實録》卷六〇，第 1426 頁）

庚辰，南京地震。（《明宣宗實録》卷六〇，第 1428 頁）

壬午，夜，有流星大如鷄彈，色青白，有光，起弧矢，西南行至孫星。（《明宣宗實録》卷六〇，第 1429 頁）

乙未，行在兵部尚書張本奏：“前者總兵官都督譚廣言雨潦頹壞長城墩隘，請益兵修築，濬其壕塹，有旨令臣計議。臣以爲修築長城，工役繁重，況宣府猶是内地，若開平孤懸，則將何以保障？宜令廣按行閱視，果係要害關口，則修築之，毋興大役，疲勞人力。”從之。（《明宣宗實録》卷六〇，第 1438 頁）

辛丑，夜五更，南方有星如盞大，赤色，有光，起平星，西南行至軫宿，尾跡炸散。（《明宣宗實録》卷六〇，第 1440 頁）

己丑，蠲永平水災，逋租。（光緒《樂亭縣志》卷三《紀事》）

是年

旱，民饑，詔免田租。（康熙《常州府志》卷三《祥異》）

旱，民飢。（光緒《靖江縣志》卷八《祲祥》）

歲旱甚，衆艱於食。（乾隆《江津縣志》卷一三《藝文》）

歲大熟，麥一莖三穗至五穗。不種而稆生者，亦皆茂密異常，蓋雨暘順序，協氣所致耳。（嘉靖《蘭陽縣志》卷九《異聞》）

蝗。（民國《順義縣志》卷一六《雜事記》）

宣德五年（庚戌，一四三〇）

正月

己酉，大雪，時猶沍寒，天久不雨，是日雪。（《明宣宗實録》卷六一，

第 1445 頁）

辛亥，昏刻，月犯五車。（《明宣宗實録》卷六一，第 1445 頁）

壬子，南京地震。（《明宣宗實録》卷六一，第 1445 頁）

丙辰，日生左右珥，色黄赤鮮明。（《明宣宗實録》卷六一，第 1448 頁）

己未，日上生背氣一道，色青赤鮮明。（《明宣宗實録》卷六一，第 1450 頁）

庚申，南京地震。（《明宣宗實録》卷六一，第 1451 頁）

癸亥，日生暈，隨生交暈，皆黄赤鮮明。（《明宣宗實録》卷六一，第 1459 頁）

庚午，夜，有流星大如雞彈，色青白，有光，起天廟，西南（廣本作"北"）行至濁。（《明宣宗實録》卷六二，第 1474 頁）

壬子，南京地震，辛酉又震。（同治《上江兩縣志》卷二下《大事下》；光緒《金陵通紀》卷一〇上；民國《首都志》卷一六《大事表》）

二月

丁丑，昏刻，有流星大如雞彈，色赤，尾跡有光，出星宿，東南行至濁。（《明宣宗實録》卷六三，第 1477 頁）

戊寅，夜，有流星大如盃，色赤有光，起紫微東蕃内，東北行至濁。（《明宣宗實録》卷六三，第 1478 頁）

戊子，夜，月犯角南星，月在下。（《明宣宗實録》卷六三，第 1485 頁）

辛卯，夜，月犯房（廣本"房"下有"宿"字）。（《明宣宗實録》卷六三，第 1487 頁）

甲午，日生交暈，隨生戟氣，皆黄赤鮮明。（《明宣宗實録》卷六三，第 1492 頁）

乙未，勅豐城侯李賢、都督張麟、尚書張本、都御史顧佐守京城。時春深，雨澤久闕，及命下，密雲布雪彌厚而廣，周徧遠邇，翌日乃霽。（《明宣宗實録》卷六三，第 1493～1494 頁）

丁酉，車駕還營，命禮部凡陵旁民家皆賜鈔八十錠。是夕小雨，中夜乃止，土膏潤暢，人皆以為和氣之應。（《明宣宗實錄》卷六三，第1496頁）

丁酉，昏刻，太白犯昴西南大星，太白在下。（《明宣宗實錄》卷六三，第1496頁）

三月

辛丑朔，駐蹕陵下，是日雨。（《明宣宗實錄》卷六四，第1499頁）

辛亥，夜，有流旦（疑當作"星"）大如雞彈，色赤有光，起天門，西南行至雲中。（《明宣宗實錄》卷六四，第1508頁）

癸丑，昏刻，有流星大如碗（廣本作"杯"），色赤，光燭地，起西方雲中，西行至濁。（《明宣宗實錄》卷六四，第1508頁）

丙辰，免山西平陽府一十九州縣去歲旱雹所傷官民田三萬九千九百八十四頃五十四畝，其應納稅糧三十二萬二百五十九石。（《明宣宗實錄》卷六四，第1510頁）

丙寅，太白晝見。（《明宣宗實錄》卷六四，第1520頁）

四月

癸酉，昏刻，月犯五車。（《明宣宗實錄》卷六五，第1529頁）

丙子，行在戶部奏："山西平陽府吉州、臨汾等一十州縣春憂亢旱，秋早霜，民田地五萬二千九百三頃九十七畝皆無赦（舊校改'赦'作'收'），請免其應徵秋糧三十四萬一千八百八十九石有奇。"又奏："近客商有告中納淮浙鹽糧者，其所納粟米，多雜以穀，若欲全收細米，誠為艱難，宜令每石加米二斗，以來商賈。"俱從之。（《明宣宗實錄》卷六五，第1531～1532頁）

己卯，昏刻，月犯軒轅。（《明宣宗實錄》卷六五，第1535頁）

庚辰，山東布政司奏："濟南府高唐等州縣去年旱，田禾無收，民多飢窘。"上命行在戶部遣官馳往，發本處倉糧賑之。（《明宣宗實錄》卷六五，第1535頁）

庚辰，日生左右珥，色黃赤，隨生白虹，貫兩珥。（《明宣宗實錄》卷六五，第 1535 頁）

甲申，夜，有流星大如盃，色青白，有光，出東南雲中，東南行至濁。（《明宣宗實錄》卷六五，第 1539 頁）

甲午，易州奏蝗蝻生。（《明宣宗實錄》卷六五，第 1542 頁）

己亥，直隷保定府滿城等縣奏蝗生。上命行在戶部遣人往捕，必盡絕乃已。（《明宣宗實錄》卷六五，第 1547 頁）

五月

壬寅，夜，有流星大如雞彈，色赤，尾跡有光，起軒轅，西北行至濁。（《明宣宗實錄》卷六六，第 1551 頁）

癸卯，總兵官平江伯陳瑄言："淮安西湖河岸，乃牽挽舟舡往來通路，比因風浪衝激，岸多崩塌，椿木不存。淮安府滿浦五壩閒廢已久，其官吏壩夫俱無差役，乞令守視西湖，隄岸遇有損壞，就令修治。"從之。（《明宣宗實錄》卷六六，第 1552 頁）

癸丑，夜，月掩房。（《明宣宗實錄》卷六六，第 1557 頁）

丙辰，夜，月犯斗。（《明宣宗實錄》卷六六，第 1562 頁）

甲子，日生抱氣，色青赤鮮明。（《明宣宗實錄》卷六六，第 1566 頁）

丁卯，夜，有流星大如雞子（抱本、禮本作"彈"），色青白，尾踪（舊校改"踪"作"跡"）有光，起紫微垣內，西北行至近濁。（《明宣宗實錄》卷六六，第 1567 頁）

戊辰，昏刻，有流星大如雞彈，色青白，有光，起軒轅，西南行至游氣。（《明宣宗實錄》卷六六，第 1569 頁）

旬有五日，甲子，赫日當空停。午，大雨自西北來如注，平地深尺餘。（道光《吉水縣志》卷三一《記》）

六月

壬申，夜，有流星大如雞彈，色青白，尾跡有光，出七公，西北行入紫

微西蕃。(《明宣宗實錄》卷六七，第 1574 頁)

癸酉，夜，有流星大如雞彈，色青白，有光，起閣道，西北行至文昌。(《明宣宗實錄》卷六七，第 1575 頁)

己卯，永平衛、興州左屯衛及直隸河間府靜海縣各奏蝗蝻生。尚書郭敦言："比已遣官往捕。"上曰："遣官之際，亦湏戒飭，頗聞往年朝廷遣人督捕蝗者，貪酷害人，不減于蝗，卿等湏知此斃。"是日晚，出《御制捕蝗詩》示敦等曰："蝗之為患，此詩備矣。卿遣人往捕，當如救焚拯溺，不可緩也。"(《明宣宗實錄》卷六七，第 1577～1578 頁)

乙酉，曉刻，月犯十二國秦星。(《明宣宗實錄》卷六七，第 1582 頁)

庚寅，日下生承氣一道。酉刻，又生右珥，皆黃赤鮮明。(《明宣宗實錄》卷六七，第 1586 頁)

乙未，日生左右珥，色黃赤鮮明。(《明宣宗實錄》卷六七，第 1588 頁)

戊戌，日生暈，色青赤。(《明宣宗實錄》卷六七，第 1589 頁)

近畿蝗。(光緒《順天府志》卷六九《祥異》)

蝗。(光緒《寧津縣志》卷一一《祥異》)

夏秋皆旱，自六月不雨至於八月。(同治《續修東湖縣志》卷二《天文》)

夏秋旱，自六月不雨至於八月。(同治《長陽縣志》卷七《災祥》)

七月

己亥朔，夜，有流星大如盃，色赤有光，起天市垣內，西南行，止(抱本、廣本、閣本作"至")房散。(《明宣宗實錄》卷六八，第 1591 頁)

乙巳，太白晝見。(《明宣宗實錄》卷六八，第 1594 頁)

丙午，夜，有流星大如盃(廣本作"碗")，色赤，光燭地，起七公，西南行至濁。(《明宣宗實錄》卷六八，第 1595 頁)

丁未，日生左(廣本作"右")珥，色黃赤鮮明。(《明宣宗實錄》卷六八，第 1596 頁)

戊申，日生暈，色黃赤鮮明。昏刻，月犯房南第二星，月在下。(《明宣宗實錄》卷六八，第 1597 頁)

庚戌，昏刻，月犯箕西（廣本無"西"字）北星，月在上。（《明宣宗實録》卷六八，第 1598 頁）

癸亥，昏刻，有流星大如鷄彈，色赤，尾跡有光，起閣道，西北行至内階。（《明宣宗實録》卷六八，第 1607 頁）

甲子，夜，有流星大如盃，色赤有光，起卷舌，東南行至天節。（《明宣宗實録》卷六八，第 1608 頁）

乙丑，五鼓，有流星大如鷄彈，色青白，尾跡有光，出正南雲中，南行至雲中。（《明宣宗實録》卷六八，第 1608~1609 頁）

大霖雨，河溢没田，蠲租税。行在户部奏："大名境内連年水旱，田糧無徵，乞蠲免。"從之。（咸豐《大名府志》卷四《年紀》）

南陽山水泛漲，衝決堤岸，漂流人畜廬舍。（光緒《南陽縣志》卷一二《祥異》）

望，海溢。（嘉靖《象山縣志》卷一三《雜志》）

八月

己巳朔，日當食，陰雨不見。（《明宣宗實録》卷六九，第 1615 頁）

己巳朔，夜，有流星大如盃，色青白，尾跡有光，出營室，南行至羽林軍。（《明宣宗實録》卷六九，第 1615 頁）

戊寅，昏刻，有流星大如盃，色青白，尾跡有光，出羽林軍，東南行至濁。（《明宣宗實録》卷六九，第 1618 頁）

己卯，夜，有流星大如盃，色赤，尾跡有光，出壘璧〔壁〕陣，東南行至濁。（《明宣宗實録》卷六九，第 1618~1619 頁）

庚辰，昏刻，有流星大如盃，色青白，有光，起須女，東南行至游氣。（《明宣宗實録》卷六九，第 1619 頁）

癸未，夜，月食。（《明宣宗實録》卷六九，第 1621 頁）

甲申，昏刻，有流星大如鷄彈，色青白，有光，起危，東南行至游氣。客星見南河東北，尺餘，色青黑。（《明宣宗實録》卷六九，第 1621~1622 頁）

乙酉，夜，有流星大如盃，色青白，光燭地，起天津，後有三小星隨之，西北行至游氣炸散。（《明宣宗實錄》卷六九，第 1622 頁）

己丑，夜，月犯五車。（《明宣宗實錄》卷六九，第 1625 頁）

庚寅，日生右珥，色青赤鮮明，夜，客星見南河旁，如彈丸大，色青黑，凡二十有六日滅。（《明宣宗實錄》卷六九，第 1626 頁）

癸巳，夜，有流星大如盃，色赤，光燭地，起梗河，西北行至濁。（《明宣宗實錄》卷六九，第 1628 頁）

丙申，夜，有流星大如盃，色赤，光燭地，起梗河，西北行至濁。（《明宣宗實錄》卷六九，第 1632 頁）

丙申，夜，有流星大如鷄彈，色赤有光，出天困，西南行至濁。（《明宣宗實錄》卷六九，第 1633 頁）

丁酉，日上生背氣一道，色青赤鮮明。（《明宣宗實錄》卷六九，第 1633 頁）

九月

己亥朔，免直隸永平、河間、廣平三府所屬州縣及河南開封府屬縣民人去年水災田地三千三百四十五頃五十餘畝，應納稅糧一萬七千四十五石有奇，穀草九萬八千三百二十餘束。（《明宣宗實錄》卷七〇，第 1635 頁）

壬寅，大名府奏："濬縣蟲蝻生。"命即督民捕瘞，毋緩。（《明宣宗實錄》卷七〇，第 1637 頁）

壬寅，免山西絳州稷山縣夏稅。時稷山縣奏："宣德三年春旱，宿麥不收，所逋夏稅未納。今民艱食，上司徵稅峻急，乞賜矜憫。"上命行在戶部除其稅。（《明宣宗實錄》卷七〇，第 1637～1638 頁）

癸卯，夜，有流星大如鷄彈，色青白，有光，起五車，東行至濁。（《明宣宗實錄》卷七〇，第 1638 頁）

甲辰，昏刻，有流星大如鷄彈，色赤（廣本"赤"作"青白"）有光，出紫微東蕃，西北（廣本作"南"）行至天桮。（《明宣宗實錄》卷七〇，第 1638 頁）

乙巳，夜，有流星大如盃，色青（廣本作"赤"）白，尾跡有光，起北斗魁，東北行至游氣。（《明宣宗實錄》卷七〇，第 1639 頁）

丙午，巡撫侍郎成均奏："蘇、松、嘉、湖等府春夏雨澤調均，至六月，禾皆茂盛，秋成有望。"上謂侍臣曰："朕所憂者，四方旱澇，況蘇、松諸郡，國用所資，今其地雨澤及時，良快朕心，但未知他處何如耳。"（《明宣宗實錄》卷七〇，第 1641 頁）

丙午，夜，有流星大如鷄彈，色赤，尾跡有光，出參旗，南行至濁。（《明宣宗實錄》卷七〇，第 1641 頁）

丁未，夜，有流星大如盃，色赤，光燭地，起女牀，西北行至雲中炸散。又有流星大如鷄彈，色青白，有光，出昴，南行至雲中。曉刻，太白犯軒轅左角星。（《明宣宗實錄》卷七〇，第 1641～1642 頁）

戊申，直隸真定府隆平縣奏："七月雨潦，傷下田禾稼。"（《明宣宗實錄》卷七〇，第 1643 頁）

戊申，昏刻，有流星大如鷄彈，色青白，尾跡有光，出外屏，南行至濁。月犯壘壁陣西第二星，月在下。五鼓，有流星大如鷄彈，色赤，尾跡有光，出北斗魁東，北行至近濁。（《明宣宗實錄》卷七〇，第 1643～1644 頁）

庚戌，免山西汾西縣夏稅。時縣奏："宣德三年，歷夏少雨，秋初早霜，麥禾皆無收，今秋糧已免徵，而夏稅難辦。"上命行在戶部併免之。（《明宣宗實錄》卷七〇，第 1645 頁）

壬子，直隸鉅鹿縣奏："六月苦雨，漳河泛溢，衝決堤堰，瀕河低田皆被災。"上命行在戶部臣曰："凡被災傷處，皆覆勘除其租。"（《明宣宗實錄》卷七〇，第 1648 頁）

乙卯，夜，有流星大如鷄彈，色青白，有光，起勾陳，東北行入雲中。（《明宣宗實錄》卷七〇，第 1650 頁）

戊午，夜，有流星大如鷄彈，色赤，尾跡有光，出參，西南行至（廣本作"入"）雲中。（《明宣宗實錄》卷七〇，第 1650 頁）

庚申，夜，有流星大如盃，色青白，光燭地，起天苑，西南行至濁。

（《明宣宗實錄》卷七〇，第 1651 頁）

癸亥，直隸冀州奏："本州及所屬新河縣，今年八月久雨不止，河水漲溢，潪没民田八十二頃有奇。"山西應州奏："八月，嚴霜殺穀，顆粒無收。"命行在户部悉免其租。（《明宣宗實錄》卷七〇，第 1651～1652 頁）

乙丑，曉刻，熒惑犯靈臺中星。（《明宣宗實錄》卷七〇，第 1653 頁）

望，海溢。（乾隆《象山縣志》卷一二《機祥》）

十月

己巳，免直隸鎮江府金壇縣民宣德三年水災官民田租一萬六千九百五十六石有奇，馬草一萬九百二十四包。（《明宣宗實錄》卷七一，第 1655 頁）

辛未，免直隸鎮江府丹徒縣民淪没大江田一十頃六十畝税糧。（《明宣宗實錄》卷七一，第 1658 頁）

辛未，日上生背氣一道，色青赤鮮明。（《明宣宗實錄》卷七一，第 1659 頁）

壬申，夜，有流星大如碗，色青赤，光燭地，起中台，東北行至北斗魁散。（《明宣宗實錄》卷七一，第 1659～1660 頁）

癸酉，曉刻，熒惑犯上將。（《明宣宗實錄》卷七一，第 1663 頁）

甲戌，日生左右珥，色青赤鮮明。（《明宣宗實錄》卷七一，第 1664 頁）

乙亥，巡按直隸監察御史白圭奏："徐州、碭山、豐市三縣六、七月以來，雨潦為患，弈没田稼。"（《明宣宗實錄》卷七一，第 1664 頁）

丙子，昏刻，月犯壘壁陣西第五星。五鼓，有流星大如碗，色赤，光燭地，起郎將，東南行至五諸侯炸散。（《明宣宗實錄》卷七一，第 1666 頁）

戊寅，夜，有流星大如雞彈，色赤，尾跡有光，出狼星旁，西南行至濁。（《明宣宗實錄》卷七一，第 1667 頁）

庚寅，夜，有流星大如盃，色青白，光燭地，出墳墓，西行至濁炸散。（《明宣宗實錄》卷七一，第 1670 頁）

壬辰，夜，五鼓，有流星大如雞彈，色青白，尾跡有光，出北河，北行入雲中。（《明宣宗實錄》卷七一，第 1670 頁）

癸巳，河南南陽府奏："七月初旬，驟雨連日，山水泛漲，衝決河岸，漂流人畜廬舍，潗没農田，粟穀豆皆以無收。"命行在户部優恤。（《明宣宗實録》卷七一，第 1670～1671 頁）

甲午，夜，有流星大如雞彈，色青白，尾跡有光，出土司空房，南行至濁。又有流星大如盃，色赤，尾跡有光，起奎，西北行至營室。（《明宣宗實録》卷七一，第 1672 頁）

乙未，直隸廣平府成安縣及大名府内黄縣奏："六、七月天雨連綿，河水漲（抱本作'泛'）溢，潗没官民田地，苗（廣本作'禾'）稼無收。"上命行在户部蠲其田税（廣本作"租"）。（《明宣宗實録》卷七一，第 1672 頁）

丙申，夜，有蓬星，色白如粉絮，見外屏南，漸東南行，經天倉、天庾北，八日始減。（《明宣宗實録》卷七一，第 1673 頁）

（帝巡邊）時久不雪，車駕還京師，大雪盈尺，因作詩志喜。（《罪惟録·帝紀五》）

杭州饑。《實録》：本府奏，五月至今水旱傷稼。（康熙《仁和縣志》卷二五《祥異》）

十一月

己亥，曉刻，熒惑犯左執法。（《明宣宗實録》卷七二，第 1676 頁）

庚子，夜，有流星大如盃，色赤，光燭地，起參旗，西南行至天苑。（《明宣宗實録》卷七二，第 1677～1678 頁）

辛丑，昏刻，有流星大如盃，色赤，光燭地，出壘壁陣，西行至濁。五鼓，有流星大如雞彈，色赤，尾跡有光，出軫，東南行入（廣本作"至"）雲中。（《明宣宗實録》卷七二，第 1678 頁）

甲辰，昏刻，有流星大如雞彈，色赤有光，出行道，西北行入雲中。又有流星大如鷄彈，色青白，有光，出天囷，南行入雲中。又有流星大如雞彈，色青，有光，起昴，西行至天囷。（《明宣宗實録》卷七二，第 1679～1680 頁）

乙巳，南京地震。（《明宣宗實録》卷七二，第 1680 頁）

戊申，夜，有流星大如碗，色赤，光燭地，出文昌，西北行入紫微垣內散。又有流星大如雞彈，色青白，尾跡有光，起天社，東南行至濁。（《明宣宗實錄》卷七二，第 1680～1681 頁）

庚戌，曉刻，有流星大如盃，色青白，有光，起星宿，西南行至游氣。（《明宣宗實錄》卷七二，第 1682 頁）

庚申，巡按浙江監察御史杜時奏：“會稽、餘姚二縣夏秋旱，田苗（廣本、抱本作‘禾’）無收，民人饑困。”（《明宣宗實錄》卷七二，第 1693 頁）

庚申，曉刻，太白犯鍵閉。（《明宣宗實錄》卷七二，第 1694 頁）

壬戌，曉刻，太白犯鍵閉。（《明宣宗實錄》卷七二，第 1694 頁）

丙寅，曉刻，熒惑犯進賢。（《明宣宗實錄》卷七二，第 1696 頁）

十二月

丁卯朔，日生左右珥，色黃赤鮮明。（《明宣宗實錄》卷七三，第 1697 頁）

戊辰，昏刻，有流星大如盃，色青赤，光燭地，起離宮，西北行至右旗散。（《明宣宗實錄》卷七三，第 1697 頁）

戊辰，夜，有流星大如斗，色赤，光燭地，出畢，東北行至濁。（《明宣宗實錄》卷七三，第 1697 頁）

辛未，昏刻，月犯壘壁陣。（《明宣宗實錄》卷七三，第 1697 頁）

乙亥，夜，南京地震。（《明宣宗實錄》卷七三，第 1698 頁）

庚辰，先夕，大雪。是日，早朝罷，上示羣臣喜雪之詩，復賜賞雪宴。蓋久未雪，至是大雪盈尺。上喜而成詩，群臣遂進和章。（《明宣宗實錄》卷七三，第 1699 頁）

甲（申），日生左右珥，色黃赤，及上生冠氣抱氣，隨生背氣，色清〔青〕赤，皆鮮明。（《明宣宗實錄》卷七三，第 1703 頁）

甲（申），夜，月犯軒轅大星，有流星大如雞彈，色赤有光，出參，南行至濁。（《明宣宗實錄》卷七三，第 1703 頁）

乙酉，直隸保定府定興縣奏：“連年蝗潦，田穀不收，徭役頻煩，人民逃竄，今已招復業者六百八十五戶，未復者二百七十五（抱本作‘餘’）

户，鹽糧馬草皆未輸納，乞與蠲除。"從之。（《明宣宗實錄》卷七三，第1706頁）

乙酉，日生背氣一道，色青赤鮮明。（《明宣宗實錄》卷七三，第1706頁）

丙戌，山西和順縣知縣宋杰奏："縣在太行山中，土瘠石頑，風氣寒早，不宜二麥，桑、棗、粟、穀、蕎、麦累被霜隕，連歲無收，人民乏食，逃徙他所。逋負宣德二年税糧，請循恤民事例，每糧一石折收鈔五十貫，或小綿布三匹，運納直隸平定州守禦千户所，及本縣官庫收貯，折支官吏俸。"從之。（《明宣宗實錄》卷七三，第1708頁）

丁亥，昏刻，有舍譽星見，如彈丸大，色黄白，光潤。彗見九游旁，凡旬有五日滅。（《明宣宗實錄》卷七三，第1710~1711頁）

乙丑，夜，北京地震。（《明宣宗實錄》卷七三，第1712頁）

壬辰，曉刻，月掩（廣本作"犯"）心宿。（《明宣宗實錄》卷七三，第1715頁）

丙申，夜，有流星大如鷄彈，色赤，尾跡有光，出翼，東南行至濁。（《明宣宗實錄》卷七三，第1717頁）

己卯，大雪盈尺。（《國榷》卷二一，第1405頁）

閏十二月

丁酉朔，夜，有流星大如鷄弹，色青白，尾跡有光，出軫，東南行入庫樓。曉刻，辰星犯建星。（《明宣宗實錄》卷七四，第1719頁）

戊戌，昏刻，有流星大如鷄弹，色赤有光，出東南雲中，東行至濁。（《明宣宗實錄》卷七四，第1719頁）

戊戌，五鼓，有流星大如鷄弹，色青白，有光，出狼星旁，南行入雲中。（《明宣宗實錄》卷七四，第1719頁）

戊戌，曉刻，辰星犯建西第三星。（《明宣宗實錄》卷七四，第1719~1720頁）

庚子，夜，有流星大如鷄弹，色赤有光，出參旗，南行至濁。（《明宣宗實錄》卷七四，第1720頁）

甲辰，夜，有流星大如碗，色赤，光燭地，起軒轅，西南行至柳。（《明宣宗實錄》卷七四，第1722頁）

乙巳，日生左右珥，色黃赤，又上生背氣一道，色青赤鮮明。（《明宣宗實錄》卷七四，第1722頁）

丙午，昏刻，月犯五車。五鼓，有流星大如鷄彈，色赤，尾跡有光，出文昌，西北行至濁。（《明宣宗實錄》卷七四，第1723頁）

甲寅，夜，有流星大如鷄彈，色青白，有光，起天廟，東北行至濁。（《明宣宗實錄》卷七四，第1726~1727頁）

戊午，夜，北方生蒼白雲二道，長三丈餘，時有流星大如碗，色青白，尾跡有光，出太微西垣，西南行至濁。（《明宣宗實錄》卷七四，第1728頁）

己未，夜，有流星大如盃，色赤，尾跡有光，起奎，東北行至遊氣。（《明宣宗實錄》卷七四，第1729頁）

辛酉，夜，有流星大如鷄彈，色青白，尾跡有光，出軫，南行至濁。（《明宣宗實錄》卷七四，第1731頁）

乙丑，五鼓，有流星大如碗，色青白，尾跡有光，出文昌，西北行至濁。（《明宣宗實錄》卷七四，第1732頁）

是年

大水。（乾隆《吳江縣志》卷四〇《災變》；乾隆《震澤縣志》卷二七《災祥》；同治《湖州府志》卷四四《祥異》；光緒《歸安縣志》卷二七《祥異》；光緒《烏程縣志》卷二七《祥異》）

夏，旱，郡守況金重迎象至北禪寺致禱，越二日雨。（民國《吳縣志》卷三六上《寺觀》）

蝗。（天啟《鳳陽新書》卷四《星土》；民國《順義縣志》卷一六《雜事記》）

會稽、餘姚旱，遣官馳傳賑濟。（雍正《浙江通志》卷七五《蠲恤》）

江水汎溢。（嘉慶《無爲州志》卷四《廟寺》）

蝗，大傷禾。（康熙《靈壁縣志略》卷一《祥異》）

蟲，命有司督捕。（咸豐《大名府志》卷四《年紀》）

旱。（乾隆《遂寧縣志》卷一二《雜記》；民國《潼南縣志》卷六《祥異》）

宣德六年（辛亥，一四三一）

正月

戊辰，夜，有流星大如盃，色青白，光燭地，起玉井，後有二小星隨之，西南行至天囷。五鼓，有流星大如雞彈，色青白，尾跡有光，出天弁，東南行至濁。（《明宣宗實錄》卷七五，第1735頁）

庚午，夜，五鼓，有流星大如雞彈，色赤有光，出天槍〔倉〕，西北行至濁。（《明宣宗實錄》卷七五，第1736頁）

戊寅，昏刻，有流星大如雞彈，色赤，尾跡有光，起閣道，後有一小星隨之，西南行至奎。（《明宣宗實錄》卷七五，第1737頁）

庚辰，巡按直隸監察御史鄧棨奏：“鎮江府丹徒縣常奏，縣民所種官田、蘆場、草灘六十餘頃，皆臨大江，為潮水衝決入江，今稅糧仍舊徵納，臣奉命覆勘，如縣所奏。”上命行在戶部即除之。（《明宣宗實錄》卷七五，第1738～1739頁）

庚辰，卯刻，大雷電雨。（《明宣宗實錄》卷七五，第1740頁）

戊子，夜，有流星大如雞彈，色赤有光，出文昌，北行入雲中。五鼓，有流星大如盃，色赤有光，起軫，後有三小星隨之，東南行至庫樓炸散。（《明宣宗實錄》卷七五，第1743～1744頁）

己丑，夜，月犯南斗。（《明宣宗實錄》卷七五，第1744頁）

壬辰，南京工部奏：“江東門外瀟陽中護衛倉無糧收貯，存空屋一百七間，去江僅二十丈，江水泛漲，皆將淪陷，而烏龍潭諸衛倉缺料修理，乞拆其材用之。”從之。（《明宣宗實錄》卷七五，第1747頁）

二月

癸卯，昏刻，月犯五諸侯第五星。（《明宣宗實錄》卷七六，第 1765 頁）

丙午，昏刻，月掩軒轅大星。（《明宣宗實錄》卷七六，第 1765 頁）

辛亥，五鼓，有流星大如雞彈，色赤有光，出虛，東南行至濁。（《明宣宗實錄》卷七六，第 1768 頁）

壬子，昏刻，西方生蒼白雲二道，南北竟（廣本作"經"）天。（《明宣宗實錄》卷七六，第 1769 頁）

癸丑，昏刻，有流星大如雞彈，色赤（廣本作"青"）有光，出北斗魁，東南行入軫。（《明宣宗實錄》卷七六，第 1769 頁）

甲寅，順天府尹李庸奏："永樂中，渾河決新城縣之高，從周口衝激泥沙，遂已淤塞霸州桑園里、牛家莊、張貴莊約四里餘，每年水漲，無所通泄，湧漫倒流，北灌海子凹、牛闌佃等處，其地不得耕種，今雨未降，請量起民丁預修理。"從之。（《明宣宗實錄》卷七六，第 1770~1771 頁）

甲寅，日生暈，後又生交暈，重半暈璚氣，色黃赤，皆鮮明。（《明宣宗實錄》卷七六，第 1771 頁）

乙卯，夜，有流星大如盃，色青白，尾跡有光，起天津，東行至濁。（《明宣宗實錄》卷七六，第 1771 頁）

戊午，巡視侍郎于謙言："河南逃徙之民，朝廷雖招撫復業，未有生計，開封等府夏秋水溢，田多潫没，今年秋糧多運北京，恐致失誤，請于衛輝、彰德置倉收貯。"上命行在戶部臣曰："河南之民，新復業者今年糧令一半折收布絹，以甦民力。"（《明宣宗實錄》卷七六，第 1772 頁）

癸亥，夜，有流星大如雞彈，色青白，尾跡有光，起閣道，西北行至濁。（《明宣宗實錄》卷七六，1779 頁）

甲午，安福大雷雨，白泉陂羊塘地陷二：一深三尺，廣十餘丈；一深六尺，廣一丈有奇。（光緒《吉安府志》卷五三《祥異》）

三月

乙丑朔，昏刻，熒惑犯亢南第二星。（《明宣宗實錄》卷七七，第 1781 頁）

丙寅，夜，有流星大如雞彈，色青白，有光，出五帝内座，西南行至雲中。（《明宣宗實録》卷七七，第 1783 頁）

戊辰，巡撫侍郎周忱言："松江府華亭、上海二縣，其東瀕海，地高，止産黄豆，得雨有收。其西近湖，地低，堪種禾稻，宜雨少。洪武間，秋粮折收綿布；永樂間，俱令納米。"（《明宣宗實録》卷七七，第 1785 頁）

壬申，上以時雨初降，四郊霑足，召少傅楊士奇、楊榮至文華殿，諭之曰："農務正殷，而雨澤久闕，朕夙夜在慮，夜來此雨，殊快朕意。"士奇等對曰："聖心惓惓，天必鑒格。"（《明宣宗實録》卷七七，第 1787 頁）

壬申，夜，有流星大如盃，色青白，光燭地，起文昌，西北行至游氣。（《明宣宗實録》卷七七，第 1787 頁）

辛巳，日生背氣一道，色青赤鮮明。（《明宣宗實録》卷七七，第 1797 頁）

壬午，昏刻，有流星大如碗，色青白，有光，起東北雲中，東行至濁。五鼓，有流星大如碗，色赤，光燭地，出牽牛，南行入雲中。（《明宣宗實録》卷七七，第 1797 頁）

甲申，夜，有流星大如盃，色赤，尾跡有光，出軫，南行至濁。（《明宣宗實録》卷七七，第 1797 頁）

乙酉，夜，有流星大如盃（廣本作"碗"），色赤有光，起壁，東北行至蜀。（《明宣宗實録》卷七七，第 1797 ~ 1798 頁）

己丑，昏刻，有流星大如雞彈，色赤有光，出柳，西行至南河。（《明宣宗實録》卷七七，第 1799 頁）

庚寅，夜，有流星大如雞彈，色赤有光，起文昌，西北行至濁。（《明宣宗實録》卷七七，第 1800 頁）

壬辰，夜，有流星大如盃，色赤，光燭地，起軫，西行至游氣炸散。（《明宣宗實録》卷七七，第 1801 頁）

四月

丙申，夜，有流星大如盃，色赤有光，出軫，南行至濁。（《明宣宗實

錄》卷七八，第 1804 頁）

戊戌，昏刻，彗出東井，芒角蓬勃，長五尺餘。（《明宣宗實錄》卷七八，第 1804 頁）

壬寅，夜，有流星大如雞彈，色青白，尾跡有光，出貫索，西北行至左攝提。（《明宣宗實錄》卷七八，第 1805 頁）

甲辰，山西太原府代州奏："五臺縣去歲旱，田穀不收，今民皆缺食，乞以本府沙河等驛倉粮賑濟。"從之。（《明宣宗實錄》卷七八，第 1805 頁）

戊申，夜，月掩房。（《明宣宗實錄》卷七八，第 1810 頁）

丙辰，夜，有流星大如雞彈，色青白，有光，起房，西南行至濁。（《明宣宗實錄》卷七八，第 1814 頁）

庚申，直隸碭山縣奏："去歲七月，久雨不止，低田禾稼皆渰没。"（《明宣宗實錄》卷七八，第 1817 頁）

癸亥，山西布政司奏："平陽府蒲、吉二州及永和、榮〔滎〕河、猗氏、臨晉、太平、稷山、萬泉、河津、襄陵九縣，自春至今無雨，妨于播種。"命行在戶部遣官覆視以聞。（《明宣宗實錄》卷七八，第 1819 頁）

大水，廬舍、學宮漂没。（康熙《隴州志》卷八《祥異》）

水漲，漂流民居。（民國《南平縣志》卷二《大事》）

五月

甲子朔，夜，有流星大如盃，色赤，光燭地，起墳墓，東北行至霹靂。（《明宣宗實錄》卷七九，第 1821 頁）

壬申，順天府奏："霸州保定縣地低窪，邊臨渾河，往者河岸缺壞，皆是保定、文安、大成諸縣民夫同軍衛修築。今河水衝決，岸漸薄，且有坍塌之處，若水溢決潰，必傷田苗。請如舊集眾預修，庶幾有備無患。"從之。（《明宣宗實錄》卷七九，第 1833 頁）

丙子，夜，有流星大如碗，色青白，光燭地，起天弁，西北行至濁。（《明宣宗實錄》卷七九，第 1834 頁）

丁亥，夜，有流星大如盃，色青白，有尾，光燭地，出文昌，東北行至

濁。（《明宣宗實錄》卷七九，第 1841～1842 頁）

戊子，夜，月犯昴。（《明宣宗實錄》卷七九，第 1844 頁）

己丑，昏刻，有流星大如雞彈，色赤有光，出天弁，東南行入雲中。五鼓，有流星大如雞彈，色青白，有光，出畢，東行入雲中。（《明宣宗實錄》卷七九，第 1845 頁）

辛卯，日下生承氣一道，色黃赤鮮明。（《明宣宗實錄》卷七九，第 1845～1846 頁）

六月

辛丑，巡撫侍郎周忱奏：“溧水縣永豐圩周回八十（廣本作‘百’）餘里，丹陽石臼諸湖遶之，圩內舊住壩埂一十五里，通斗門石垬（抱本作‘舍’），以司啓閉，農受其利。今久頽壞，田之沒水者十已七八，農不得耕，稅糧無出。請以南京每冬所起本縣均工民夫，候農隙之時修築。”從之。（《明宣宗實錄》卷八〇，第 1851～1852 頁）

壬寅，浙江溫州府颶風雨作，壞公廨、祠廟、倉庫、城垣。（《明宣宗實錄》卷八〇，第 1853 頁）

甲辰，山東濟寧州及滋陽縣奏：“蝗蝻生。”命行在戶部遣人馳驛往督有司捕之。（《明宣宗實錄》卷八〇，第 1854 頁）

乙巳，直隸徐州豐縣奏：“去秋水潦，田穀不收，今民八百四十二戶（《聖政記》作‘二十四戶’）皆缺食，已發預備等倉米四百三十七石賑濟，又勸富民出粟給之。”（《明宣宗實錄》卷八〇，第 1855 頁）

丙午，夜，月犯南斗第三星。（《明宣宗實錄》卷八〇，第 1855 頁）

丁未，順天府固安縣奏：“今夏久雨，渾河漲溢，衝決徐家等口。”上命行在工部發民修築。（《明宣宗實錄》卷八〇，第 1857 頁）

己酉，直隸霸州山水泛漲，衝決隄岸，潾没田稼。（《明宣宗實錄》卷八〇，第 1857 頁）

庚戌，直隸保定府慶都縣奏：“自春至夏不雨。”（《明宣宗實錄》卷八〇，第 1858 頁）

　　甲寅，開平衛奏："本衛及赤城各處城垣為雨所壞，臺墩亦多頹圮。"命萬全都司發各衛軍修築。（《明宣宗實錄》卷八〇，第 1860 頁）

　　甲寅，昏刻，熒惑犯氐。（《明宣宗實錄》卷八〇，第 1860 頁）

　　乙卯，是日，廣東儋州宜倫縣颶風大雨，晝夜不止。後四日，山水怒溢，溺死人民，漂没廨宇。（《明宣宗實錄》卷八〇，第 1862 頁）

　　乙卯，昏刻，熒惑犯氐東南星。（《明宣宗實錄》卷八〇，第 1862 頁）

　　丁巳，夜，有流星大如雞彈，色青赤，尾跡有光，出羽林軍，東南行至濁。（《明宣宗實錄》卷八〇，第 1864～1865 頁）

　　戊午，昏刻，有流星大如雞彈，色赤，尾跡有光，出勾陳，東北行至閣道。（《明宣宗實錄》卷八〇，第 1866～1867 頁）

　　己未，山西曲沃、鄉寧、芮城三縣各奏："自四月至今無雨，田苗枯槁。"（《明宣宗實錄》卷八〇，第 1867 頁）

　　壬戌，夜，有流星大如盃（廣本"盃"作"雞彈"），色赤有光，出婁，東行至濁。（《明宣宗實錄》卷八〇，第 1869～1870 頁）

　　颶風大作。（光緒《永嘉縣志》卷三六《祥異》）

　　固安縣奏："今夏久雨，渾河決徐家等口。"上命工部撥工修理之。（咸豐《固安縣志》卷一《輿地》）

　　大水。（康熙《保定縣志》卷二六《祥異》；康熙《安州志》卷八《祥異》；乾隆《滿城縣志》卷八《災祥》；民國《清苑縣志》卷六《災祥表》）

　　大雨。（乾隆《直隸易州志》卷一《祥異》）

　　恒陰，雷雨大作，頃刻水溢丈餘，城中不浸者數十家，有浮以來，未有甚於此水者也。（康熙《浮梁縣志》卷二《祥異》）

　　溫州颶風大作，壞公廨、祠廟、倉庫、城垣。（《明史·五行志》，第 489 頁）

　　河決開封，没八縣。（《明史·五行志》，第 447 頁）

　　渾河溢，決徐家等口，順天、保定、真定、河間州縣二十九俱水。（《明史·五行志》，第 447 頁）

　　直省縣十饑。（《明史·五行志》，第 508 頁）

七月

乙丑，昏刻，有流星大如雞彈，色赤，尾跡有光，出右攝提，西南行入雲中。（《明宣宗實錄》卷八一，第 1871 頁）

丙寅，夜，有流星大如盃，色赤，光燭地，起天倉，東北行至濁。（《明宣宗實錄》卷八一，第 1872 ~ 1873 頁）

庚午，巡撫侍郎曹弘奏：“兗州府魚臺縣蝗蝻生。”命行在户部遣人馳視督捕。（《明宣宗實錄》卷八一，第 1875 頁）

甲戌，昏刻，熒惑犯房北第二星。（《明宣宗實錄》卷八一，第 1878 頁）

癸未，夜，有流星大如杯，色赤，尾跡有光，起天困，東行至游氣。（《明宣宗實錄》卷八一，第 1885 頁）

甲申，申刻，有流星大如盃，色青白，尾跡有光，起東北，行至西北游氣。昏刻，有流星大如盃，色赤，尾跡有光，出箕，南行入雲中。（《明宣宗實錄》卷八一，第 1885 頁）

己丑，順天府涿、薊二州，良鄉、永清二縣，霸州大城、文安、保定三縣，直隸河間府静海、獻二縣，真定府定州及曲陽縣，保定府定興、新城二縣，大名府開州長垣縣各奏：“今年六月以來久雨，潦水淊没禾稼。”（《明宣宗實錄》卷八一，第 1888 頁）

庚寅，直隸揚州府興化縣，徐州蕭、碭山二縣各奏：“本年五月中至六月，積雨水漲，淊没田稼。”（《明宣宗實錄》卷八一，第 1889 頁）

霖雨傷稼，詔蠲租税。（康熙《長垣縣志》卷二《災異》；乾隆《東明縣志》卷七《灾祥》）

八月

癸巳朔，巡撫侍郎于謙奏：“今年七月黃河暴溢，淊没河南開封府所屬祥符、中牟、陽武、通許、滎澤、尉氏、原武、陳留八縣民居田稼。”（《明宣宗實錄》卷八二，第 1891 頁）

丁酉，直隸徐州及沛縣、順天府東安縣、河間府青縣、真定府新樂縣各

奏：“今年六月，天雨不止，河水泛溢，潴没禾稼。”（《明宣宗實錄》卷八二，第 1894 頁）

戊戌，夜，有流星大如雞彈，色赤有光，出左旗，西行至濁。（《明宣宗實錄》卷八二，第 1894 頁）

己亥，巡撫侍郎吳政言：“湖廣瀏陽、廣濟等縣，洪武中開堰塘積水，以備乾旱。近歲堤岸損壞，不能畜水，凡遇亢旱，田稼損傷。乞勅工部移文諸縣，於秋成後發民修築，及天下堰塘損壞淤塞者，俱令以時修治。”上命行在工部，令天下有司悉遵洪武舊制，於農隙時發軍民協同修浚，惰慢者罪之。（《明宣宗實錄》卷八二，第 1895 頁）

壬寅，疏滹沱舊河，時巡按監察御史章聰言：“真定府滹沱河淤塞，比山水泛溢，又衝壞河岸及軍民廬舍，舊有護城河堤，亦被衝決，宜令修築。”上命行在工部發附近軍民為之。（《明宣宗實錄》卷八二，第 1896 頁）

乙巳，直隸保定府祁州及清苑、安肅、滿城、博野、蠡五縣各奏：“六、七月雨多，河水泛溢，潴没田苗。”（《明宣宗實錄》卷八二，第 1899 頁）

戊申，夜，有流星大如雞彈，色赤，尾跡有光，起天津，東北行至天棓。（《明宣宗實錄》卷八二，第 1900 頁）

庚戌，夜，月掩昴。（《明宣宗實錄》卷八二，第 1901 頁）

甲寅，順天府豐潤縣，順德府鉅鹿縣，保定府慶都、新安、高陽三縣，河間府河間縣各奏：“夏末積雨浹旬，河水泛溢，潴没田禾。”（《明宣宗實錄》卷八二，第 1903 頁）

九月

壬戌朔，夜，有流星大如盃，色青白，尾跡有光，起五諸侯，西北行至文昌。（《明宣宗實錄》卷八三，第 1911 頁）

癸亥，昏刻，熒惑犯南斗杓西第二星。（《明宣宗實錄》卷八三，第 1912 頁）

壬申，昏刻，有流星大如雞彈，色青白，有光，出婁，東北行至濁。（《明宣宗實錄》卷八三，第 1917 頁）

丁丑，直隸廣平府肥鄉縣、真定府新河縣奏：“今歲夏秋苦雨，山水泛漲，淹没禾稼，子粒無收，人民乏食。”命行在户部遣官覆視賑濟。（《明宣宗實録》卷八三，第 1918 頁）

甲申，曉刻，月犯軒轅御女。（《明宣宗實録》卷八三，第 1923 頁）

丙戌，昏刻，太白犯南斗西第三星。（《明宣宗實録》卷八三，第 1924 頁）

庚寅，夜，有流星大如雞彈，色赤有光，出闕，東南行至濁。（《明宣宗實録》卷八三，第 1927 頁）

十月

乙未，濟州衛奏：“六月苦雨，河水泛溢，溺死屯田軍十七人，淹没苗稼一十六頃。”（《明宣宗實録》卷八四，第 1930 頁）

丙申，昏刻，月掩太白。（《明宣宗實録》卷八四，第 1930 頁）

戊戌，昏刻，有流星初如雞彈，隨大如盃，色赤，有尾光，煜煜照地，出奎，南行至游氣。（《明宣宗實録》卷八四，第 1930～1931 頁）

辛丑，昏刻，有流星大如盃，色赤有光，出畢，東南行入雲中。（《明宣宗實録》卷八四，第 1932 頁）

癸卯，昏刻，有流星大如雞彈，色赤，尾跡有光，出參，東南行入雲中。（《明宣宗實録》卷八四，第 1932 頁）

甲辰夜，有流星大如雞彈，色青白，有光，起危，西行至天桴。（《明宣宗實録》卷八四，第 1935 頁）

乙巳，未刻，太白見己位。（《明宣宗實録》卷八四，第 1935 頁）

庚戌，夜，月掩積尸氣。（《明宣宗實録》卷八四，第 1935 頁）

壬子，夜，月掩軒轅。（《明宣宗實録》卷八四，第 1935 頁）

甲寅，昏刻，有流星大如雞彈，色青白，尾跡有光，出勾陳，東北行入文昌。（《明宣宗實録》卷八四，第 1937 頁）

丁巳，順天府固安縣奏：“六月滛雨，渾河水漲，衝決隄岸，淹没民田一千三百五頃有奇，禾稼無收。”命行在户部遣人覆視，蠲其租税。（《明宣

宗實録》卷八四，第 1938 ~ 1939 頁）

庚申，夜，有流星大如盃，色青白，光燭地，起九游，南行至天園
〔囷〕散。（《明宣宗實録》卷八四，第 1941 頁）

十一月

甲子，湖廣石首縣典史劉英奏："本縣舊有三隄，長一千九百四十餘
丈，比因江水泛漲，風浪衝激，頹圮其半。近隄之内，連歲被澇，禾稼無
收，其隄内民田，與荆州衛軍士屯田，利害適均。"命軍民并力築之。（《明
宣宗實録》卷八四，第 1946 頁）

乙亥，日上生背氣，色青赤，生左右珥，色黄赤鮮明。（《明宣宗實録》
卷八四，第 1948 頁）

戊子，徙江淮衛關。先是，守備南京襄城伯李隆奏："關瀕大江，風水
淪陷，迫及關門，欲徙向内，乞倣永樂間例，量撥軍民千人修築。"從之。
（《明宣宗實録》卷八四，第 1954 頁）

辛卯，昏刻，有流星大如鷄彈，色赤，尾跡有光，起婁，西南行至羽林
軍。（《明宣宗實録》卷八四，第 1957 頁）

十二月

壬辰朔，夜，有流星大如鷄彈，色赤有光，起庶子，東北行至北斗魁。
（《明宣宗實録》卷八五，第 1959 頁）

庚子，夜，有流星大如鷄彈，色青白，尾跡有光，起翼，東南行至庫
樓。（《明宣宗實録》卷八五，第 1963 頁）

乙巳，夜，月食。（《明宣宗實録》卷八五，第 1967 頁）

戊申，免直隸大名府魏、内黄二縣，廣平府肥鄉、廣平、成安、曲周四
縣，真定府新河、隆平二縣，河間府獻縣，徐州碭山、豐、沛三縣去年水災
田糧二萬六千四百一十四石，穀草一十一萬有奇。（《明宣宗實録》卷八五，
第 1970 頁）

癸丑，夜，有流星大如鷄彈，色青白，有光，起天鈎，北行至濁。

（《明宣宗實錄》卷八五，第 1974 頁）

庚申，山西汾州平遥縣奏："今年春夏不雨，至秋早霜，田穀無收，民皆乏食。"上命行在户部議賑之。（《明宣宗實錄》卷八五，第 1976 頁）

是年

儋州颶風大雨，晝夜不止，洪水漲溢，溺死者衆。（道光《瓊州府志》卷四二《事紀》）

颶風夾雷，雨徹晝夜不息，洪水漲溢，居民溺死者甚衆。（光緒《臨高縣志》卷三《災祥》）

夏，大水。（光緒《新河縣志》卷二《災祥》）

大旱。（乾隆《長沙府志》卷三七《災祥》；同治《醴陵縣志》卷一一《災祥》）

水，大饑。六月，浮梁頃刻水溢丈餘，城中不浸者數十家，視癸未深五尺。（同治《饒州府志》卷三一《祥異》）

颶風大作，廟學傾圮。（民國《平陽縣志》卷五八《祥異》）

秋，大風潮。（光緒《靖江縣志》卷八《祲祥》）

渾河溢決徐家口，河間州縣俱水。（光緒《東光縣志》卷一一《祥異》）

山水暴漲，衝壞隄岸，發軍民濬之，並修正定護城隄。（光緒《正定縣志》卷五《山川》）

水。（乾隆《吴江縣志》卷四〇《災變》）

水，大饑。（同治《鉛山縣志》卷二《星野》）

水，大饑。（康熙《鄱陽縣志》卷一五《災祥》）

颶風大雨，晝夜不止，洪水漲溢，溺死者衆。（道光《瓊郡志》卷四二《事紀》）

夏秋並旱。（同治《續修東湖縣志》卷二《天文》；同治《長陽縣志》卷七《災祥》）

（夏）大旱，（吴善）竭誠祈禱，與童耆跣足詣祠廟叩拜，未及旬日，

雨大沛。是歲竟臻豐稔。（乾隆《富順縣志》卷三《宦蹟》）

秋，霖雨傷稼，遣官撫視，蠲租稅有差。（光緒《開州志》卷三《田賦》）

遭旱。九年，又大旱，發粟賑濟，賴以全活者甚眾。（隆慶《長洲縣志》卷一一《倉場》）

宣德七年（壬子，一四三二）

正月

壬戌，夜，有流星大如鷄彈，色青白，有光，出輿鬼，西行入南河。有彗出東方，光芒長丈餘，尾掃天津，漸東南行，十日始滅。（《明宣宗實錄》卷八六，第 1979 頁）

丙寅，夜，有流星大如盃，色赤，光燭地，起梗河，南行至角。（《明宣宗實錄》卷八六，第 1979 頁）

甲戌，夜，月掩軒轅。（《明宣宗實錄》卷八六，第 1981 頁）

丙子，夜，東北方雲陰有雷。（《明宣宗實錄》卷八六，第 1982 頁）

戊寅，夜，有流星大如碗，色青白，光燭地，起中天，北行有聲如雷。（《明宣宗實錄》卷八六，第 1984 頁）

壬午，免山西徐溝縣去年水災田糧一千三百二十七石有奇，穀草二千六百五十四束。（《明宣宗實錄》卷八六，第 1987 頁）

戊子，夜，有流星大如鷄彈，色青白，尾跡有光，起勾陳，北行至華蓋。復有彗出西方，十有七日始滅。（《明宣宗實錄》卷八六，第 1994 頁）

甲寅，昏刻，有流星大如杯，色赤有光。（乾隆《昌化縣志》卷一〇《祥異》）

二月

戊戌，是日，雨。先是，天久不雨。（《明宣宗實錄》卷八七，第 2000 頁）

辛丑，昏刻，月犯軒轅玉（廣本、抱本作"御"）女。（《明宣宗實錄》

卷八七，第 2002 頁）

癸卯，昏刻，有流星大如盃，色青白，有光，出游氣，南行至濁。（《明宣宗實錄》卷八七，第 2003 頁）

甲辰，沙州衛都督困即来奏：“去歲旱災，今部屬皆乏食，乞垂賑濟。”上諭行在户部臣曰：“救災恤患，朕固不吝，然勞内以事外，亦非吾所欲。”遂敕困即来扵肅州受粮五百石，命總兵官都督劉廣等給之。（《明宣宗實錄》卷八七，第 2003～2004 頁）

庚戌，夜，有流星大如碗，色青白，光燭地，出天關旁，西行至濁。（《明宣宗實錄》卷八七，第 2008 頁）

辛亥，夜，有流星大如杯，色赤有光，起參，南行至游氣。（《明宣宗實錄》卷八七，第 2009 頁）

甲寅，曉刻，月犯填星。（《明宣宗實錄》卷八七，第 2011 頁）

三月

壬戌，水決固安縣馬莊等處隄岸，命順天府發民修築。（《明宣宗實錄》卷八八，第 2025 頁）

丙寅，直隸真定府欒城縣老人駱得言：“縣自五年八月至六年六月不雨，田穀無收，民秋糧一千六百一石七斗，草二萬九千七百七十三束，食鹽米應折黑豆六百五石，乞不為例，折收鈔布。”從之。（《明宣宗實錄》卷八八，第 2027 頁）

己巳，山西太原府一十三縣，平陽府二州六縣，汾州三縣及沁州等處奏：“去年霜早，秋田不收，民人饑乏。”命行在户部凡其糧草悉停徵。（《明宣宗實錄》卷八八，第 2028～2029 頁）

己卯，昏刻，有流星大如鷄彈，色青白，尾跡有光，出正東雲中，東北行至雲中。（《明宣宗實錄》卷八八，第 2032 頁）

甲申，以入（抱本作“久”）不雨，遣順天府尹李庸祭大、小青龍之神。其文曰：“今春已暮，農務方興，而雨澤未降，穀種未下，宿麥不滋。朕為生民之主，夙夜在懷，特用祭告，惟神明彰感通，早需甘澍，以慰民

望。”（《明宣宗實錄》卷八八，第 2034 頁）

甲申，夜，有流星大如鷄彈，色青白，尾跡有光，起危，東北行至濁。（《明宣宗實錄》卷八八，第 2034 頁）

丙戌，昏刻，有流星大如盃，色赤有光，起天廟，西南行至濁。（《明宣宗實錄》卷八八，第 2036 頁）

渾水決固安縣馬莊等處隄岸，命順天府發民修築。（咸豐《固安縣志》卷一《輿地》）

四月

己丑朔，河東陝西都轉運鹽使司奏：“鹽池近地，舊有姚暹河水流入五星湖，轉流黃河，河兩岸窪下。近歲，霖雨水漲，衝流至解州界，水急浪湧，南（廣本作‘兩’）岸衝決，没民地三十餘里，壞鹽池護隄，鹽遂不結。復因涑水河地勢高，泥水混流，日久淤塞，乞行山西布政司平陽府起民夫疏濬二河，庶鹽課無虧，民獲其利。”上諭行在工部令扵農隙發民用工。（《明宣宗實錄》卷八九，第 2037～2038 頁）

辛丑，副總兵都督方政奏：“獨石、雲州、赤城、雕鶚四處，并龍門衛、龍門千户所城垣俱沙土不堅，屢被雨壞，請令軍下餘丁陶甓包砌。”上謂行在工部尚書吳中曰：“邊境城垣當堅固，然陶甓非易事，用人亦須以時宜，令審度而行，必使農功不廢，包砌亦完，乃可耳。”（《明宣宗實錄》卷八九，第 2042 頁）

壬寅，昏刻，有流星大如鷄彈，色赤，尾跡有光，起翼，西南行至游氣。（《明宣宗實錄》卷八九，第 2044 頁）

丙午，日入後，有流星大如碗，色青白，有光，出東北雲中，南行至雲中。（《明宣宗實錄》卷八九，第 2046 頁）

辛亥，山西屯留縣疾風震電，雨雹殺麥。（《明宣宗實錄》卷八九，第 2049 頁）

壬子，直隸保定府安肅縣奏：“去年六月霖雨不止，漰没田禾，人民乏食，乞以官倉所貯宣德二年至五年夏秋稅糧米麥豆共一千四百五十餘石，驗

口賑濟。"從之。（《明宣宗實錄》卷八九，第 2050～2051 頁）

乙卯，昏刻，有流星大如雞彈，色青白，尾跡有光，出內屏，西行至濁。（《明宣宗實錄》卷八九，第 2053 頁）

巡按蘇松監察御史王來言："今年四月至六月苦雨，海潮泛溢，漫沒堤圩，所屬長洲、吳江、崑山、常熟、華亭、上海、宜興、金壇八縣，低田皆沒，苗稼無收。"（崇禎《松江府志》卷一三《荒政》）

五月

己未，浙江桃渚千戶所百戶楊顯宗奏："所治瀕海，與台州臨海縣境相接，官軍月糧舊以臨海稅糧給之。洪熙元年，其圩岸為海潮衝決，田禾湮沒，秋糧無輸，軍用艱食。遞年修築未完，又為風潮所壞，乞勅有司及時修理。"從之。（《明宣宗實錄》卷九〇，第 2056 頁）

甲子，夜，有流星大如盃，色青白，有光，起自氐，南行至雲中。（《明宣宗實錄》卷九〇，第 2057 頁）

辛巳，昏刻，辰星犯積屍氣。（《明宣宗實錄》卷九〇，第 2064 頁）

癸未，四川眉州民言："崇慶州新津縣有通濟堰，水自彭山而出，分為十六渠，溉田二萬五千餘畝，民獲其利，今水衝激，岸皆頹壞，水不得用，田地多荒，民率逃徙。乞有司如洪武、永樂故事，以時發民修築。"從之。（《明宣宗實錄》卷九〇，第 2064～2065 頁）

大水，沒田，詔免其租。（光緒《南樂縣志》卷七《祥異》）

至六月，霖雨傷稼。（乾隆《歷城縣志》卷二《總紀》）

六月

庚寅，昏刻，有流星大如雞彈，色赤，尾跡有光，出羽林軍，東南行至濁。（《明宣宗實錄》卷九一，第 2074～2075 頁）

壬辰，日入後有青霞二道，東西竟天。夜有流星大如雞彈，色赤，尾跡有光，出河鼓，東南行入須女。（《明宣宗實錄》卷九一，第 2075 頁）

乙未，夜，有流星大如雞彈，色赤有光，出天市西垣，西南行至濁。

（《明宣宗實錄》卷九一，第 2076 頁）

丁酉，日生左右珥，色青赤鮮明。（《明宣宗實錄》卷九一，第 2077 頁）

丁未，太原府霖雨，汾河水溢，決隄防，傷禾稼，鎮守都督李謙、巡按監察御史徐傑以便宜督軍民疏通舊河，修築堤堰，遣人馳奏。上是之。（《明宣宗實錄》卷九一，第 2084 頁）

戊申，免陝西寧遠縣積年戶絶及水衝沙漫民人一千四百二十九戶田地一千三百三十五頃四十九畝應納稅糧九千七百四十五石有奇。（《明宣宗實錄》卷九一，第 2084 頁）

己酉，曉刻，太白犯歲星。（《明宣宗實錄》卷九一，第 2085 頁）

壬子，巡按河南監察御史梁廣成言：“直隸睢陽衛，洪武中築城，就城內取土，遂致地勢低窪，每歲或遇久雨，及城外西北二湖漲溢，流聚城內，積久不涸，軍民皆徙居城外，歷十六年矣，而城類虛設。乞塞二湖，浚舊壕，開門以泄積水，低處用土培高，仍令軍民歸處城內，猝或有警，可保無虞。”命行在工部移文河南三司，計議行之。（《明宣宗實錄》卷九一，第 2087 頁）

壬子，夜，有流星大如盃，色赤，尾跡有光，出天棓，西北行至雲中。（《明宣宗實錄》卷九一，第 2087 頁）

乙卯，巡撫侍郎于謙奏：“開封府祥符、中牟、尉氏、扶溝、大〔太〕康、通許、陽武、夏邑八縣，去年七月黃河泛溢，衝決隄岸，潪没官民田五千二百二十五頃六十五畝，該納秋糧五萬六千八十餘石，馬草七萬六千五百餘束，乞為豁除（抱本作‘除豁’）。”從之。（《明宣宗實錄》卷九一，第 2088～2089 頁）

乙卯，順天府保（疑當作‘寶’）坻、遵化、玉田三縣，薊州鎮、朔二衛各奏：“五月淫雨，河水泛漲，潪没軍民低田苗稼（《聖政記》作‘禾’）。”（《明宣宗實錄》卷九一，第 2089 頁）

乙卯，夜，有流星大如盃，色赤（廣本“色赤”作“青赤色”），尾跡有光，起天倉，東北行至天稟〔廩〕。（《明宣宗實錄》卷九一，第 2089 頁）

丙辰，昏刻，有流星大如盃，色青白，尾跡有光，出雲中，東南行至雲中。又有一星大如雞彈，色赤，尾跡有光，出造父，南行入鼈星。又一星大如雞彈，色赤，尾跡有光，出心，南行至濁。夜有流星大如雞彈，色赤，尾跡有光，出文昌，西北行至濁。又一星大如雞彈，色赤有光，出勾陳，西北行至北斗杓。五鼓，有流星大如雞彈，色青白，尾跡有光，出胃，東南行入天囷。（《明宣宗實錄》卷九一，第 2089～2090 頁）

大水。（乾隆《昌化縣志》卷一〇《祥異》）

昌化縣水。（康熙《杭州府志》卷一《祥異附》）

太原河、汾并溢，傷稼。（《明史·五行志》，第 447～448 頁）

七月

己未，夜，有流星大如雞子（抱本、廣本、閣本作"彈"），色青白，尾跡有光，起外屏，南行至羽林軍。（《明宣宗實錄》卷九三，第 2111 頁）

辛酉，夜，有流星大如雞彈，色青白，尾跡有光，出華蓋，東北行至濁。（《明宣宗實錄》卷九三，第 2111 頁）

癸亥，直隸忠義中衛、遵化衛、東勝右衛、興州後屯衛、大寧都司營州右屯衛各奏："今年五、六月間，天雨連日，山水驟發，潀没軍屯低田黍穀。"（《明宣宗實錄》卷九三，第 2112 頁）

癸亥，日上生背氣一道，色黃赤鮮明。（《明宣宗實錄》卷九三，第 2112 頁）

丙寅，五鼓，有流星大如雞彈，色青白，尾跡有光，出營室，西南行至雲中。曉刻，歲星犯天樽。（《明宣宗實錄》卷九三，第 2114 頁）

辛未，順天府霸州及三河、香河、豐潤、漷、東安、永清六縣及永平府灤州各奏："今夏苦雨，河水漲溢，低田所種黍穀，俱傷無收。"（《明宣宗實錄》卷九三，第 2115 頁）

庚辰，免直隸揚州府泰州去年水災官民租二萬二千九百三十餘石，馬草三萬二千六百六十餘包。（《明宣宗實錄》卷九三，第 2117～2118 頁）

庚辰，夜，有流星大如雞彈，色赤，尾跡有光，起女牀，西北行至濁。（《明宣宗實錄》卷九三，第 2118 頁）

辛巳，曉刻，太白犯熒惑。(《明宣宗實錄》卷九三，第 2120 頁)

甲申，夜，有流星大如盃，色赤，光燭地，起天津，西南行至匏瓜。(《明宣宗實錄》卷九三，第 2120 頁)

乙酉，夜，有流星，大如雞彈，色青白，尾跡有光，出天廩，西北行至閣道。曉刻，太白犯軒轅。(《明宣宗實錄》卷九三，第 2121 頁)

十六日，大風雨，城垣倒塌，民屋漂流，禾壞。(康熙《儋州志》卷二《祥異》)

八月

己丑，直隸壽州衛奏："近城西有湖與淮相通，比雨潦暴漲，壞城二百四十餘丈，乞發附近軍民協助修理。" 從之。(《明宣宗實錄》卷九四，第 2123 頁)

辛卯，夜，有流星大如盃，色青白，有光，起大陵，東北行至濁。(《明宣宗實錄》卷九四，第 2124 頁)

癸巳，夜，有流星大如盃，色青白，光燭地，起天倉，東行至濁。(《明宣宗實錄》卷九四，第 2125 頁)

戊申，行在戶部奏："直隸順天、真定、順德、廣平、永平、保定、大名、河間八府，并徐州所屬諸縣連歲水旱相仍，被災之田二萬八千八百七十五頃六十餘畝，其稅糧馬草皆無徵，乞與蠲免。" 從之。(《明宣宗實錄》卷九四，第 2133 頁)

戊申，夜，月掩東井。(《明宣宗實錄》卷九四，第 2133 頁)

己酉，直隸常州府奏："所屬四縣兩歲水災，田稼不收，人民飢窘，已發官粮一萬二千二百八十六石有奇賑濟，俟秋成還官。"(《明宣宗實錄》卷九四，第 2133~2134 頁)

己酉，夜，五鼓，有流星大如盃，色赤有光，出紫微垣東蕃，東北行至濁。(《明宣宗實錄》卷九四，第 2134 頁)

庚戌，夜，月掩輿鬼。(《明宣宗實錄》卷九四，第 2134 頁)

癸丑，夜，有流星大如雞子，色青白，尾跡有光，東北至近濁。((《明

宣宗實錄》卷九四，第 2140 頁）

乙卯，永平總兵官都督僉事陳敬言：“撫寧衛舊有土城，周圍四百三十丈，雖左、後二所下屯，右、中、前三所在衛，然太狹隘，不足以容，且為久雨頹壞，欲遂展東南西三面，以居軍士，趂農隙修築，乞于附近衛所有司量起軍夫協助。”從之。（《明宣宗實錄》卷九四，第 2140～2141 頁）

甲寅，是月，平鄉、廣宗雨傷稼。（《國榷》卷二二，第 1439 頁）

九月

丙辰朔，有流星大如鷄彈，色青白，尾跡有光，出軒轅，東北行入太微垣。（《明宣宗實錄》卷九五，第 2143 頁）

戊午，夜，有流星大如盃，色赤有光，起天船，西北行入紫微垣。（《明宣宗實錄》卷九五，第 2144 頁）

己未，夜，有流星大如盃，色赤有光，起參，東行至濁。（《明宣宗實錄》卷九五，第 2146 頁）

辛酉，巡按直隸蘇松監察御史王來言：“今年四月至六月苦雨，海潮泛溢，漫浸堤圩，蘇、松、常、鎮四府所屬長洲、吳江、崑山、常熟、華亭、上海、宜興、金壇八縣，低田皆没，苗稼無收。”上命行在户部遣人覆視，蠲其租税。（《明宣宗實錄》卷九五，第 2147 頁）

辛酉，夜，有流星大如鷄彈，色青白，尾跡有光，出天津，西南行入河鼓。曉刻，熒惑犯上將。（《明宣宗實錄》卷九五，第 2147 頁）

癸亥，夜，五鼓，有流星大如鷄彈，色赤有光，出畢，正南行至雲中。（《明宣宗實錄》卷九五，第 2150 頁）

乙丑，河南布政使李昌祺奏：“開封等府鄭州、中牟等州縣四十四處，今年四月至七月亢旱不雨，谷麥無收，人民艱食，其歲納秋糧馬草，乞皆停徵。”從之。（《明宣宗實錄》卷九五，第 2150 頁）

丙寅，夜，有流星大如盃，色赤，光燭地，起五諸侯，東北行至軒轅。又有流星大如鷄彈，色赤，尾跡有光，出南河，東南行至濁。五鼓，有流星大如鷄彈，色青白，有光，出孫星，南行至濁。（《明宣宗實錄》卷九五，

第 2150 頁）

丁卯，直隸蘇州府知府況鍾言：「蘇、松、嘉、湖四府之地，其湖有六，曰：太湖、傍山、楊城（應即'陽澄'）、昆承、沙湖，尚湖，廣袤凡三千餘里，久雨則湖水泛溢，田皆被溺。湖水東南出嘉定縣吳淞江，東出崑山縣劉家港，東北出常熟縣白茆港。永樂初，朝廷遣尚書夏原吉等疏浚河港，水不為患，民得其利。年久，淤塞不通，乞如舊遣大臣一員，督府縣官於農隙時發民疏濬，則水有所泄，田禾有收。」上命巡撫侍郎周忱與鍾計其人力多寡、用工難易以聞。（《明宣宗實錄》卷九五，第 2151～2152 頁）

丁卯，夜，有流星大如盃，色赤，光燭地，起羽林軍，西南行至雲中。五鼓，有流星大如鷄彈，色青白，有光，出婁，西行至外屏。（《明宣宗實錄》卷九五，第 2152 頁）

戊辰，直隸大名府奏：「所屬開州，并長垣、南樂、内黃、清豐、滑、濬六縣，自今年五月至七月終旱乾，黍穀皆槁。」（《明宣宗實錄》卷九五，第 2152 頁）

己巳，夜，五鼓，有流星大如碗，青白色，光燭地，起厠星，東行至弧矢炸散。（《明宣宗實錄》卷九五，第 2153 頁）

庚午，浙江布政司奏：「湖州府烏程、歸安、德清、長興、武康五縣，并嘉興府嘉善縣四月、五月久雨，淹没田禾六千三百餘頃。」命行在户部覆視，蠲其租。（《明宣宗實錄》卷九五，第 2154 頁）

壬申，直隸保定府安州奏：「五月、六月連雨，河堤衝決，潦水害稼。」（《明宣宗實錄》卷九五，第 2156 頁）

壬申，夜，有流星大如鷄彈，色赤，尾跡有光，出營室，西行至河鼓。（《明宣宗實錄》卷九五，第 2156 頁）

癸酉，昏刻，有流星大如鷄彈，色青白，尾跡有光，出營室，東南行至濁。（《明宣宗實錄》卷九五，第 2156 頁）

丁丑，夜，有流星大如碗，色赤，光燭地，起五車，西北行至螣蛇。（《明宣宗實錄》卷九五，第 2157 頁）

己卯，夜，有流星大如鷄彈，色青白，有光，出羽林軍，西南行至濁。

（《明宣宗實錄》卷九五，第 2157 頁）

癸未，夜，有流星大如盃，色赤，光燭地，起婁，西行至營星。（《明宣宗實錄》卷九五，第 2161 頁）

烏程、歸安、德清、長興、武康久雨没田。（同治《湖州府志》卷四四《祥異》）

久雨没田，蠲其租。（同治《長興縣志》卷九《災祥》）

久雨没田，蠲被災稅糧。（道光《武康縣志》卷一《邑紀》）

十月

戊子，夜，有流星大如盃，色青白，光燭地，起天稟〔廩〕，東南行至天囷炸散。（《明宣宗實錄》卷九六，第 2163 頁）

辛卯，山東濟南府知府傅佐奏："今年六月霖雨不止，河水泛溢，淹没低田禾穀二百四十五頃有奇。"命行在戶部遣人覆視，蠲其租稅。（《明宣宗實錄》卷九六，第 2164～2165 頁）

壬辰，直隸大名府元城縣，順德府平鄉、廣宗二縣各奏："今年八月積雨不止，山水泛漲，穀黍垂成，淹没無收。"命戶部寬恤。（《明宣宗實錄》卷九六，第 2165 頁）

丙申，順天府奏："薊州及豐潤、遵化二縣今年夏秋水潦，田穀無收，民五千四百四（廣本作'六'）十六戶乏食，乞借東店等倉官糧一萬二千四百二十石賑濟。"上命行在戶部即如所言給之。（《明宣宗實錄》卷九六，第 2166 頁）

乙巳，夜，月犯輿鬼。（《明宣宗實錄》卷九六，第 2169 頁）

丁未，夜，有流星大如鷄彈，色赤有光，出天倉，西北行至壁。（《明宣宗實錄》卷九六，第 2170 頁）

戊申，夜，有流星大如鷄彈，色赤有光，出北落師門旁，南行至濁。（《明宣宗實錄》卷九六，第 2170 頁）

戊申，五鼓，有流星大如鷄彈，色赤有光，出弧矢，南行至雲中。（《明宣宗實錄》卷九六，第 2170 頁）

己酉，河南遂平縣奏："今年夏秋旱甚，禾苗焦槁，民七百六十餘戶乏食，宜驗口賑邮。緣本縣官倉米止存一千五百六十三石，支給不敷，今官庫有鈔二十五萬四千九百六十餘貫，乞依時直補給。"從之。（《明宣宗實錄》卷九六，第 2170 頁）

己酉，曉刻，熒惑犯進賢。（《明宣宗實錄》卷九六，第 2170 頁）

十一月

丙辰朔，夜，有流星大如鷄彈，色赤有光，起輿鬼，東北行至軒轅。（《明宣宗實錄》卷九六，第 2172 頁）

己未，直隸常州府奏："宜興縣今年四月以來久雨，水没官民田二千一百三十九頃有奇，禾稼無收。"上命行在戶部遣人覆視寬恤。（《明宣宗實錄》卷九六，第 2174 頁）

己未，日生左右珥，色黃赤鮮明。（《明宣宗實錄》卷九六，第 2174 頁）

庚申，夜，有流星大如鷄彈，色青白，尾跡有光，出天苑，東南行至濁。又有流星大如鷄彈，色青白，尾跡有光，起芻藁，西行至濁。（《明宣宗實錄》卷九六，第 2174 頁）

乙丑，夜，有流星大如盃，色赤，光燭地，起天廪，西北行至游氣炸散。（《明宣宗實錄》卷九六，第 2177 頁）

辛未，夜，有流星大如盃，色赤，光燭地，起參，東行至濁。（《明宣宗實錄》卷九六，第 2181 頁）

己卯，夜，有流星大如鷄彈，色赤，尾跡有光，出參，東行至星宿。（《明宣宗實錄》卷九六，第 2181 頁）

甲申，大霜陰霧，木冰。（《明宣宗實錄》卷九六，第 2183 頁）

十二月

丁亥，夜，有流星大如鷄彈，色赤有光，出軫，南行至濁。（《明宣宗實錄》卷九七，第 2185 頁）

己丑，昏刻，月掩泣星。（《明宣宗實錄》卷九七，第 2186 頁）

乙未，曉刻，有流星大如碗，色青白，光燭地，出軒轅，西南行至雲中，有聲如雷。（《明宣宗實錄》卷九七，第2188頁）

丁酉，夜，有流星大如盃，色青白，尾跡有光，起角，東南行至庫樓。（《明宣宗實錄》卷九七，第2188頁）

丁未，是日，陰，西南雷雨，雹。（《明宣宗實錄》卷九七，第2196頁）

己酉，夜，月犯心。（《明宣宗實錄》卷九七，第2197頁）

庚戌，曉刻，月犯天江。（《明宣宗實錄》卷九七，第2199頁）

是年

大旱。（乾隆《岳州府志》卷二九《事紀》；同治《祁門縣志》卷三六《祥異》）

旱。（康熙《儋州志》卷二《祥異》；民國《慈利縣志》卷一八《事紀》）

水災。（同治《上海縣志》卷三〇《祥異》；光緒《川沙廳志》卷一四《祥異》；民國《南匯縣續志》卷二二《祥異》）

大蝗，巡撫曹洪奏蠲沛租。（民國《沛縣志》卷二《災祥》）

蠲蘇松水災田租。（光緒《常昭合志稿》卷一二《蠲賑》）

蝗，巡撫侍郎曹洪奏蠲稅糧。（嘉靖《徐州志》卷三《災祥》）

黃巖旱饑。（民國《台州府志》卷一三四《大事略》）

久雨沒田。（光緒《歸安縣志》卷二七《祥異》）

旱，饑。（光緒《黃巖縣志》卷三八《變異》）

祁門大旱。（弘治《徽州府志》卷一〇《祥異》）

夏秋旱。五月，魏縣大水，決堤沒田，詔蠲其租。（民國《大名縣志》卷二六《祥異》）

秋，免南京水災稅糧。（光緒《金陵通紀》卷一〇上）

春雨淋淫，入夏不雨，自蒲節後亢旱愈甚，種稑之傷害不少。（嘉慶《臨武縣志》卷四一《藝文》）

大水，運司下砂等場淹沒鹽課六萬二百四十餘兩。（雍正《浙江通志》

卷一〇九《祥異》）

雨潦暴漲，壞城二百四十餘丈。（光緒《鳳臺縣志》卷二《古蹟》）

大水，壞民居舍。（嘉靖《永豐縣志》卷四《雜志》）

河南及大名夏秋旱。（《明史·五行志》，第 482 頁）

秋，免南畿水災稅糧。（民國《首都志》卷一六《大事表》）

秋，免南畿水災稅糧。（同治《上江兩縣志》卷二下《大事下》）

冬，旱，至八年夏六月不雨，稼盡槁死。（嘉慶《長垣縣志》卷九《祥異》）

七年冬至八年六月不雨，稼盡槁，遣官覆視，蠲其稅。（乾隆《內黃縣志》卷六《編年》）

七年冬至八年夏，凡六月不雨。（民國《重修滑縣志》卷二〇《祥異》）

宣德八年（癸丑，一四三三）

正月

戊午，申刻，西南雹雷（舊校改"雹雷"作"電雷"）。（《明宣宗實錄》卷九八，第 2203 頁）

丙寅，晚，（上）御齋宮，旗手衛奏請暮夜如故事，放煙火，不從。顧謂侍臣曰："朕早來不視朝之故，蓋一心對越，無暇他及，今又暇觀煙火乎？"是晚，陰雲四合，至夕雨雪。（《明宣宗實錄》卷九八，第 2205 頁）

丁卯，大祀天地于南郊。蓋中夜雪止，行禮之際，雲歛風靜，星月朗霽，天氣融和，助祭執事咸中禮度，上大悅。（《明宣宗實錄》卷九八，第 2205～2206 頁）

丁卯，夜，熒惑犯房。（《明宣宗實錄》卷九八，第 2206 頁）

甲戌，夜，有流星大如鷄彈，色青白，尾跡有光，出天市東垣，南行至

濁。（《明宣宗實錄》卷九八，第 2212 頁）

丁丑，山東布政司奏："兖州、濟南等府州縣去年霪雨，加以早霜，田穀不收，民今乏食，已令各府州縣官勸分賑濟，仍於預備倉糧內驗口給貸，俟明年秋成還官。"（《明宣宗實錄》卷九八，第 2213 頁）

戊寅，巡撫侍郎羅汝敬奏："甘肅臨邊極地，素宿重兵。守備之要，糧餉為急，請令行在刑部、都察院移文陝西三司及行都司，并臨鞏等衛府，所問罪囚，一循寧夏納米例，莊浪衛迤北者於肅州衛，上倉、臨鞏等衛於甘州左衛。"上倉又奏："甘州左等一十三衛軍餘屯田，地高土冷，霜雹不時，連年子粒少收，宜寬減之，令五十畝止納餘糧五石。"悉從之。（《明宣宗實錄》卷九八，第 2214 頁）

己卯，夜，有流星大如雞弹，色青白，有光，起輿鬼，西北行至北河。（《明宣宗實錄》卷九八，第 2214 頁）

庚辰，夜，熒惑犯東咸。（《明宣宗實錄》卷九八，第 2216 頁）

山東旱，遣使賑卹。（民國《山東通志》卷一〇《通紀》）

二月

庚寅，直隸大名府之間州及南樂、內黃、滑三縣，順德府之平鄉、任二縣，河南衛輝府所屬六縣，開封府之陽武縣，山東之濱州及濟寧州之鉅野縣各奏："去歲亢旱，田禾無收，人民艱食，已將本處見貯倉糧，驗口借給，候秋成還官。"（《明宣宗實錄》卷九九，第 2220 頁）

壬辰，夜，有流星大如盃，色青白，光燭地，起匏瓜，後有一小星隨之，東北行至燭。（《明宣宗實錄》卷九九，第 2222 頁）

癸巳，夜，月掩歲星。（《明宣宗實錄》卷九九，第 2222 頁）

庚子，順天府之寶坻、玉田二縣各奏："去歲水潦無收，今農務方興，民多缺食，已給本縣及附近官倉糧賑之。"（《明宣宗實錄》卷九九，第 2225 頁）

壬寅，巡按山東監察御史金敬言："東昌、泰安、歷城諸府州縣自去歲夏秋無雨，禾稼少收，重以早霜晚種，穀豆不實，民多飢餓，採拾自給。今有司責償孳牧馬及科買諸物，起集民夫，人實艱難。乞以存留倉糧賑濟，凡諸逋欠科買徭役，一切寬貸。"從之。（《明宣宗實錄》卷九九，第 2226 頁）

乙巳，直隸永平府之盧龍縣、廣平府之雞澤縣各奏："去歲春夏無雨，田穀不收，人民缺食，請以官倉所儲糧給賑。"從之。（《明宣宗實錄》卷九九，第 2229 頁）

丙午，曉刻，月犯南斗。（《明宣宗實錄》卷九九，第 2229 頁）

丁未，南京戶科給事中夏時言："臣過邳、徐、濟寧、臨清、武清，詢知冬春無雨，民食艱甚，乞賑卹。"（《明宣宗實錄》卷九九，第 2229 頁）

庚戌，山西平陽府蒲縣奏："去歲六月至八月無雨，田苗乾枯，民之逃徙及貧下者欠糧五千八百一十一石，草一萬四千六百二十二束，乞為除免。"命行在戶部免徵。（《明宣宗實錄》卷九九，第 2232 頁）

辛亥，河南南陽府奏："本府鄧州、南陽、新野、鎮平、泌陽、舞陽、魯山、唐郟等州縣，去年亢旱，田禾無收，人民饑窘，請發各州縣倉廩。賑濟不足，則以本府倉及舞陽、葉二縣所收，河南左護等衛屯糧給散。"上從之，命戶部遣官馳驛往賑。（《明宣宗實錄》卷九九，第 2233 頁）

以久旱遣使賑卹，其夏復賑饑民，免稅糧。（乾隆《平原縣志》卷九《災祥》）

三月

甲寅朔，上以久不雨，遣成國公朱勇祭大青、小青龍神。（《明宣宗實錄》卷一〇〇，第 2236 頁）

戊午，河南開封府原武縣，汝寧府西平縣，懷慶府脩武縣，彰德府磁州武安、涉二縣，直隸大名府魏縣，浙江溫州府樂清縣各奏："連歲災傷，耕稼無收，民饑為甚，已發官倉糧賑濟，悉以數聞。"（《明宣宗實錄》卷一〇〇，第 2237~2238 頁）

戊辰，順天府薊、涿二州，固安、順義二縣皆奏："去歲夏秋水潦，田穀無收，今當農時，民九千八百六十戶乏食，不能力作，乞貸官倉米豆賑卹。"命行在戶部悉從之。（《明宣宗實錄》卷一〇〇，第 2245~2246 頁）

乙亥，昏刻，有流星大如雞彈，色青白，尾跡有光，出東井，西行至雲中。（《明宣宗實錄》卷一〇〇，第2250頁）

丙子，直隸和州奏：“州舊有銅城閘，洪武中所置，其間多圩田，以閘蓄水，為灌漑之利，或江潮（抱本作‘湖’）泛溢，山水暴漲，則啓閘洩之，以此水不為患，民受其利。年久閘壞，欲量起民夫，備材修砌。”從之。（《明宣宗實錄》卷一〇〇，第2250頁）

戊寅，直隸保定府完縣知縣張述奏：“縣南關有舊河與古城北河相通，并河圩田深受其利。永樂初水決，常豐丁村諸口高田旱傷，下田墊溺，民因困乏，致多逃移，行在工部嘗發本府屬縣民丁修築。今河水復決，民被其患。”命如舊例，發附近州縣民丁築之。（《明宣宗實錄》卷一〇〇，第2252頁）

戊寅，曉刻，月犯泣星。（《明宣宗實錄》卷一〇〇，第2252頁）

四月

戊子，昏刻，月犯歲星。夜有流星大如雞彈，色青白，有光，出天門，南行至濁。又有流星大如盃（廣本“盃”作“鷄彈”），色赤（廣本“赤”作“青白”）有光，起天津，西北行至閣道。（《明宣宗實錄》卷一〇一，第2262頁）

己丑，夜，有流星大如雞彈，色青白，尾跡有光，出文昌，西北行至濁。（《明宣宗實錄》卷一〇一，第2262頁）

壬辰，河南南陽府汝州、裕州皆奏：“去歲夏秋無雨，田禾薄收，今農務方興，民多缺食，已發本州倉糧賑濟，各以數聞。”（《明宣宗實錄》卷一〇一，第2263頁）

丙申，直隸河間府河間縣、順德府南和縣、永平府灤州皆奏：“去歲夏秋不雨，田穀無收，今春以來，民食艱甚（廣本作‘甚艱’），請發預備倉儲賑濟。”從之。（《明宣宗實錄》卷一〇一，第2265頁）

壬寅，直隸真定府定州知州林衡奏：“州自春至夏不雨，民多乏食，近承行在禮部徵索藥材，皆非本州所產，乞改徵於出產之地。”從之。（《明宣

宗實錄》卷一〇一，第 2271 頁）

壬寅，陝西漢中府金州及洵陽縣奏："去歲夏秋無雨，田穀不收，民今艱食逃徙，復業之民尤甚，已發見儲倉糧賑恤，各以數聞。"（《明宣宗實錄》卷一〇一，第 2271 頁）

丙午，直隸保定府安州雄縣，河間府東光縣，河南開封府尉氏縣皆奏："去歲水旱，民多乏食，請發官倉糧賑濟。"從之。（《明宣宗實錄》卷一〇一，第 2274～2275 頁）

庚戌，夜，有流星大如碗，色赤，光燭地，起八穀，西北行至濁。（《明宣宗實錄》卷一〇一，第 2275 頁）

旱，饑。（萬曆《沃史》卷二《今總紀》）

五月

丙辰，夜，有流星大如雞彈，色赤有光，出亢，西南行至庫樓。（《明宣宗實錄》卷一〇二，第 2279 頁）

辛酉，直隸滁州之全椒縣、廣平府之肥鄉縣、河間府之吳橋縣，山西平陽府之安邑縣皆奏："去歲水旱無收，民今缺食，已發官廩賑恤，各具數聞。"（《明宣宗實錄》卷一〇二，第 2281 頁）

乙丑，直隸順天府之順義縣、廣平府之清河縣，鳳陽府之宿州，徐州之沛縣，河南之確山縣皆奏："今年春夏無雨，人民飢困，乞發預備等倉官糧賑濟。"從之。（《明宣宗實錄》卷一〇二，第 2282～2283 頁）

戊辰，直隸梁城守禦千戶所奏："旗軍六百八十一戶，因去秋水荒，無以為食，乞加賑恤。"命行在戶部於附近官倉給糧賑之，凡給一千三百六十六石。（《明宣宗實錄》卷一〇二，第 2283～2284 頁）

己巳，直隸河間府之青、興濟二縣，順德府之廣宗縣，大名府之濬縣皆奏："去歲旱乾，田穀無收，今人民（廣本作'民人'）乏食，乞貸官倉米麥，計戶賑恤，俟秋熟償官。"（《明宣宗實錄》卷一〇二，第 2284 頁）

庚午，巡撫侍郎曹弘奏："直隸淮安、鳳陽二府，并徐州所屬縣去歲災（廣本作'旱'）傷，田穀不收，小民乏食。臣恐失所，已令各府州縣發官

廩，及勸富民出粟賑濟。"（《明宣宗實錄》卷一〇二，第2284頁）

乙亥，順天府文安、昌平、良鄉、密雲四縣，真定府冀州及隆平、贊皇二縣，保定府安州、易州及慶都、博野、定興、清苑、蠡、完、滿城、高陽八縣，河間府靜海、興濟二縣，順德府刑〔邢〕臺、沙河、任、內丘四縣，廣平府成安縣，河南汝州及西平縣，山西安邑、萬泉、稷山三縣各奏："春夏無雨，二麥不實，秋田未種。"上命行在戶部悉如詔書寬恤之。（《明宣宗實錄》卷一〇二，第2288～2289頁）

丙子，巡按直隸監察御史王來言："直隸常州府宜興、武進二縣，連年水澇，田禾薄收，民皆採拾自給，已發倉糧賑濟。今年該徵稅麥，乞如洪武、永樂中例，折收土產綿布。"從之。（《明宣宗實錄》卷一〇二，第2289頁）

戊寅，直隸鳳陽府之蒙城縣、保定府之深澤縣、永平府之樂亭縣、廣平府之曲周縣，山西平陽府之絳縣皆奏："去歲水旱，田穀不收，今民食艱，其已發預備官廩米賑之，各上其數。"（《明宣宗實錄》卷一〇二，第2289～2290頁）

己卯夜，月犯昴。（《明宣宗實錄》卷一〇二，第2291頁）

六月

乙酉，上以天久不雨，禱祠未應憂之，作閔旱之詩示羣臣。詩曰："亢陽（廣本作'旱'）久不雨，夏景將及終。禾稼紛欲槁，望霓切三農。祠神既無益，老壯憂忡忡。饘粥將不繼，何以至歲窮。予為兆民主，所憂與民同。仰首瞻紫微，籲天攄精衷。天德在發育，豈忍民瘼痌。施霖貴及早，其必昭感通。翹跂望有渰，冀以蘇疲癃。"（《明宣宗實錄》卷一〇三，第2295～2296頁）

丙申，順天府永清、固安、房山三縣，真定府靈壽、欒城、獲鹿、行唐、元氏、藁城、寧晉、高邑、栢〔柏〕鄉、臨城、新河十一縣，順德府唐山、南和、鉅鹿、廣宗四縣，河間府寧津、南皮、獻三縣，廣平府雞澤、邯鄲二縣，大名府開州及魏、長垣、元城、內黃四縣，鳳陽府懷遠、靈璧二縣，淮安府海州、邳州及沭陽、清河、安東、贛榆、宿遷五縣，山東青州府安丘縣，萊州府昌邑縣，山西平陽府鮮州并屯留、臨晉二縣，河南汝寧府上蔡縣，南陽府汝、鄧二州及郟、魯山、新野、舞陽、南陽、唐、泌陽、鎮平、葉九縣各奏："自宣德七年冬至今年春夏不雨，田稼旱傷。"上命行在戶部遣人覆視，蠲其租稅。（《明宣宗實錄》卷一〇三，第2300～2301頁）

丁酉，夜，月食。（《明宣宗實錄》卷一〇三，第2301頁）

癸卯，夜，有流星大如盃，色赤有光，起壁，東北行至濁。（《明宣宗實錄》卷一〇三，第2303頁）

戊申，彰德府臨漳縣奏："漳、淦二河水溢，衝決三塚村諸堤口，請發民修築。"從之。（《明宣宗實錄》卷一〇三，第2305頁）

戊申，夜，有流星大如盃，色青白，光燭地，起左攝提，南行至氐。（《明宣宗實錄》卷一〇三，第2305頁）

府屬大雨，江水溢，漂流民居，潏没田畝。（康熙《南昌郡乘》卷五四《祥異》）

大雨，江水溢，漂流民居，潏没田畝。（康熙《新建縣志》卷二《災情》）

江西瀕江八府江漲，漂没民田，溺死男婦無算。（《明史·五行志》，第448頁）

六、七月，大旱，歉收。（崇禎《吳縣志》卷一一《祥異》）

七月

壬子朔，河南府宜陽、永寧二縣奏蝗蝻生，命行在戶部遣官督捕。（《明宣宗實錄》卷一〇三，第2307頁）

甲寅，夜，有流星大如雞彈，色赤有光，出傳舍，南行至女牀。（《明宣宗實錄》卷一〇三，第2307頁）

戊午，日下生承氣一道，色黃赤鮮明。（《明宣宗實錄》卷一〇三，第2307～2308頁）

己未，大同前、後，安東中屯、陽和、高山、天城、鎮虜、大同左、雲川九衛，并磁州守禦千户所各奏："自去年九月至今年六月不雨，屯種無收。"命行在户部除其租。（《明宣宗實録》卷一〇三，第 2308～2309 頁）

庚申，昏刻，月犯房（廣本下有"宿"字）。（《明宣宗實録》卷一〇三，第 2309 頁）

壬戌，已刻，北方有流星大如碗，色青白，有光，西北行至雲中，有聲如雷。（《明宣宗實録》卷一〇三，第 2309 頁）

戊辰，昏刻，有流星大如盃，色青白，光燭地，起左旗，南行至建星炸散。（《明宣宗實録》卷一〇三，第 2312 頁）

己巳，彰德府磁州知州安理奏："今歲亢旱，夏麥無收，秋苗未種，民多缺食，行在工部坐燒缸罈十萬，緣夫匠多逃，乞免所徵。修理丁夫及諸色工匠暫令助役，畢日如舊。"又言："州城西淦陽河，舊有五爪濟民渠，灌溉之利甚廣，因水溢衡（抱本、廣本、閣本作'衝'）壞隄堰，泥沙填淤，人失其利，乞令磁州千户所及永年等縣受利軍民同力修築。"皆從之。（《明宣宗實録》卷一〇三，第 2312 頁）

壬申，巡撫侍郎趙新奏："江西自六月初旬以來，天雨不止，江水泛漲，南昌、南康、饒州、廣信、九江、吉安、建昌、臨江等府瀕江之處，漂流居民，潯没稻田，請加寬恤。"上命行在户部視有災處，蠲其租。（《明宣宗實録》卷一〇三，第 2314 頁）

癸酉，山東萊州府膠州及高密縣，青州府日照、博興二縣，山西蔚、渾源、絳三州，稷山、安邑、夏、萬泉、介休五縣，河南衛輝府所屬六縣，彰德府武安縣各奏："今年春夏不雨，苗稼旱傷，秋田無收。"命行在户部蠲其租。（《明宣宗實録》卷一〇三，第 2315 頁）

丙子，應天府上元、江寧二縣，太平府當塗縣，松江府所屬（廣本"松江府所屬"作"華亭上海"）二縣，蘇州府所屬七縣，淮安府安東、清河、鹽城、山陽、桃源五縣，揚州府高郵州及寶應、興化二縣，鳳陽府定遠縣，徐州蕭、沛、碭山三縣，并順天府霸州、真定定（廣本、抱本作"真定府"）平山縣，廣平府肥鄉縣，大名府清豐、南樂、濬、滑四縣各奏："今年春夏不雨，河水乾涸，禾麥焦枯，百姓艱食。"命行在户部寬恤之。

（《明宣宗實録》卷一〇三，第 2316 頁）

丁丑，湖廣布政司奏："今歲自二月至今亢旱不雨，襄陽府光化等縣及沔陽州等處稻麥皆無，已令各州縣發預備倉糧，給濟貧民。"（《明宣宗實録》卷一〇三，第 2317～2318 頁）

乙丑，崇安、廣信大雨水。（《國榷》卷二二，第 1455 頁）

八月

辛巳朔，夜，有流星大如盃，色赤，光燭地，起軍井，後有四小星隨之，東北行至游氣。（《明宣宗實録》卷一〇四，第 2321 頁）

壬午，夜，有流星大如盃，色青白，光燭地，起奎，西行至營室。（《明宣宗實録》卷一〇四，第 2323 頁）

癸未，免宣府左衛、直隸隆慶衛舊負屯糧之半，餘半准折收，以其地早霜，無獲故也。（《明宣宗實録》卷一〇四，第 2324 頁）

己丑，夜，有流星大如碗，色青白，光燭地，起危，西行至羽林軍。（《明宣宗實録》卷一〇四，第 2326 頁）

辛卯，巡按山東監察御史劉濱奏："兗州府濟寧、東平二州及汶上縣，濟南府陽信、長山、歷城、淄川四縣蟲蝻生，已委官捕瘞，而猷未熄。"命行在户部遣人馳驛督捕。（《明宣宗實録》卷一〇四，第 2326～2327 頁）

甲午，巡撫侍郎吴政奏："荆州、襄陽、德安、漢陽等府，安陸、沔陽等州，自去年秋至今年夏不雨，二麥不收，人多饑窘，已令各府縣於官倉給糧賑濟，其官軍俸糧、師生廩膳皆於襄陽府倉支麦。麥皆陳腐，且路遠難致，宜仍于各倉支米七分，三分於襄陽府倉支麥。"從之。（《明宣宗實録》卷一〇四，第 2328～2329 頁）

甲午，河南府洛陽、偃師、孟津、鞏四縣，山西猗氏縣，山東平度州濰縣，直隸保定府新城縣，滁州并全椒、来安二縣，鎮江府丹陽縣，常州府江陰縣各奏："去年冬無雪，今年春夏不雨，田穀旱死。"命行在户部寬恤。（《明宣宗實録》卷一〇四，第 2329 頁）

丙午，昏刻，熒惑犯南斗魁第二星。（《明宣宗實録》卷一〇四，第

2335 頁）

丁未，巡撫侍郎于謙言：“河南所屬州縣連年（抱本、廣本、閣本作‘歲’）旱傷，稅量免徵，而衛輝、彰德、懷慶、河南四府路當衝要，各驛供饋糧草多缺，乞以河南郡縣并附近湖廣襄陽府罪因，除所犯應解京者如例，其餘發邊衛納米贖罪者，改送河南轉發各府衝要驛，分納米與草贖罪。死罪五十石，流罪三十石，徒罪二十五石，杖罪一十石，笞罪五石，草每一束折米一斗五升，俟芻糧有積，仍如舊例。”從之。（《明宣宗實錄》卷一〇四，第 2337 頁）

丁未，昏刻，熒惑犯南斗。（《明宣宗實錄》卷一〇四，第 2337 頁）

閏八月

辛亥朔，夜，有流星大如碗，色赤有光，出北河，東北行至濁。（《明宣宗實錄》卷一〇五，第 2342 頁）

壬子，昏刻，有彗出天倉旁，光芒長丈。己巳，入貫索掃七公。己卯，入天市垣掃晉星，又二十有四日（廣本“日”下有“始”字）滅。（《明宣宗實錄》卷一〇五，第 2343 頁）

癸丑，順天府薊州、大名府魏縣、廣平府廣平縣各奏：“今年七月苦雨，河水漲（廣本作‘泛’）溢，潸没田稼。”（《明宣宗實錄》卷一〇五，第 2343 頁）

丁巳，直隸大名府長垣縣民奏：“虧欠所畜孳生馬四百四十七匹應償，今歲天旱無收，請以明年秋成買償。”從之。（《明宣宗實錄》卷一〇五，第 2346 頁）

戊午，昏刻，景星見西北方天門，三星大如碗，色青赤黃，明朗清潤，良久聚成半月形。（《明宣宗實錄》卷一〇五，第 2346～2347 頁）

丙寅，夜，有流星大如盃，色青白，有光，起參，東行至濁。（《明宣宗實錄》卷一〇五，第 2349 頁）

丁卯，江西廣信府奏：“今年七月十四日大雨連日，洪水怒溢，壞本府及永豐等縣壇場、廨宇、軍民廬舍，漂溺男女亡算，低田苗稼潸没。”命行

在戶部遣人撫恤。（《明宣宗實錄》卷一○五，第2349～2350頁）

己巳，夜，有流星大如盃，色青白，尾跡有光，起天鈎，東北行至游氣。（《明宣宗實錄》卷一○五，第2350頁）

庚午，昏刻，有彗出貫索內，尾長五尺餘，漸西南行，凡三十有四日始滅。（《明宣宗實錄》卷一○五，第2351頁）

辛未，昏刻，有流星大如盃，色赤有光，出正東雲中，東南行至雲中。（《明宣宗實錄》卷一○五，第2351頁）

甲戌，夜，有流星大如盃，色赤，尾跡有光，出文昌，東行至濁。又有流星大如雞彈，色赤，尾跡有光，出天苑，西南行至濁。（《明宣宗實錄》卷一○五，第2353頁）

丁丑，昏刻，歸邪星見東南方，色黃赤。（《明宣宗實錄》卷一○五，第2354頁）

戊寅，直隸揚州府泰州、通州并順天府大城縣、河間府青縣各奏："今年春夏無雨，田稼無收。"（《明宣宗實錄》卷一○五，第2355頁）

九月

戊子，夜，有流星大如盃，色赤有光，出南河，東行至濁。（《明宣宗實錄》卷一○六，第2359頁）

庚寅，昧爽，有流星大如雞彈，色青白，尾跡有光，出天船，西行至雲中。（《明宣宗實錄》卷一○六，第2360頁）

辛卯，夜，有流星大如盃，色赤，光燭地，起北斗魁，西北行入紫微垣內。（《明宣宗實錄》卷一○六，第2360頁）

壬辰，昏刻，有流星大如盃，色青白，有光，起天紀，東北行至華蓋。（《明宣宗實錄》卷一○六，第2361頁）

戊戌，辰刻，日生暈，隨生背氣左右珥。已刻，太白見未位，凡十有七日始滅。申刻，日復生暈，及背氣左右珥，色青赤鮮明。（《明宣宗實錄》卷一○六，第2364頁）

己亥，夜，有流星大如盃，色青白，尾跡有光，起壁，西南行至雷電。

五鼓，有流星大如盃，色赤，尾跡有光，出弧矢，南行至雲中。（《明宣宗實録》卷一○六，第2365頁）

乙巳，夜，有流星大如盃，色赤，尾跡有光，起北斗魁，東北行至游氣。（《明宣宗實録》卷一○六，第2367頁）

丙午，福建崇安縣奏："今年七月十四日，驟雨竟日，山水暴漲，縣治民居及緣河苗稼、橋梁俱漂决，人民溺死不可勝計。"命行在户部驗視撫恤。（《明宣宗實録》卷一○六，第2369頁）

十月

乙卯，夜，有流星大如雞彈，色青白，有光，出星宿，東南行至濁。（《明宣宗實録》卷一○六，第2373頁）

丁巳，夜，有流星大如盃，色赤，光燭地，起天陰，西北行至閣道。（《明宣宗實録》卷一○六，第2375頁）

癸亥，夜，五鼓，有流星大如雞彈，色赤，尾跡有光，出氐（廣本"氐"下有"宿"字），東行至游氣。曉刻，太白星犯亢第二星。（《明宣宗實録》卷一○六，第2377頁）

乙丑，夜，有流星大如雞彈，色赤有光，出營室，西行至濁。（《明宣宗實録》卷一○六，第2377頁）

癸酉，日上生背氣一道，色赤青鮮明。（《明宣宗實録》卷一○六，第2381頁）

甲戌，昏刻，熒惑犯壘壁陣西第七星。夜有流星大如盃，色青白，光燭地，起天廩，西南行至天苑。（《明宣宗實録》卷一○六，第2382頁）

十一月

庚辰朔，昏刻，有流星大如盃，色赤有光，出天倉，東北行入參。（《明宣宗實録》卷一○七，第2385頁）

辛卯，曉刻，太白犯罰星。（《明宣宗實録》卷一○七，第2388頁）

癸巳，夜五鼓，有流星大如雞彈，色青白，尾跡有光，出北河，東行入

文昌。（《明宣宗實錄》卷一○七，第2388頁）

甲辰，日上生背氣一道，色青赤鮮明。（《明宣宗實錄》卷一○七，第2390頁）

乙巳，日生左右珥，色黃赤，隨生背氣一道，色赤青鮮明。（《明宣宗實錄》卷一○七，第2391頁）

丙午，夜，有流星大如盃，色青白，光燭地，起軒轅，西北行至文昌。（《明宣宗實錄》卷一○七，第2392頁）

丙午，南京地震，有聲如雷。（《明宣宗實錄》卷一○七，第2392頁）

十二月

己未，昏刻，有流星大如盃，色黃赤，尾跡有光，出壘壁陣，後有數小星隨之，東北行至濁。（《明宣宗實錄》卷一○七，第2397頁）

己巳，夜，有流星大如盃，色青白，尾跡有光，出紫微西蕃外，北行至濁。（《明宣宗實錄》卷一○七，第2400頁）

癸酉，大同總兵官武安侯鄭亨奏："大同諸衛屯軍因春夏亢旱，秋復早霜，麥穀無收，老少飢窘，恐致失所，已令大同行都司自宣德九年正月為始，照例給月糧賑濟，至五月中麥熟停止。"（《明宣宗實錄》卷一○七，第2403頁）

是年

春，山東旱，遣使賑卹。（民國《續修東阿縣志》卷一五《祥異》）

夏，旱，饑。（萬曆《安邱縣志》卷一下《總紀》；康熙《杞紀》卷五《繫年》；康熙《莒州志》卷二《災異》；民國《壽光縣志》卷一五《大事記》）

夏，旱。（同治《嵊縣志》卷二六《祥異》）

旱，饑。（光緒《盱眙縣志稿》卷一四《祥祲》）

大名府屬州縣自七年冬至今年夏六月不雨，稼盡稿死，命行在户部遣官覆視，蠲其税。（乾隆《東明縣志》卷七《灾祥》）

大名屬縣境內蝗，遣官督捕。（康熙《南樂縣志》卷九《紀年》）

德安大旱。（光緒《淮安府志》卷二〇《祥異》）

大旱。（康熙《德安安陸郡縣志》卷八《災祥》；康熙《孝感縣志》卷一四《祥異》；道光《安陸縣志》卷一四《祥異》；同治《瀏陽縣志》卷一四《祥異》；光緒《咸甯縣志》卷八《災祥》）

春，南畿旱，遣使振卹。夏，復振南京饑，免其稅糧。（光緒《金陵通紀》卷一〇上）

大水。（同治《南康府志》卷二三《祥異》）

上饒、貴溪、永豐大水，壞公私廬舍數百，溪谷易處，歲大祲。（同治《廣信府志》卷一《星野》）

大水，壞廬舍，溪谷易處，歲大祲。（同治《廣豐縣志》卷一〇《祥異》）

廣信大水。（同治《玉山縣志》卷一〇《祥異》）

春，以兩京、河南、山東、山西久旱，遣使賑恤。四月戊戌，詔蠲京省被災逋租、雜課，免今年夏稅，賜復一年。六月乙酉，禱雨不應，作《閔旱詩》示羣臣。是夏，復賑兩京、河南、山東、山西、湖廣饑，免稅糧。（《明史·宣宗紀》，第123～124頁）

春，旱，遣使振卹。夏，復賑饑，免稅糧。（乾隆《歷城縣志》卷二《總紀》）

春，旱，遣使振卹。夏，復振，免稅粮。（乾隆《諸城縣志》卷二《總紀上》）

自春徂秋不雨，大饑，人相食。（民國《濰縣志稿》卷二《通紀》）

春夏不雨，賑饑。秋七月，大雨，顏子廟屋壞。（乾隆《曲阜縣志》卷二八《通編》）

江南夏旱，米價翔貴。有詔令賑恤，而蘇州飢民四十餘萬戶。（乾隆《元和縣志》卷三四《藝文》）

夏，常州不雨。大家懇道修往禱，及至，則人頗急，修登壇赫怒，忽震霆劈大木，雷火其廩，不留粒粟。已而黑雲蔽天，四龍見雲中，驟雨傾注，觀者股慄。（隆慶《長洲縣志》卷一四《人物》）

夏，大旱。（嘉靖《隨志》卷上；康熙《應山縣志》卷二《兵荒》）

以水旱告饑者，府州縣七十有六。（《明史·五行志》，第508頁）

旱，饑。河決滎陽，東南自亳入渦，至懷運入淮。（乾隆《盱眙縣志》卷一四《蓄祥》）

大名府屬縣自七年冬至八年夏六月不雨，稼盡槁死，命戶部遣官覆視，蠲其稅。（同治《清豐縣志》卷二《編年》）

金水河泛漲，夜半從東門入，廟宇民舍湮沒傾頹，止有北門尚存。（康熙《徐溝縣志》卷一《城池》）

歲祲，松江飢民二十餘萬，計口者五十餘萬，乃盡發所儲以賑之，民乃獲濟。（嘉慶《松江府志》卷一九《倉廩》）

蝗災，禾稼盡傷。（雍正《崇明縣志》卷一四《循良》）

南畿旱，遣使賑卹。是歲，復振南京饑，免稅糧。（民國《首都志》卷一六《大事表》）

大旱，四塘乾枯，運舟滯沚，無水接濟。（康熙《江都縣志》卷一三《藝文》）

泗州旱，饑。（萬曆《帝鄉紀略》卷六《災患》）

水。（乾隆《武寧縣志》卷一《祥異》）

大水。（乾隆《豐城縣志》卷一六《祥異》；同治《都昌縣志》卷一六《祥異》）

水災，巡撫奏蠲租。（同治《建昌縣志》卷一二《祥異》）

大水，壞公私廬舍數百家，溪谷易處。歲大祲。（康熙《廣信府志》卷一《祥異》）

大水，溪谷易處，歲大祲。（乾隆《貴溪縣志》卷五《祥異》）

郡旱，民饑。（康熙《撫州府志》卷一《災祥》）

天雨，溢江沒居。（康熙《進賢縣志》卷一八《災祥》）

大風，大雨。（康熙《儋州志》卷二《祥異》）

南畿旱。（同治《上江兩縣志》卷二下《大事下》）

大旱，自七年冬至本年夏六月不雨，麥禾盡槁，遣官覆視，蠲其租。

（光緒《南樂縣志》卷七《祥異》）

自七年冬至今年夏六月不雨。（同治《滑縣志》卷一一《祥異》）

宣德九年（甲寅，一四三四）

正月

癸未，夜，有流星大如盃，色青白，光燭地，起七公，東北行至天棓。（《明宣宗實錄》卷一〇八，第2409頁）

甲申，雷雨。（《明宣宗實錄》卷一〇八，第2409頁）

癸卯，河南新鄉縣知縣許宣言：“比年沁河水漲，衝決馬曲灣，湍勢湧急，經獲嘉縣至新鄉，水深成河，環繞城垣。城北又匯為潭，其患滋甚，已築堤百餘丈防之，終莫能禦，蓋修築馬曲灣隄岸不固所致。乞令懷慶府縣督工堅築，俾水復沁河，則水患可息。”上命行在工部遣人視其地勢，及計議用工難易，以時興役。（《明宣宗實錄》卷一〇八，第2414~2415頁）

癸卯，夜，有流星大如鷄彈，色赤有光，出庫樓，南行至濁。（《明宣宗實錄》卷一〇八，第2415頁）

甲辰，夜，有流星大如杯，色赤，光燭地，起天棓，東北行至天津。（《明宣宗實錄》卷一〇八，第2415頁）

沁水漲，決馬曲灣，經獲嘉、新鄉，平地成河。（乾隆《獲嘉縣志》卷一六《祥異》）

二月

庚戌，行在戶部奏：“直隸揚州、淮安、鳳陽、徐州等府州縣連歲亢旱，百姓無食，有司雖已發廩勸分，今公私空匱。”上聞之惻然，勒巡撫侍郎曹弘用心撫恤，如他處有粮，悉移賑之，一切買辦科徵，盡行停止。（《明宣宗實錄》卷一〇八，第2418頁）

庚戌，日生左右珥，色黃赤。又生重半暈，色青赤。（《明宣宗實錄》

卷一〇八，第 2418 頁）

戊午，陝西布政司奏：“平涼府崇信縣、西安府咸陽縣、金州漢陰縣去年秋雨雹傷稼，人民飢窘，已發官倉雜糧賑濟，俟來年秋成，如數還官。民有未納稅糧，乞暫停徵。”從之。（《明宣宗實錄》卷一〇八，第 2423 頁）

戊午，昏刻，有流星大如雞彈，色赤，尾跡有光，出天船，西南行至濁。（《明宣宗實錄》卷一〇八，第 2423 頁）

己未，未刻，西南有流星大如斗，色赤有光，西行至濁。（《明宣宗實錄》卷一〇八，第 2424 頁）

乙亥，巡撫侍郎吳政言：“去秋湖廣江水泛溢，衝決江陵、枝江二縣，緣江隄岸三百五十餘丈，民田軍屯多被其患，請于農隙發旁近軍民，相兼修築。”從之，仍命政遣廉幹官一員督之。（《明宣宗實錄》卷一〇八，第 2436 頁）

乙亥，夜，有流星大如雞彈，色青白，尾跡有光，出星宿，西南行至雲中。（《明宣宗實錄》卷一〇八，第 2436 頁）

丙子，日生背氣一道，色青赤鮮明。（《明宣宗實錄》卷一〇八，第 2437 頁）

三月

己卯，夜，有流星大如盃，色青白，尾跡有光，出匏瓜，東行入危。（《明宣宗實錄》卷一〇九，第 2441 頁）

壬午，夜，有流星大如雞彈，色赤，尾跡有光，出天槍〔倉〕，西北行入文昌。（《明宣宗實錄》卷一〇九，第 2443 頁）

乙未，直隸常州府武進縣、揚州府興化縣、徐州、順德府任縣、保安州并萬全都司所屬衛所，山東登州府蓬萊、寧海、萊陽、招遠、棲霞、福山等州縣皆奏：“去歲水旱，田穀不收，今民缺食，已勸富人分粟賑濟，而猶不足。”上命盡給各府衛及附近去處所貯官糧賑之，毋致失所。（《明宣宗實錄》卷一〇九，第 2450～2451 頁）

乙未，直隸揚州府通州、保定府滿城縣皆奏：“連年水旱，禾稼不收，

民多艱食，乞寬所徵孳生馬及逋負穀草。"從之。（《明宣宗實錄》卷一〇九，第 2451 頁）

壬寅，夜，有流星大如盃，色青白，有光，起太微垣內，西南行至翼。（《明宣宗實錄》卷一〇九，第 2456 頁）

四月

辛亥，夜，有流星大如盃，色青白，光燭地，起宗正，東南行至雲中。（《明宣宗實錄》卷一一〇，第 2463 頁）

癸丑，巡按直隸監察御史李志奏："鳳陽府壽、泗等州，臨淮等縣，自宣德七年冬至去年秋不雨，田穀旱傷，人民缺食，已令有司賑濟。今布種維時，民皆饑困，乞以徐州、淮安二處倉糧，除留漕運之外，量借饑民食用，俟豐稔償官。"從之。（《明宣宗實錄》卷一一〇，第 2463 頁）

丁巳，巡按江西監察御史尹鏜奏："南昌、臨江、廣信諸屬縣去年雨潦，田禾不收，人民缺食，多有逃竄。存者無種糧耕種，採拾度日，不能自存，甚至擅取大戶所積穀，因而聚集不散。已遣官分投勸借賑濟，而工部坐派諸色顏料、竹木、鑄錢等項，民實不堪，乞且停止，少蘇疲癏，俟豐稔之歲，如數徵輸。"上謂尚書吳中曰："小民饑窘，食祿者皆須矜惻賑郵，工部獨不念乎？其速罷之。"（《明宣宗實錄》卷一一〇，第 2464 頁）

五月

丁丑朔，山東濟寧州及滋陽、鄒二縣，河南開封府祥符縣各奏蝗蝻生。命行在戶部遣官馳驛督捕。（《明宣宗實錄》卷一一〇，第 2476 頁）

癸未，直隸蘇州府及和州、河間府吳橋縣，并山西安邑縣皆奏所屬去歲亢旱，田穀無收，今民多飢窘，已發官倉米驗口賑濟。（《明宣宗實錄》卷一一〇，第 2479 頁）

甲申，夜五鼓，有流星大如盃，色青白，尾跡有光，起羽林軍，西南行至濁。（《明宣宗實錄》卷一一〇，第 2480 頁）

乙未，直隸和州及大名府滑縣皆奏："天旱民饑，採拾自給，已發官廩

賑濟，俟秋成還官，具以數聞。"（《明宣宗實錄》卷一一〇，第 2483 頁）

庚子，昏刻，歲星犯軒轅大星。（《明宣宗實錄》卷一一〇，第 2385 頁）

不雨，郡守李晟齋沐虔禱于天寧寺，以副都綱茂静典厥職，五日克應，黑雲蔽空，雷電交作，甘霖如注，燈燭盡滅。二刻許，雨晴天净，眾僧見殿前磚上有"月明識"三字，非墨非粉，傍有巨人足跡，微濕，人咸異之。今碑見存。（《粤西叢載》卷一五）

旱，蝗。饑。（乾隆《歷城縣志》卷二《總紀》）

應天府府尹鄺埜謹遣句容縣知縣許聰敢昭告于境内祀典之神，兹者天時久亢，農事孔艱，隴畝適耕而龜拆，致憂秧苗未蒔而枯荄，是懼。（弘治《句容縣志》卷一二《雜錄》）

不雨。（民國《邕寧縣志》卷三六《災祥》）

寧海縣潮決，徙地百七十餘頃。（《明史·五行志》，第 448 頁）

戊寅，順慶府大雨水。（《國榷》卷二二，第 1467 頁）

六月

戊申，行在工部尚書吳中奏："城中軍民房屋有逼近城垣者，昨民家失火，延燒文明門樓，請令如永樂中離城二十餘丈，居住逼城者令別遷。"上諭中曰："方今苦雨，而令徙居，貧家良難，宜先與善地，令從容營構，俟秋後雨止而遷。"（《明宣宗實錄》卷一一一，第 2487 頁）

戊申，直隸保定府容城縣奏："久雨，巨河溢壞隄防，傷稼，已督民修築。"（《明宣宗實錄》卷一一一，第 2487 頁）

戊申，日入，有流星大如碗（廣本作"盃"），色青白，有光，起正南雲中，東行至雲中。昏刻，有流星大如碗，色青赤，光燭地，起房，西南行至平星。又一星大如盃，色赤，尾跡有光，出太微西垣，西南行至游氣。又一星大如盃，色赤有光，出文昌，西北行至濁。（《明宣宗實錄》卷一一一，第 2487～2488 頁）

癸丑，築薊州之激流黃蠟堝等處隄岸。時薊州民言："激流諸隄岸被水衝決，闊者八十餘丈，狹者十餘丈，連年澇傷苗稼，致民饑窘。"上命鎮守

都督陳敬遣官軍以時修築。（《明宣宗實錄》卷一一一，第2489頁）

乙卯，夜，有流星大如雞彈，色赤，尾跡有光，出婁，西北行入梗河。（《明宣宗實錄》卷一一一，第2490頁）

丙辰，行在工部尚書吳中奏："北京城東南有雨水，□（似作'磨'）及通惠河諸閘，皆為河水所壞。今南門外舊有減水河，若加疏鑿長二十餘丈，即與郊壇後河通流，可泄水勢。"上曰："盛夏炎暑，未宜疲勞民力，姑緩之。"（《明宣宗實錄》卷一一一，第2490頁）

甲子，雨，雷震大祀壇外西門獸吻。昏刻，有流星大如雞彈，色青白，有光，出南斗，南行至濁。（《明宣宗實錄》卷一一一，第2494頁）

丙寅，免直隸順德府鉅鹿等三縣宣德七年水災官民田地租一千三百四十五石，草二萬五千一百四十（抱本無"十"字）束。（《明宣宗實錄》卷一一一，第2495頁）

丁卯，夜，有流星大如盃，色赤，尾跡有光，出左攝提，西行至濁。將旦，有流星大如碗，色赤，尾跡有光，出正東雲中，東南行至濁。（《明宣宗實錄》卷一一一，第2495頁）

戊辰，昏刻，有流星大如雞彈，色赤，尾跡有光，出東咸，西行入角。（《明宣宗實錄》卷一一一，第2495頁）

庚午，免順天府涿等州、文安等縣一十八處宣德七年、八年水旱災傷田地租二萬八千八百七十二石、草六十八萬五千七百六十束。（《明宣宗實錄》卷一一一，第2497頁）

庚午，水決北京渾河東崖（抱本、廣本、閣本作"岸"），自狼窩口至小屯廠。（《明宣宗實錄》卷一一一，第2497頁）

庚午，應天府溧陽、江寧二縣，揚州府通、泰二州，如皋、興化、泰興三縣，太平府蕪湖縣，滁州來安縣，和州并含山縣，山西平陽府稷山縣各奏："自春至夏缺雨，田苗旱傷。"（《明宣宗實錄》卷一一一，第2497頁）

壬申，懷來諸衛奏："黑峪等煙墩、石墻凡三十餘所，為霖雨所壞。"命俟〔候〕農隙之時，發旁近軍民修築。（《明宣宗實錄》卷一一一，第2498頁）

壬申，順天府薊、霸二州，武清、永清、東安、固安四縣，廣平府曲周、廣平二縣，順德府鉅鹿縣，真定府元氏縣各奏："五月，連雨不止，澇傷田苗。"（《明宣宗實錄》卷一一一，第 2498 頁）

甲戌，直隸真定府趙州及欒城、高邑、隆平、寧晉四縣，徐州蕭縣，廬州府無為州，山東濟南府臨邑縣、德州、武定州陽信、樂陵二縣，濱州陵縣各奏："春夏不雨，旱傷田稼。"（《明宣宗實錄》卷一一一，第 2499 頁）

乙亥，右副總兵都指揮僉事吳亮言："督糧船萬餘艘已達北河，而河水泛溢難進，且河西務東西上下水決隄岸一十五處，奔流迅激，勢益猛悍，重載之舟恐失利，乞早修築。"上命行在工部發軍民修築，命豐城侯李賢總督之。（《明宣宗實錄》卷一一一，第 2499 頁）

乙亥，直隸保定府雄縣奏："霖雨經旬，河水漲溢，衝決隄岸。其流散漫，自縣之南關至郝家莊鋪，沒驛路四里有餘，衝壞橋梁三所，公私往來未便。"上命行在工部俟水退，發傍近州縣民協力修治。（《明宣宗實錄》卷一一一，第 2500 頁）

乙亥，福建之連城縣、浙江之新城縣皆奏："去年夏旱，田穀無收，人民乏食，已借預備倉穀及存留儒學二倉米賑濟，俟明年秋成償官。"各具數上聞。（《明宣宗實錄》卷一一一，第 2500 頁）

乙亥，申刻，日上背氣一道。酉刻，日旁直氣一道，皆青赤鮮明。（《明宣宗實錄》卷一一一，第 2500 頁）

旱災。（宣統《泰興縣志補》卷八《述異》）

十二連日大雨，至七月初四日尤甚，禾不收。（康熙《儋州志》卷二《祥異》）

甲子，雷震大祀壇外西門獸吻。（《明史·五行志》，第 433 頁）

渾河決東岸，自狼河口至小屯廠，順天、順德、河間俱水。（《明史·五行志》，第 448 頁）

七月

丁丑，夜，有流星大如雞彈，色赤有光，出危，西行至雲中。（《明宣

宗實録》卷一一一，第 2500 頁）

己卯，昏刻，有流星大如碗，色青白，有光，起正東雲中，東北行至雲中。（《明宣宗實録》卷一一一，第 2500～2501 頁）

壬午，直隸滁州、徐州及碭山縣皆奏："去歲夏旱，田穀不收，今年春夏人民多饑，已借官倉米麥賑濟，俟來年秋收後償官。"各具數聞。（《明宣宗實録》卷一一一，第 2501 頁）

癸未，夜，有流星大如盃，色青白，有光，起畢，東南行至參。（《明宣宗實録》卷一一一，第 2501 頁）

甲申，行在户部奏："直隸大名府大名、元城、内黄、南樂、長垣、魏、濬、滑八縣，廣平府邯鄲、雞澤、肥鄉、成安、永寧五縣，鳳陽府宿州靈璧縣，淮安府山陽、安東二縣，山東濟寧州汶上縣，東昌府濮州，萊州府濰縣，青州府壽光縣，濟南府長山縣，河南衛輝府輝、淇、汲、獲嘉、新鄉、胙城六縣，彰德府磁州湯陰、安陽、臨漳三縣，懷慶府武陟、修武、濟源、河内、溫、孟六縣，開封府鄭州、滎陽、河陰、滎澤、汜水、延津五縣，境内蝗蝻，覆地尺許，傷害禾稼，雖悉力捕瘞，而日加繁盛。"上歎曰："民以穀為命，蝗不盡滅，民何所望？"遂再遣御史、給事中、錦衣衛官，各馳驛分往督捕。（《明宣宗實録》卷一一一，第 2502～2503 頁）

乙酉，順天府通州，宛平、遵化、大城、文安、保定、香河六縣；保定府安州，清苑、高陽、新安、新城、雄、完六縣；河間府任丘縣；廣平府清河縣，并鎮朔、東勝右、忠義中、涿鹿左四衛各奏："五月、六月連雨，河水泛溢，潰没軍民田穀。"命行在户部遣人覆視，蠲其租。（《明宣宗實録》卷一一一，第 2503 頁）

丙戌，直隸真定府贊皇、武邑、平山、井陘四縣各奏："今年春夏亢旱，二麥焦枯，秋穀妨種。"（《明宣宗實録》卷一一一，第 2503 頁）

丙戌，夜，有流星大如雞彈，色赤，尾跡有光，出虛，西南行至雲中。（《明宣宗實録》卷一一一，第 2503～2504 頁）

辛卯，山東濟南府歷城、長清、齊河、齊東、禹城、肥城、平原、鄒平、商河九縣，登州府文登縣，直隸淮安府沭陽、鹽城二縣，山西平陽府蒲

州、河津縣各奏蝗蝻生。命行在户部亟遣官馳驛督捕。（《明宣宗實錄》卷一一一，第 2504 頁）

辛卯，夜，有流星大如鷄彈，色赤有光，起東南雲中，東南行至雲中。（《明宣宗實錄》卷一一一，第 2504 頁）

壬辰，直隷揚州府之如皋縣奏："去年春夏旱，二麥薄收，田稼不實，人民饑窘，已借預備倉穀，給賑不周，又借軍儲等倉，并存留折徵馬草糧米共二千六百七十餘石賑濟，俟來秋收成償官。"（《明宣宗實錄》卷一一一，第 2505 頁）

甲午，密雲中、後二衛奏："今夏霖雨，山水衝壞城垣一百二十餘丈，乞放遣二衛軍士之在京修倉者，回衛修築。"從之。（《明宣宗實錄》卷一一一，第 2505 頁）

癸卯，順天府涿州房山縣，薊州玉田縣，順德府任、廣宗二縣，河間府静海縣各奏："六月，苦雨傷稼。"（《明宣宗實錄》卷一一一，第 2509 頁）

癸卯，夜，有流星大如盃，色青白，有光，出紫微東蕃，東北行至濁。（《明宣宗實錄》卷一一一，第 2509 頁）

南畿旱，溧水尤甚，遣官督嚴捕蝗。甲子，敕南京巡撫各官行視災傷，蠲秋糧十之四。（光緒《金陵通紀》卷一〇上）

野狐嶺等處霖雨，壞城及壕塹墩臺。（乾隆《宣化府志》卷三《星土》）

旱蝗傷稼，饑。（民國《德縣志》卷二《紀事》）

遣官督捕山東蝗。（民國《續修東阿縣志》卷一五《祥異》）

蝗。（乾隆《平原縣志》卷九《災祥》；乾隆《諸城縣志》卷二《總紀上》）

蝗蝻覆地尺許，傷稼。（道光《濟南府志》卷二〇《災祥》）

旱蝗大傷稼，饑。（乾隆《德州志》卷二《紀事》）

蝗，詔遣官督捕。（光緒《寧津縣志》卷一一《祥異》）

南畿旱，遣官捕蝗。甲子，敕南京各官行視災傷，蠲減秋糧。（民國《首都志》卷一六《大事表》）

南畿旱，遣官捕蝗。（同治《上江兩縣志》卷二下《大事下》）

兩畿、山西、山東、河南蝗螟覆地尺許，傷稼。（《明史·五行志》，第437頁）

南畿、湖廣、江西、浙江及真定、濟南、東昌、兗州、平陽、重慶等府旱。（《明史·五行志》，第482頁）

南畿、山東、浙江、陝西、山西、江西、四川多告饑，湖廣尤甚。（《明史·五行志》，第508頁）

八月

丁未，巳刻，日上生抱氣一道，色黃赤鮮明。（《明宣宗實錄》卷一一二，第2511頁）

丙辰，昏刻，有流星大如盃，色赤，尾跡有光，出心，正西行至濁。（《明宣宗實錄》卷一一二，第2515~2516頁）

戊午，行在工部言：“渾河、東狼、窩口等岸比為水衝決，已役軍夫二千五百人修築，工力不足，請於直隸河間、真定、保定三府無水災之處，起民夫協力修治，庶易成功。”從之，命都督鄭銘董其役，凡役夫俱給口糧。（《明宣宗實錄》卷一一二，第2516頁）

己未，直隸揚州府高郵州奏：“六月以來蝗螟生，已發民捕瘞。”命行在戶部再遣人馳驛督之。（《明宣宗實錄》卷一一二，第2517頁）

壬戌，遼東都司奏：“定遼左、右、中、前、後五衛，大寧都司奏營州左屯衛，保定左、右、前、後、中五衛，茂山衛寬河守禦千户所，并直隸興州前屯衛、涿鹿中衛、徐州衛各奏六、七月大雨水潦，渰没田苗。”命行在戶部遣人覆視，蠲其子粒。（《明宣宗實錄》卷一一二，第2518頁）

壬戌，午刻，日上生戴氣一道，色青赤鮮明。（《明宣宗實錄》卷一一二，第2518頁）

甲子，命行在兵部：“凡南北直隸府州縣及山東布政司，今年水旱、蝗螟災傷之處，軍民原養孳牧及乘操馬倒死虧欠者，自八月十五日以前，悉免追償，八月十六日以後應償者，俱候宣德十年秋成後追。”（《明宣宗實錄》卷一一二，第2518~2519頁）

乙丑，勅諭湖廣、河南、江西布政司及南直隷應天、蘇、松、鳳陽、淮安及北京直隷等府州縣曰："今夏旱蝗荐臻，凡災傷之處，民多缺食，朕聞之惻然。但係工部派辦物料，即皆停止，無災傷之處所派辦者，亦令陸續辦納，不許逼迫。差去催辦官員，悉令回京。若遷延在外擾民，必罪不貸。"（《明宣宗實錄》卷一一二，第 2521 頁）

丙寅，曉刻，月犯井鉞星。（《明宣宗實錄》卷一一二，第 2522 頁）

丁卯，昏刻，有流星大如雞彈，色赤，尾跡有光，出斗，西行入房。夜有流星大如雞彈，色青白，尾跡有光，出五車，西北行至濁。（《明宣宗實錄》卷一一二，第 2522 頁）

癸酉，直隷保定府祁、易二州，唐、蠡、定興、博野、安肅、容城六縣，真定府定州，河間府河間縣，順天府昌平、漷二縣，陝西漢中府洋縣，河南開封府通許縣各奏："五、六月間，久雨水潦，衝決堤岸，湮沒田苗。"四川順慶府奏："五月初二日雨，至初六日，江水泛溢，漫浸本府倉糧，壞南充縣居民房舍，漂溺牛馬。"命行在戶部遣人巡視，并寬恤之。（《明宣宗實錄》卷一一二，第 2526 頁）

甲戌，夜，有流星大如盃，色赤，光燭地，起北河，西北行至文昌。（《明宣宗實錄》卷一一二，第 2526 頁）

壬戌，遼東定遼左、右、中、前、後五衛水，沒田苗。甲子，勅遼東府州縣亢旱災傷。（民國《奉天通志》卷一二《大事》）

水。（雍正《陝西通志》卷四七《祥異》）

九月

乙亥朔，直隷揚州府江都縣、湖廣德安府安陸等五縣各奏："五、六月間天旱，河渠乾竭，田穀焦稿。"命行在戶部覆視，蠲其租。（《明宣宗實錄》卷一一二，第 2527 頁）

乙亥，四川重慶府合州等州、綦江等縣各奏："今年四月以來，亢旱不雨，苗稼枯稿，民多缺食，皆已循例發廩賑之。"具數上聞。（《明宣宗實錄》卷一一二，第 2527 頁）

己卯，順天府府尹李庸奏："霸州等州、固安等縣今年水潦，禾稼無收，已蠲秋糧什分之四，又免見追物料及所欠官馬，其應納穀草鹽糧，亦乞寬減，并乞所屬驛站，暫採青草及豆萄等糧，准納支用。"悉從之。（《明宣宗實錄》卷一一二，第2530~2531頁）

己卯，巡按直隸監察御史聶用乂奏："鎮江、常州、蘇州、松江四府所屬，自六月以來，亢陽不雨，河港乾涸，田稼旱傷。"命行在戶部寬恤。（《明宣宗實錄》卷一一二，第2531頁）

辛卯，夜，月犯昴。（《明宣宗實錄》卷一一二，第2534頁）

戊戌，夜，有流星大如雞彈，色赤，尾跡有光，出柳，東南行至雲中。（《明宣宗實錄》卷一一二，第2535~2536頁）

己亥，日入，有流星大如雞彈，色青白，行丈餘，光大如碗，起正北雲中，東北行至濁。（《明宣宗實錄》卷一一二，第2536~2537頁）

十月

甲辰朔，夜，有流星大如盃，色青白，有光，起正東游氣，行丈餘，光大如碗，至東南濁，有聲如雷。（《明宣宗實錄》卷一一三，第2539頁）

己酉，直隸應天府之溧水、六合、江寧、上元、句容五縣，太平府之當塗縣皆奏："今年自春至秋不雨，溪澗絕流，全妨種植，間有種者，亦盡焦稿，土地乾坼，寸草不生，民皆饑餓，乞寬減買辦物料。"廣洋等三十五衛亦奏："屯軍所種六合等屯旱乾無收，乞免子粒。"上悉從所言，命戶部及巡撫侍郎周忱設法賑濟。（《明宣宗實錄》卷一一三，第2540~2541頁）

己酉，湖廣武昌府所屬一州九縣，荊州府荊門州、江陵、公安、石首、監利、潛江、松滋、枝江、當陽、長陽九縣，長沙府所屬十二縣，岳州府所屬一州七縣，德安府應城、孝感二縣，漢陽府所屬二縣，衡州府所屬一州八縣，永州府所屬一州六縣，安陸州京山縣，浙江嘉興、杭州、衢州、金華、紹興五府屬縣各奏："春夏久旱，陂塘乾涸，農田禾稻，皆已焦枯，秋成無望。"上命行在戶部分遣人馳驛撫安寬恤。（《明宣宗實錄》卷一一三，第2541頁）

庚戌，巡撫侍郎曹弘奏："直隸鳳陽、淮安、揚州、廬州四府，徐、滁、和三州，并山東濟南、東昌、兗州三府，今歲五、六月亢旱不雨，苗稼盡枯，至七月霪雨，低田澇傷，民皆乏食。"上命弘督所在有司，設法勸分賑濟。（《明宣宗實錄》卷一一三，第 2541～2542 頁）

庚戌，直隸河間府獻縣奏："春夏少雨，播種後時，及秋苗稼方長，雨潦潺没，顆粒無收。"命行在户部蠲租賑恤之。（《明宣宗實錄》卷一一三，第 2542 頁）

庚戌，夜，有流星大如雞彈，色青白，尾跡有光，出北河，南行入軍市。（《明宣宗實錄》卷一一三，第 2542 頁）

辛亥，江西南昌府奉新、豐城二縣，臨江府清江縣各奏："去年雨水，潺没禾稼，今年亢旱，赤地無收，稅糧難辦。"命行在户部蠲之。（《明宣宗實錄》卷一一三，第 2542 頁）

辛亥，湖廣常德、荆州二衛奏："官軍屯田今年夏旱，田禾稿死，乞免歲較子粒。"從之。（《明宣宗實錄》卷一一三，第 2542 頁）

辛亥，昏刻，有流星大如雞彈，色青白，有光，出天市東垣，正西行至濁。夜有流星大如雞彈，色赤，尾跡有光，出王良，北行至濁。（《明宣宗實錄》卷一一三，第 2542 頁）

壬子，夜，有流星大如雞彈，色赤，尾跡有光，出弧矢，東行至濁。昧爽，有流星大如雞彈，色青白，尾跡有光，出軫，南行至濁。（《明宣宗實錄》卷一一三，第 2542 頁）

癸丑，夜，有流星大如雞彈，色青白，有光，出天苑，南行至濁。（《明宣宗實錄》卷一一三，第 2542 頁）

乙卯，曉刻，有流星大如雞彈，色青白，尾跡有光，出文昌，西北行至濁。（《明宣宗實錄》卷一一三，第 2546 頁）

庚申，太平府繁昌、當塗二縣，池州府貴池縣皆奏："今夏亢旱，田禾枯槁，人民缺食。"命行在户部寬恤之。（《明宣宗實錄》卷一一三，第 2552 頁）

壬戌，夜，有流星大如雞彈，色青白，尾跡有光，出北斗杓，東北行至

濁。（《明宣宗實錄》卷一一三，第 2553 頁）

癸亥，巡按陝西監察御史蕭清奏：“西安府及蘭州衛、延安府鄜州，五月至七月亢旱，田苗稿死，人民饑困。”命行在戶部覆視寬恤。（《明宣宗實錄》卷一一三，第 2554 頁）

辛未，夜，有流星大如雞彈，色赤有光，出文昌，東北行至濁。（《明宣宗實錄》卷一一三，第 2563 頁）

發臨清倉，賑饑民。是歲，濟南、東昌、兗州旱。（民國《清平縣志》第一冊《紀事篇》）

饑。（光緒《歸安縣志》卷二七《祥異》）

十一月

己卯，曉刻，熒惑犯氐西南星。（《明宣宗實錄》卷一一四，第 2567 頁）

乙酉，夜，有流星大如盃，色赤有光，出參，南行至濁。（《明宣宗實錄》卷一一四，第 2568 頁）

丙戌，夜，有流星大如盃，色赤有光，起昴，西行至濁。（《明宣宗實錄》卷一一四，第 2568 頁）

壬辰，昏刻，太白犯壘壁陣。（《明宣宗實錄》卷一一四，第 2570 頁）

乙未，江西臨江、吉安、瑞州、袁州、撫州、南昌、南康、贛州八府，山西平陽府蒲州各奏：“所屬自四月至八月不雨，田稼（廣本作‘禾’）盡枯。”命行在戶部遣人覆視寬恤。（《明宣宗實錄》卷一一四，第 2571 頁）

乙未，直隸鎮江府所屬三縣，池州府之青陽縣，鳳陽府之鳳陽縣，浙江金華府之武義縣各奏：“人民缺食，已借給官倉穀米麥豆濟之，俟明年秋成償官。”悉具數聞。（《明宣宗實錄》卷一一四，第 2571 頁）

己亥，昏刻，填星犯太白。（《明宣宗實錄》卷一一四，第 2573 ～ 2574 頁）

庚子，四川布政司及鳳陽府虹縣、邳州衛指揮司各奏：“所屬地方春夏旱澇不一，所種無收。”命行在戶部覆視蠲租。（《明宣宗實錄》卷一一四，

第 2574 頁)

庚子，曉刻，有流星大如鷄彈，色青白，尾跡有光，出庫樓，西南行至雲中。(《明宣宗實錄》卷一一四，第 2574~2575 頁)

十二月

己酉，浙江溫州府之樂清縣，嚴州府之遂安、桐廬二縣，江西九江府之彭澤縣各奏："去歲乾旱，田穀無收，今年春夏以來民多饑窘，已借預備倉穀米濟之，俟來年秋收後償官。"(《明宣宗實錄》卷一一五，第 2582 頁)

己酉，曉刻，熒惑犯鈎鈐第二星。(《明宣宗實錄》卷一一五，第 2582 頁)

甲寅，直隸真定府阜平縣、順天府平峪縣各奏："今年七月淫雨連旬，河水漲溢，渰没黍穀，秋田無收。"命行在户部遣人覆視，蠲其租。(《明宣宗實錄》卷一一五，第 2583~2584 頁)

丙辰，夜，有流星大如盃，色青白，光燭地，起天囷，東南行至天苑。(《明宣宗實錄》卷一一五，第 2585 頁)

戊午，直隸池州府之建德、東流、石埭三縣，湖廣漢陽府之漢陽縣，永州府之零陵縣，武昌府之蒲圻縣各奏："去歲亢旱，田禾無收，今年春夏以來，民饑為甚，已借預備官廩米濟之，俟來秋成熟償官。"悉具數聞。(《明宣宗實錄》卷一一五，第 2585 頁)

庚申，直隸揚州府泰州儀真、寶應二縣，湖廣永州府道州及永明縣，衡州府桂陽州及臨武、藍山、衡山、酃四縣，德安府雲夢縣，辰州府漵浦縣，四川重慶府涪州各奏："今年夏秋旱，陂、池、湖、潨皆涸，田稼枯槁，民饑，加以疫癘，死亡相繼。"上聞之惻然，謂尚書胡濙等曰："上天降災，非水則旱，加以疾疫，民何以堪？朕深憂懼，卿等當勉圖匡濟，有可以回天意、捄民命者，其悉以聞。"(《明宣宗實錄》卷一一五，第 2587~2588 頁)

甲子，太白晝見。(《明宣宗實錄》卷一一五，第 2592 頁)

戊辰，夜，有流星大如盃，色赤，光燭地，起亢，西南行至翼。(《明宣宗實錄》卷一一五，第 2593 頁)

庚午，昏刻，有流星大如雞彈，色青白，尾跡有光，出軒轅，東北行至濁。（《明宣宗實錄》卷一一五，第 2593 頁）

是年

自春至秋大旱，江潮涸渴（疑當作"竭"），二季不收，民無粒食，相剝榆皮為麪以食。又疫痢并舉，死者枕藉。（嘉靖《太平府志》卷一二《災祥》）

孟夏，旱。秋，大潮。（光緒《靖江縣志》卷八《禨祥》）

旱，發濟農倉，以賑貸之。（嘉慶《涇縣志》卷五《蠲賑》）

江南大旱，令諸郡大發濟農倉，以賑貸之。（康熙《上虞縣志》卷五《恤政》；道光《徽州府志》卷五《邮政》）

旱，發濟農倉，以賑貸之。（道光《繁昌縣志書》卷六《蠲恤》）

兩畿蝗蝻，覆地尺許，害稼。（光緒《永年縣志》卷一九《祥異》）

沁水決，平地成河。（乾隆《新鄉縣志》卷二八《祥異》）

沁河水決，平地成河。（乾隆《獲嘉縣志》卷一六《祥異》）

大水。（同治《江夏縣志》卷八《祥異》）

大水至儀門。（光緒《武昌縣志》卷一〇《祥異》）

旱，饑。（同治《徐州府志》卷五下《祥異》；光緒《烏程縣志》卷二七《祥異》）

大旱，田荒。（乾隆《震澤縣志》卷二七《災祥》）

常州旱，民饑，官賑之粟。（成化《重修毗陵志》卷三二《祥異》）

旱，民大饑。（正德《袁州府志》卷九《祥異》；光緒《分宜縣志》卷一〇《祥異》）

大旱。（弘治《蘭谿縣志》卷五《祥異》；康熙《萬載縣志》卷一二《災祥》；乾隆《桐廬縣志》卷一六《災異》；嘉慶《無爲州志》卷二七《藝文》；光緒《蘭谿縣志》卷八《祥異》）

水。（民國《鲞屋縣志》卷八《祥異》）

浙江旱，饑。（同治《湖州府志》卷四四《祥異》）

旱。（萬曆《黄巖縣志》卷七《紀變》；康熙《太平縣志》卷八《祥

異》；雍正《廣西通志》卷三《機祥》；乾隆《新修曲沃縣志》卷三七《祥
異》；乾隆《行唐縣新志》卷一六《事紀》；道光《建德縣志》卷二〇《祥
異》；道光《重慶府志》卷九《祥異》；光緒《嚴州府志》卷二二《佚事》；
光緒《黃巖縣志》卷三八《變異》；光緒《正定縣志》卷八《災祥》）

大水，無秋。（康熙《嘉興府志》卷二《祥異》；光緒《嘉善縣志》卷
三四《祥眚》）

大旱，無獲。（康熙《金華縣志》卷三《祥異》）

夏秋，金華大旱。（萬曆《金華府志》卷二五《祥異》）

湖廣旱。秋八月，賑湖廣饑。（道光《永州府志》卷一七《事紀畧》）

秋，大旱傷稼。（民國《台州府志》卷一三四《大事略》）

自春徂秋天旱，江河皆涸，民剝樹皮以食。疫痢大作，道殣相望。（康
熙《繁昌縣志》卷二《祥異》）

夏，旱，民饑，摘草葉，屑榆皮，雜豆餅充腹。官發廩以賑。（弘治
《重修無錫縣志》卷二七《祥異》）

自夏徂秋不雨。（隆慶《岳州府志》卷七《職方》）

孟夏，旱。秋，大水。詔免田租。（康熙《常州府志》卷三《祥異》）

大名府境內蝗，詔遣官馳驛督捕。（民國《大名縣志》卷二六《祥異》）

旱，七月螟生。（嘉慶《禹城縣志》卷一一《災祥》）

旱，蝗，饑。（乾隆《曲阜縣志》卷二八《通編》）

勅諭蘇、松等府，水旱蝗蝻，停止工部派辦物料。（光緒《重修華亭縣
志》卷七《田賦》）

大旱，江潮涸竭，麥禾不收，道殣相望。（乾隆《江南通志》卷一九七
《機祥》）

江南又大旱，蘇州大發濟農之米，以賑貸而民不知饑。（乾隆《元和縣
志》卷三四《藝文》）

大旱，田荒，發濟農倉賑貸之。（乾隆《吳江縣志》卷四〇《災變》）

大旱，死者甚眾。（乾隆《溧水縣志》卷一《庶徵》）

大旱，民間死者甚眾。（民國《高淳縣志》卷一二《祥異》）

大旱，江潮涸竭，麥禾不收，道殣相望。（光緒《安徽通志》卷二四七《祥異》）

南昌、瑞州、臨江、袁州、撫州旱，民饑。（光緒《江西通志》卷九八《祥異》）

旱，大饑。（崇禎《瑞州府志》卷二八《祥異》；同治《奉新縣志》卷一六《祥異》）

旱，七分災，巡按御史程□奏請准免稅粮十分之五。（嘉靖《臨江府志》卷四《歲眚》）

旱，巡按御史程奏免稅糧十分之五。（道光《新喻縣志》卷六《蠲免》）

旱，巡按程奏免稅糧十之五。（同治《新淦縣志》卷一〇《祥異》）

豐城、奉新縣旱，大饑。命行在戶部蠲之。（康熙《南昌郡乘》卷五四《祥異》）

差給事中、御史、錦衣衛河南捕蝗虫。（嘉靖《真陽縣志》卷九《祥異》）

蝗，遣官馳驛督捕。（同治《滑縣志》卷一一《祥異》；光緒《南樂縣志》卷七《祥異》）

蝗蝻傷稼。（嘉慶《長垣縣志》卷九《祥異》）

慈利、安鄉大旱。（萬曆《澧紀》卷一《災祥》）

大水，無秋，民饑。（崇禎《吳縣志》卷一一《祥異》）

宣德十年（乙卯，一四三五）

正月

甲戌，昏刻，太白犯外屏。（《明宣宗實錄》卷一一五，第2598頁）

丁亥，直隸真定、大名、保定三府所屬州縣各奏："去年旱潦水澇，田禾薄收，逃移人戶負欠糧草，乞暫停徵。"從之。（《明英宗實錄》卷一，第19~20頁）

二月

壬戌，夜，月犯天江星。（《明英宗實錄》卷二，第 57 頁）

丙寅，夜，有流星大如椀，色赤有光，出西北，東行入雲中。（《明英宗實錄》卷二，第 59 頁）

壬申，日生暈，色赤黃鮮明。（《明英宗實錄》卷二，第 61 頁）

三月

辛巳，日有暈，圍圓，下生承氣一道，色皆黃赤鮮明。（《明英宗實錄》卷三，第 69 頁）

乙酉，巡按廣東監察御史楊翰等奏："廣東肇慶、雷州二府，去年春旱，田苗枯槁，秋田又被颶風湧潮淤没，禾稼無收，人民饑窘，已驗實，開倉賑濟。謹具以聞。"（《明英宗實錄》卷三，第 71 頁）

丙戌，夜，有流星大如杯，色赤有光，出紫微西藩，北行入大陵。（《明英宗實錄》卷三，第 71 頁）

丁亥，曉刻，火星犯壘壁陣，光芒相接。（《明英宗實錄》卷三，第 72 頁）

丁亥，夜，月生五色雲暈鮮明。（《明英宗實錄》卷三，第 72 頁）

戊子，日生左右珥，色赤鮮明，良久雲遮。（《明英宗實錄》卷三，第 73 頁）

戊子，夜，月犯房宿。（《明英宗實錄》卷三，第 73 頁）

己丑，順天府順義、香河、永清諸縣各奏："去歲水澇，人多缺食，所在倉糧賑濟不敷。"上命行在戶部遣官於他州縣官倉糧多給濟之。（《明英宗實錄》卷三，第 74 頁）

己丑，河南彰德府磁州涉縣奏："本縣自去歲正月以來，旱澇相仍，禾稼傷損，人民艱食。"上命行在戶部免其負欠稅糧。（《明英宗實錄》卷三，第 74 頁）

丁酉，山東布政使司左參議王哲奏："連年亢旱，人多缺食，宜廣儲蓄以備賑濟，其出使人員例支廩米五升者，宜暫支米三升，俟歲登糧多，支給

如舊。"從之。（《明英宗實錄》卷三，第78頁）

四月

壬寅朔，順天府通州奏："去年水澇，人民缺食，本州倉糧賑濟不敷，請發神武中衛倉糧給濟，俟秋成償官。"事下行在戶部覆奏，從之。（《明英宗實錄》卷四，第82~83頁）

丙辰，夜，月食。（《明英宗實錄》卷四，第87頁）

辛酉，遣太子太保成國公朱勇祭大、小青龍之神，以久不雨故也。（《明英宗實錄》卷四，第87頁）

辛酉，行在戶部奏："陝西西安等八府去歲乾旱，田禾薄收，其該徵穀草一百四十七萬九千五百餘束，宜准折鈔每束四貫。"從之。（《明英宗實錄》卷四，第88~89頁）

癸亥，順天府奏："宛平縣有古河，近年水決隄岸，或時泛溢為害，宜令有司起夫疏通，以息水患。"從之。（《明英宗實錄》卷四，第92頁）

乙丑，詔除浙江台州府寧海縣衝決田地稅糧。先是，寧海縣奏："去歲五月中，疾風猛雨大作，飄瓦折木，洪水驟漲，潯没廬舍，衝決官民田地一百七十餘頃，已成海道。"上命行在戶部遣官覆視得實，至是開除之。（《明英宗實錄》卷四，第92~93頁）

丁卯，上諭行在禮部尚書胡濙曰："今當穀〔穀〕麥長茂之時，而畿甸之間，天久不雨，又聞遠近間有水潦、蝗蝻，深軫朕懷。宜遣大臣於在京廟觀祈禱，仍分遣道士詣天下嶽鎮、海瀆，用祈豐稔，無稽無忽。"（《明英宗實錄》卷四，第94~95頁）

戊辰，山東、河南，順天府、直隸保定、真定、順德、淮安等府各奏蝗蝻傷稼。上命監察御史給事中馳驛往捕。（《明英宗實錄》卷四，第96頁）

戊辰，山西平陸縣大雨雹傷稼，命蠲之。（《國榷》卷二三，第1494頁）

南京蝗，應天府尹鄺埜蠲苛政，平市租，均田稅。（光緒《金陵通紀》卷一〇上）

南京蝗蝻傷稼。（同治《上江兩縣志》卷二下《大事下》；民國《首都

志》卷一六《大事表》)

蝗蝻傷稼。(乾隆《德州志》卷二《紀事》;道光《濟南府志》卷二〇《災祥》;民國《德縣志》卷二《紀事》)

又蝗,遣科道錦衣衛官督捕,螫秋糧。(乾隆《平原縣志》卷九《災祥》)

兩京蝗蝻傷稼。(光緒《永年縣志》卷一九《祥異》)

大雨,田至六月方得耕。(康熙《儋州志》卷二《祥異》)

山東蝗蝻傷稼。(民國《齊河縣志·大事記》)

蝗。(乾隆《歷城縣志》卷二《總紀》;乾隆《曲阜縣志》卷二八《通編》)

兩京、山東、河南蝗蝻傷稼。(《明史·五行志》,第 437 頁)

畿輔旱。(《明史·五行志》,第 482 頁)

揚、徐、滁、南昌大饑。(《明史·五行志》,第 508 頁)

五月

癸酉,遣官祭山川、城隍及房山縣龍潭等神。時天久不雨,房山民言:"其縣北七十里有龍潭瀝,宋元以来,禱雨輒應。"故遣官祭之。(《明英宗實錄》卷五,第 97 頁)

庚辰,直隸廣平府邯鄲縣奏:"縣民先因缺食,貸在官米麥五百餘石,俟次年豐熟還官。今旱蝗相繼,災傷尤甚,無從營辦,乞為寬貸。"事下行在戶部覆奏,從之。(《明英宗實錄》卷五,第 103 頁)

丁亥,直隸淮安府奏:"所屬州縣連年水旱不收,人民艱食,今又徵取役夫,宜緩其期,俟秋成發遣。"上命行在工部馳文止之。(《明英宗實錄》卷五,第 106 頁)

大水,決堤没田。詔螫其税。(乾隆《大名縣志》卷二七《機祥》)

六月

庚申,禮部辦事官呂中言:"應天、鳳陽、廬州、太平、池州、楊

〔揚〕州、淮安等府俱蝗旱災傷，人民艱食，無以賑濟。臣見龍江抽分場所，積柴薪如山，乞量將貨易米麥等物，賑濟饑民，俟豐年還官。"上令襄城伯李隆、少保兼戶部尚書黃福議行。（《明英宗實錄》卷六，第 123 頁）

庚申，夜，金星犯天關星，光芒相接。（《明英宗實錄》卷六，第 124 頁）

戊辰，夜，有流星大如杯，尾赤，光燭地，出天廩，東行至濁。（《明英宗實錄》卷六，第 125 頁）

七月

己卯，巡撫江西行在吏部右侍郎趙新奏："南昌府所屬連年水旱，人民饑困，已蒙賑濟，其買辯〔辦〕諸色物料，亦應蠲免。"上命所司暫停之。（《明英宗實錄》卷七，第 135 頁）

壬午，夜，有流星大如杯，色赤有光，出左旗，南行至濁。（《明英宗實錄》卷七，第 138 頁）

乙酉，山西平陽府解州平陸縣奏："四月戊辰烈風，雨雹積厚一尺，禾稼千餘頃盡損無收。"上命行在戶部遣官覆視，蠲其稅糧。（《明英宗實錄》卷七，第 139～140 頁）

丁亥，今（疑當作"金"）星晝見於午位井宿。（《明英宗實錄》卷七，第 140 頁）

乙未，曉刻，有流星大如杯，色青白，有光，出西南行至濁。（《明英宗實錄》卷七，第 144 頁）

戊戌，直隸保定、真定、順德、河間、淮安，湖廣黃州等府各奏："去歲天雨連綿，河水泛漲，所屬州縣田苗，潺沒無收。"上命行在戶部遣官覆視，除其租稅。（《明英宗實錄》卷七，第 149 頁）

八月

戊申，夜，月犯建星。（《明英宗實錄》卷八，第 153 頁）

丙辰，曉刻，金星犯軒轅大星。（《明英宗實錄》卷八，第 160 頁）

丁卯，曉刻，老人星見丙。（《明英宗實錄》卷八，第 166 頁）

九月

己巳朔，夜，有星大如雞彈，色青白，有光，起閣道，南行至室宿没。（《明英宗實錄》卷九，第 167 頁）

壬申，夜，金（抱本"金"上有"有"字）星犯上將。（《明英宗實錄》卷九，第 169 頁）

乙亥，夜，有流星三，一大如椀（廣本、抱本作"碗"），色（抱本"色"下有"青"字）赤有光，出大陵，入至紫微西藩；一大如栖（廣本作"杯"），色青赤，有光，出羽林軍，西南行至濁；一大如栖，色青白，出雲中，西南行至游氣。（《明英宗實錄》卷九，第 171 頁）

丙戌，行在通政使司左通政周銓自保定捕蝗還言："其始至時，蝗勢滋甚，後聞清苑縣有神祠一區，祠旁古碑載滅蝗靈驗甚悉，遂率知府周監等往禱之三日，蝗果滅。"上以除天災者在於修德，不聽銓言。（《明英宗實錄》卷九，第 175 頁）

戊子，夜，犯天關星。（《明英宗實錄》卷九，第 176 頁）

辛卯，夜，有星大如栖（廣本、抱本作"杯"），色赤有光，出十二諸國秦（廣本作"泰"）星，南行至濁。（《明英宗實錄》卷九，第 177 頁）

丁酉，夜，有流星二，一大如栖，色赤有光，出八穀，西北行至北斗杓。一大如栖，色青白，出弧矢，東行至近濁。（《明英宗實錄》卷九，第 184 頁）

十月

庚子，昏刻，火犯土，有光相接。（《明英宗實錄》卷一〇，第 187 頁）

乙卯，昏刻，有流星大如雞彈，流丈餘，發赤光，大如栖，出壁宿，東行至游氣。（《明英宗實錄》卷一〇，第 195 頁）

庚申，曉刻，有星大如彈丸，色赤，尾跡有光，起自雲中，南行至濁。（《明英宗實錄》卷一〇，第 199 頁）

辛酉，行在戶部奏："順天、保定、順德、真定四府所屬州縣，春夏旱

蝗無收，乞以秋糧折豆便民。"從之。（《明英宗實録》卷一〇，第199頁）

乙丑，日生左右珥，色赤黄，生背氣，色青赤。（《明英宗實録》卷一〇，第 200 頁）

丙寅，日生左右珥，色赤黄。（《明英宗實録》卷一〇，第 200 頁）

十一月

戊辰朔，日有食之。（《明英宗實録》卷一一，第 201 頁）

甲戌，夜，有流星大如杯，色赤光明，出天大將軍，西行至霹靂。（《明英宗實録》卷一一，第 205 頁）

己丑，夜，有流星大如椀，色赤有光，出文昌，東南行至鬼宿，後三小星隨之。（《明英宗實録》卷一一，第 210 頁）

癸巳，夜，月掩犯氐宿東南星。（《明英宗實録》卷一一，第 212 頁）

雷。（天啟《封川縣志》卷四《事紀》；嘉靖《廣州志》卷四《事紀》；隆慶《潮陽縣志》卷二《縣事記》；同治《香山縣志》卷二二《祥異》）

十二月

庚戌，日生背氣，色青赤，生（抱本作"有"）右珥，色黄鮮明。昏刻，有星如盞大，色赤有光，起自正北，西北（抱本無"北"字）行至雲中没。（《明英宗實録》卷一二，第 221 頁）

辛亥，日生暈及左右珥、瓔氣，色俱赤黄，隨生白虹，貫兩珥，背氣（抱本"背氣"作"色"）重半暈，色青赤（抱本作"赤青"）鮮明。（《明英宗實録》卷一二，第 221 頁）

是年

又旱，饑。（同治《分宜縣志》卷一〇《祥異》）

又旱，民饑。（康熙《萬載縣志》卷一二《災祥》）

秋，大風潮暴湧，海岸盡崩。（光緒《嘉興府志》卷三五《祥異》）

元城、魏郡大水傷稼。命有司發廩賑之，具數以聞。（康熙《元城縣

志》卷一《年紀》)

夏秋旱。(乾隆《大名縣志》卷二七《機祥》)

蟲復生。(嘉慶《禹城縣志》卷一一《灾祥》)

凡三月不雨。(崇禎《吳縣志》卷一一《祥異》)

崑山旱，縣令請禱道修約三日雨，三日果雨。(隆慶《長洲縣志》卷一四《人物》)

淮安蝗。(同治《重修山陽縣志》卷二一《祥祲》；光緒《淮安府志》卷四〇《雜記》)

河水泛漲，田禾淹没。命行户部覆視，除其租税。(雍正《安東縣志》卷一六《恩邮》)

旱，饑。(正德《袁州府志》卷九《祥異》)

旱，民大饑。(康熙《撫州府志》卷一《灾祥》)

大旱。(隆慶《岳州府志》卷八《機祥》)

大風大水壞木。(乾隆《番禺縣志》卷一八《事紀》)

秋，大風，潮暴溢，海岸盡崩。(光緒《平湖縣志》卷二五《祥異》)

秋，大風，潮暴湧，海岸盡崩。(天啟《海鹽縣圖經》卷一六《雜識》)